建设工程监理理论与实务

鲍学英　王宏辉　编著

中国铁道出版社

2016年·北京

内 容 简 介

本书以土木工程专业课程设置大纲为基础，以《建设工程监理规范》（GB50319—2000）为主线，系统介绍了建设工程监理的基本概念、基本理论，考虑到我国建设工程监理目前的实际情况，在编写过程中以施工阶段建设工程监理的"三控、三管、一协调"的手段为重点，又结合国际项目管理的特点和我国建设工程监理的改革趋势，前瞻性地介绍了建设工程投资决策阶段、勘察设计阶段、招投标阶段的监理。在内容上注重理论与实际的结合，增加了大量的案例分析，以增加学习的趣味性和实际运用能力。

本书可作为大专院校土木工程、工程管理专业学生教材，亦可作为监理单位、建设单位、勘察设计单位、施工单位相关人员的参考用书。

图书在版编目（CIP）数据

建设工程监理理论与实务/鲍学英，王宏辉编著．—北京：
中国铁道出版社，2007.8（2016.1 重印）
ISBN 978-7-113-08282-6

Ⅰ.建… Ⅱ.①鲍…②王… Ⅲ.建筑工程-监督管理 Ⅳ.TU712

中国版本图书馆 CIP 数据核字（2007）第 134888 号

书　　名：建设工程监理理论与实务
作　　者：鲍学英　王宏辉　编著

责任编辑：徐　艳　　　电话：51873065　　　电子信箱：XY810@eyou.com
封面设计：马　利
责任印制：李　佳

出版发行：中国铁道出版社
　　地　　址：北京市西城区右安门西街8号　邮政编码：100054
　　网　　址：www.tdpress.com　　电子信箱：发行部 ywk@tdpress.com
　　　　　　　　　　　　　　　　　　　　　　总编办 zbb@tdpress.com
印　　刷：北京鑫正大印刷有限公司
版　　次：2007年8月第1版　2016年1月第4次印刷
开　　本：730mm×988mm　1/16　印张：20.25　字数：398千
印　　数：9 001～10 000 册
书　　号：ISBN 978-7-113-08282-6
定　　价：26.00 元

版权所有　侵权必究

凡购买铁道版的图书，如有缺页、倒页、脱页者，请与本社读者服务部调换。
电　　话：市电(010)51873170，路电(021)73170(发行部)
打击盗版举报电话：市电(010)51873659，路电（021）73659

前　言

建设工程监理是随着我国工程建设事业的发展和改革开放政策的深入而兴起的一门新的学科。我国自1988年推行建设监理制以来，在提高工程质量、保障工期、控制投资等方面取得了巨大的成绩。随着我国工程建设领域改革的逐渐深入和相应法律法规的逐渐健全，尤其是《建设工程监理规范》、《工程监理企业资质管理规定》等法律法规的颁布，使得我国的监理事业逐渐走上了健康发展的道路。

《建设工程监理理论与实务》一书着眼于土木工程专业的大学生，注重理论与实践的结合，培养学生的实际应用能力。作者吸收了建设工程监理一系列教材、手册的优点和先进技术，广泛听取了行业专家的意见，结合多年的实践和教学经验，在教学改革和创新思维的指导下，编写了本书。通过对本书的学习，可以使学生掌握建设工程监理的理论基础知识，初步具备利用理论知识来解决实际问题的能力，为今后从事建设工程监理及管理工作奠定良好基础。

本书既沿袭了以往大多数的建设工程监理教材以工程项目施工阶段监理为主、以三大目标控制为核心的传统，又兼顾了我国建设工程监理发展和改革的方向以及国外建设工程监理的做法——实现对工程项目全过程的监理。因此，在书中加入了建设工程决策阶段、勘察设计阶段和招投标阶段的监理等新的内容。

为了达到良好的讲课效果，激发学生学习兴趣，提高学生实践能力，本书在阐述理论的同时，附有案例分析，旨在通过对案例的学习来提升学生解决实际问题的能力。

本书所有参编人员都是"双师型"教师，教师有监理工程师、造价工程师、咨询工程师、一级建造师等执业资格，且一边从事教学，一边在设计院、监理公司、咨询机构等单位兼职，有着较为丰富的实践经验和理论知识。

本书除作为大专院校土木工程专业类学生教材外，还可作为监理单位、建设单位、勘察设计单位、施工单位和相关人员的学习参考用书。

本书由兰州交通大学鲍学英、王宏辉主编，鲍学英负责全书的统稿，兰州交通大学工程管理系主任田元福博士主审。各章编写分工如下：鲍学英编写第一章、第二章；王宏辉编写第三章、第四章；李晓钟编写第五章、第八章；樊燕燕编写第六章、第七章；靳春玲编写第九章、第十章。

由于编者的水平有限，加上我国的建设工程监理事业正处于蓬勃发展时期，随着改革的进一步深入和有关法律法规的逐步完善，许多的理论还需要在实践中逐步完善，因此书中的错误和缺陷在所难免，恳请各位专家、学者及广大读者提出宝贵的意见和建议。

编者
2006.7

目 录

第一章 建设工程监理概述 ··· 1
  第一节 建设工程监理的基本概念 ································ 1
  第二节 建设工程监理的内容 ······································ 7
  第三节 建设工程监理企业 ·· 11
  第四节 监理工程师 ·· 15
  第五节 建设工程监理的现状与发展趋势 ······················ 20

第二章 建设工程的全过程监理 ··································· 25
  第一节 决策阶段的建设工程监理 ································ 25
  第二节 建设工程勘察设计阶段的监理 ·························· 28
  第三节 建设工程招投标阶段的监理 ···························· 30
  第四节 施工阶段的建设工程监理 ································ 35

第三章 建设工程投资控制 ··· 43
  第一节 建设工程投资概述 ·· 43
  第二节 建设工程投资决策阶段的投资控制 ··················· 49
  第三节 建设工程设计阶段的投资控制 ·························· 54
  第四节 建设工程施工招投标阶段的投资控制 ················ 67
  第五节 建设工程施工阶段的投资控制 ·························· 72

第四章 建设工程进度控制 ··· 84
  第一节 建设工程进度控制概述 ··································· 84
  第二节 建设工程实施中的进度监测与调整 ··················· 94
  第三节 建设工程设计阶段的进度控制 ·························· 107
  第四节 建设工程施工阶段的进度控制 ·························· 110

第五章　建设工程质量控制 ········ 120
第一节　建设工程质量控制概述 ······ 120
第二节　建设工程质量监理概述 ······ 126
第三节　建设工程设计阶段的质量控制 ······ 130
第四节　建设工程施工阶段的质量控制 ······ 134
第五节　质量控制的统计分析方法 ······ 144

第六章　建设工程监理 ········ 168
第一节　合同的基本原理 ······ 168
第二节　建设工程合同概述 ······ 176
第三节　建设工程勘察、设计合同管理 ······ 179
第四节　建设工程监理合同管理 ······ 184
第五节　建设工程施工合同管理 ······ 194

第七章　建设工程风险管理 ········ 212
第一节　风险管理概述 ······ 212
第二节　风险识别 ······ 218
第三节　风险估计与评价 ······ 225
第四节　风险管理对策的规划和决策 ······ 231

第八章　建设工程信息管理 ········ 241
第一节　信息管理概述 ······ 241
第二节　建设工程信息管理的内容 ······ 243
第三节　建设工程监理信息系统 ······ 251

第九章　建设工程监理组织 ········ 256
第一节　建设工程组织管理模式与监理程序 ······ 256
第二节　建设工程监理的模式及监理机构的建立 ······ 265
第三节　建设工程监理的组织协调 ······ 283

第十章　监理规划 ········ 295
第一节　建设工程监理文件 ······ 295
第二节　建设工程监理规划编写的依据及要求 ······ 297
第三节　建设工程监理规划的内容 ······ 302

第一章 建设工程监理概述

本章首先阐述了我国监理制的产生，建设工程监理的基本思想；其次介绍了工程建设监理的基本概念、我国建设工程监理的性质，以及我国的监理企业和监理工程师制度；最后介绍了国内外建设工程监理的现状和发展趋势。

第一节 建设工程监理的基本概念

一、我国监理制的产生

从新中国成立直至 20 世纪 70 年代，我国实行的是高度集权的计划经济体制。在工程建设领域，建设投资由国家行政主管部门层层拨付，工程建设任务由行政主管部门向各自所属的工程设计、施工企业直接下达，建设、设计、施工等各有关单位只是被动的任务执行者，是行政部门的附属物。在我国当时经济基础薄弱、建设投资和物资短缺的条件下，这种方式对于国家集中有限的财力、物力、人力进行经济建设，迅速建立我国的工业体系和国民经济体系起到了积极作用。进入 20 世纪 80 年代以后，随着我国国民经济和建设事业的迅猛发展，随着改革开放、经济体制的转换，工程建设管理体制也发生了很大变化，在投资体制上由政府财政统一分配投资体制变成了由国家、地方、企业和个人多元投资的新格局；在工程建设实施上，由于开放了建筑市场和实行了招投标制，工程项目由原来的行政主管部门自己所属设计和施工企业承担设计和施工的状况，变成了由各地区各部门的设计与施工企业均可参加设计和施工的新局面。特别是 1982 年世界银行贷款的鲁布革水电站引水工程和 1987 年世界银行贷款的西安—三原高等级公路工程，率先实行国际通行的建设监理制，取得了工期短、质量好和经济效益高的良好效果，说明建设监理制度在我国是可行的。通过对我国几十年建设工程管理实践的反思和总结，并对国外工程管理制度与管理方法进行的考察，认识到建设单位的工程项目管理是一项专门的学问，需要一大批专门的机构和人才，建设单位的工程项目管理应当走专业化、社会化的道路。在此基础上，建设部于 1988 年发布了《关于开展建设监理工作的通知》，明确提出要建立建设监理制度。从此，我国的建设监理制度拉开了序幕。建设监理制作为工程建设领域的一项改革举措,旨在改变陈旧的工程管理模式,建立专业化、社会化的建设监理机构,协助建设单位做好项目管理工作,以提高建设水平和投资效益。我国于1989年发布了《建设监理试行规定》,1990年发布了《关于开展建设监理试点工作的若干意见》,与此同时还开始了建设监理工程师的培养工作。20世纪90年代以后,人们逐渐认识到建设监理制是社会主义市场经济体制的必要组成部分,是连接业主责任制、招标投标制和合同制的中心环节,如果没有它就难以克服市场经济中的某些弊病,社会主义市场经济的运行机制也难以建立,建设监理制的推行是十分必要的了。于是在1997年颁布的《中华人民共和国建筑法》(以下简称《建筑法》)中以法律制度的形式做出规定,国家推行建设工程监理制度,从而使建设工程监理在全国范围内进入了全面推行阶段。

二、建设工程监理的基本思想

在我国目前的工程建设管理体制下,工程项目的业主在工程建设过程中拥有项目的决策权、经营权和管理权,业主可以自行组织和实施项目的建设和管理。然而,业主在投资一个项目时,总是要从两个大的方面考虑,第一是"经济",第二是"效率"。这就意味着他必须以最低的价格、最短的工期、最优的质量和最佳的服务购买建成的项目。为了体现"经济"、"效率",业主直接组织工程项目的建设和经营往往不可能也没有必要。由于项目功能和组织结构日趋复杂;新工艺、新技术、新材料、新结构、新设备的应用日趋广泛,技术密集程度日渐提高;耗资巨大,资金占用周期长,融资的渠道和方式日趋多样化;参与建设活动的各方主体利益呈多向性,涉及的合同纠纷或法律纠纷日益增多;社会经济环境、政策环境、地域环境和生态环境等外部环境的协调关系复杂等特征,决定了实施工程项目需要有一批专业学科配套、业务技能结构合理、熟悉法律法规并掌握现代管理技术的专家或专家群体。

而对于工程项目业主而言,他们通常是工程建设的外行,缺乏工程建设方面的知识,缺乏工程项目管理方面的经验,承受着盲目决策和被欺诈的巨大风险。要想把项目的风险降到最低,一个最可能的做法是通过第三方,即委托职业化的咨询顾问为其提供专业化的工程项目管理服务,以弥补业主在项目管理中的不足。因此,我国的建设工程监理是专业化、社会化的业主项目管理,所依据的基本理论和方法来自建设项目管理学。这是建设工程监理的基本思想。

三、建设工程监理的基本概念

(一)建设工程监理的概念

1. 监理的概念

"监"是对某种预定的行为从旁观察或检查,使其不得逾越行为准则,即为监督的意思,也就是发挥约束作用。"理"是对一些相互协作和相互交错的行为进行协调,以顺应人们的行为和权益关系,即对一些相互协作和相互交错的行为进行调理,避免抵触;对抵触了的行为进行理顺,使其顺畅;对相互矛盾的权益进行调理,避免冲突;对冲突了的权益进行调解,使其协作。概括地说,它起着协调人们的行为和权益关系的作用。所以,"监理"一词可以解释为:一个机构或执行者依据某种行为准则(或行为标准),对某一行为的有关主体进行监督、检查和评价,并采取组织、协调等方式,促使人们相互密切协作,按行为准则办事,顺利实现群体或个体的价值,更好地达到预期目的。

监理活动的实现需要具备的基本条件是:应当有明确的"监理执行者",也就是必须有监理组织;应当有明确的"行为准则",它是监理的工作依据;应当有明确的被监理"行为"和被监理"行为主体",它是被监理的对象;应当有明确的监理目的和行之有效的思想、理论、方法和手段。

2. 建设工程监理的概念

按照我国建设部、国家计委发布的《建设监理规定》表述:所谓建设工程监理,是指具有相应资质的监理单位受项目法人的委托,依据国家批准的工程项目建设文件、有关工程建设的法律、法规和建设工程监理合同及其他工程建设合同,对建设工程实施的社会化、专业化监督管理。

(二)建设工程监理概念要点

1. 建设工程监理的行为主体是工程监理企业

《建筑法》明确规定,实行监理的建设工程由建设单位委托具有相应资质条件的工程监理企业实施监理。建设工程监理只能由具有相应资质等级的工程监理企业来开展,即建设工程监理的行为主体是工程监理企业,这是我国建设工程监理制度的一项重要规定。建设工程监理不同于建设行政主管部门的监督管理。前者是建筑市场的建设项目管理服务主体,具有独立性、社会化和专业化的特点;后者的行为主体是政府部门,它具有明显的强制性,是行政性的监督管理,它的任务、职责、内容不同于建设工程监理。同样,总承包单位对分包单位的监督管理也不能视为建设工程监理。

2. 建设工程监理是针对工程项目建设所实施的监督管理

这有两层意思。其一,是指工程项目是监理活动的一个前提条件。建设工程监理的对象是新建、改建和扩建的各种工程项目,无论是业主、承包商还是监理单位,其工程建设行为的载体都是工程项目,离开了工程项目,就谈不上监理活动;其二,是指建设工程监理是一种微观管理活动,因为它是针对具体的工程项目而实施的。所以说,建设工程监理是针对工程项目建设所实施的监督管理。

3. 建设工程监理的实施需要建设单位(项目业主)委托和授权

《建筑法》明确规定,建设单位与其委托的工程监理企业应当订立书面建设工程委托监理合同。也就是说,建设工程监理的实施需要业主的委托和授权。业主委托这种方式,决定了业主与监理单位的关系是委托与被委托的关系,监理工程师对项目的管理权力也源于业主的委托与授权。在工程建设过程中,业主始终是建设项目管理主体,把握着工程建设的决策权,并承担着主要风险。

4. 建设工程监理是有明确依据的工程建设管理行为

建设工程监理的主要依据有:

(1)建设工程合同,包括勘察合同、设计合同、施工合同、设备采购合同、材料供应合同和委托监理合同等,是建设工程监理的最直接依据。

(2)工程建设文件,包括批准的可行性研究报告、建设项目选址意见书、建设用地规划许可证、建设工程规划许可证、批准的施工图设计文件、施工许可证等。

(3)有关的法律、法规、规章和标准、规范,包括《建筑法》、《中华人民共和国合同法》、《中华人民共和国招标投标法》、《建设工程质量管理条例》等法律法规,《建设工程监理规定》等部门规章,以及地方性法规等,也包括《工程建设强制性条文》、《建设工程监理规范》以及有关的工程技术标准、规范、规程等。

5. 现阶段建设工程监理主要发生在项目建设的实施阶段

我国的建设工程监理,从本意上应该与国外的咨询顾问向业主提供的服务相一致,其范围应当包括工程建设从立项、实施到后评估的全过程。但是由于我国建设行政主管部门的主要职能是在工程实施阶段的监督管理,前期决策阶段和后评估阶段则由国家发展和改革委员会负责。项目的前期决策更多地需要提供咨询,实施阶段更多地是需要对设计、施工和供应部门的行为进行监理。

四、建设工程监理的性质

(一)服务性

建设工程监理是在工程项目建设中,利用自己的工程建设方面的知识、技能和经验为客户提供高智能建设管理与监督服务,以满足项目业主对项目管理的需要。它所获得的报酬也是技术服务性的报酬,是脑力劳动的报酬。它不同于承包商的直接生产活动,也不同于业主的直接投资行为。

需要明确指出,建设工程监理是监理单位接收项目业主的委托而开展的技术服务性活动。因此,它的直接服务对象是客户,是委托方,也就是项目业主,这是不容模糊的。这种服务性的活动是按建设工程监理合同来进行的,是受法律约束和保护的。在监理合同中明确地对这种服务(工作)进行了分类和界定,如哪些是"正常服务(工作)",哪些是"附加服务(工作)",哪些是"额外服务(工作)"等。但是,在实现项目总目标上,参与项目建设的三方是一致的,他们要协同实现工程项目。

(二)公正性

监理单位和监理工程师在工程建设过程中,一方面应当作为能够严格履行监理合同各项义务,竭诚地为客户服务的"服务方",同时,应当成为"公正的第三方"。

公正地解决和处理双方的争议,既要维护项目业主的利益也不能损害被监理方的合法利益。

公正性已成为咨询监理业的国际惯例,无论是《FIDIC 的业主/咨询工程师标准服务书》、《美国建筑师协会(AIA)的土木工程施工合同通用条件》,还是《英国土木工程师学会(ICE)的土木工程施工合同通用条件》,都对工程师在业主和承包商之间公正地处理问题作出了明确的要求。主要是因为社会上非常重视咨询工程师的声誉和职业道德,如果一个咨询工程师经常无原则地偏袒业主,承包商在投标时就要更多考虑"咨询工程师因素",即将咨询工程师的不公正因素列为风险因素,从而要增加报价中的风险费。另外,公正性是监理工程师正常和顺利开展工作的基本条件。如果监理工程师无原则地偏袒业主,会引起承包商的反感,增加许多争端,这样,一方面会影响承包商干好工程的积极性,不能精心施工;另一方面,也使监理工程师分散精力,影响其进行三大控制。如果争端不能公正解决,必将进一步激化矛盾,最终会诉诸法律程序,这对业主和承包商都不利。

(三)独立性

监理的独立性首先是指监理单位应有自己独立的组织,在人事和经济上要保持独立,它不能参与承包商、制造商和供应商的任何经营活动或在这些公司中拥有股份,也不能从承包商或供应商处收取任何费用、回扣或利润分成。监理的独立性还指监理工程师在监理活动中要按监理合同要求,以自己的学识、经验,独立、自主地开展监理工作,行使自己的权利而不是根据项目业主的指令行事。

《建筑法》明确指出,工程监理企业应当根据建设单位的委托,客观、公正地执行监理任务。《工程建设监理规定》和《建设工程监理规范》要求工程监理企业按照"公正、独立、自主"的原则开展监理工作。按照独立性要求,工程监理单位应当严格按照有关法律、法规、规章、工程建设文件、工程建设技术标准、建设工程委托监理合同、有关的建设工程合同等的规定实施监理;在委托监理的工程中,与承建单位不得有隶属关系和其他利害关系;在开展工程监理的过程中,必须建立自己的组织,按照自己的工作计划、程序、流程、方法、手段,根据自己的判断,独立地开展工作。

监理的独立性是公正性的基础和前提。监理单位如果没有独立性,根本就谈不上公正性。只有真正成为独立的第三方,才能起到协调、约束作用,公正地处理问题。

(四)科学性

我国《建设工程监理规定》指出:建设工程监理是一种高智能的技术服务,要求从事建设工程监理活动应当遵循科学的准则。

建设工程监理的科学性是由其任务所决定的。建设工程监理以协助业主实现其投资目的为己任,力求在预定的投资、进度、质量目标内实现工程项目。而当今工程规模日趋庞大,功能、标准要求越来越高,新技术、新工艺、新材料不断涌现,参加组织和建设的单位越来越多,市场竞争日益激烈,风险日渐增加。所以,只有不断地采用新的更加科学的思想、理论、方法、手段,才能驾驭工程项目建设。

建设工程监理的科学性也是由被监理单位的社会化、专业化特点决定的。承担设计、施工、材料和设备供应的都是社会化、专业化的单位,它们在技术、管理方面已经达到了一定水平。这就要求监理单位应当有足够数量的、业务素质合格的监理工程师;要有一套完整的科学的管理制度;要掌握先进的监理理论、方法和现代化手段,积累足够的技术、经济资料和数据。

建设工程监理的科学性还是其公正性的要求。科学本身就有公正性的特点,是就是,不是就不是。监理公正性最充分的体现就是监理工程师用科学的态度待人处事,监理实践中的"用数据说话",既反映了科学性,又反映了公正性。

五、建设工程监理的范围

为了有效发挥建设工程监理的作用,加大推行监理的力度,根据《建筑法》,国务院颁布的《建设工程质量管理条例》对实行强制性监理的工程范围作了原则性的规定,建设部又进一步在《建设工程监理范围和规模标准规定》中对实行强制性监理的工程范围作了具体规定。根据以上规定,下列建设工程必须实行监理。

1. 国家重点建设工程

依据《国家重点建设项目管理办法》所确定的对国民经济和社会发展有重大影响的骨干项目。

2. 大中型公用事业工程

项目总投资额在3 000万元以上的下列工程项目:
(1)供水、供电、供气、供热等市政工程项目;
(2)科技、教育、文化等项目;
(3)体育、旅游、商业等项目;
(4)卫生、社会福利等项目;
(5)其他公用事业项目。

3. 成片开发建设的住宅小区工程

建筑面积在5万m^2以上的住宅建设工程。

4. 利用外国政府或者国际组织贷款、援助资金的工程

包括使用世界银行、亚洲开发银行等国际组织贷款资金的项目;使用国外政府及其机构贷款资金的项目;使用国际组织或者国外政府援助资金的项目。

5. 国家规定必须实行监理的其他工程

项目总投资额在3 000万元以上关系社会公共利益、公众安全的基础设施项目,包括:
(1)煤炭、石油、化工、电力、新能源项目;

(2)铁路、公路等交通运输项目;
(3)邮政电信信息网等项目;
(4)防洪等水利项目;
(5)道路、轻轨、污水、垃圾、公共停车场等城市基础设施项目;
(6)生态保护项目;
(7)其他基础设施项目;
(8)学校、影剧院、体育场馆项目。

六、建设工程监理的中心任务

建设工程监理的中心任务就是控制工程项目的三大目标,也就是控制经过科学地规划所确定的投资、进度和质量目标。这三大目标构成相互关联、相互制约的目标系统。

任何工程项目都是在一定的投资额度内和一定的投资限制条件下实现的,这就是投资目标控制;任何工程项目的实现都要受到时间的限制,都有明确的项目进度和工期要求,这就是进度目标控制;任何项目都要实现它的功能要求、使用要求和其他有关质量标准,这就是质量目标控制。实现建设项目并不困难,而要使工程项目能够在计划的投资、进度和质量目标内实现则是困难的。特别是现代工程项目的建设,新技术、新工艺、新材料、新设备不断涌现,技术越来越复杂,这也正是社会高智能监理的根本原因。建设工程监理正是为了解决这样的困难和满足这种社会需求而出现的。因此,三大目标控制便成为工程建设监理的中心任务。

第二节 建设工程监理的内容

一、建设工程监理的内容

建设工程监理的内容是一个完整的系统,它由若干个不可分割的子系统组成,它们相互联系、相互支持、共同运行,形成一个完整的方法体系。建设工程的监理工作是通过目标规划、目标控制、合同管理、信息管理、组织协调等基本方法,与建设单位、承建单位一起实现建设工程。其主要内容就是所谓的"三控、两管、一协调",即投资控制、进度控制、质量控制,信息管理、合同管理,以及组织协调。

(一)目标控制

建设工程监理的目标是控制投资、进度和质量。合同管理、信息管理和全面的组织协调是实现投资、进度和质量目标所必须运用的控制手段和措施。只有确定了投资、进度和质量目标,监理单位才能对建设工程项目进行有效的监督控制。由于投资、进度和质量是一个既统一又对立的目标系统,在确定每个目标时,都要考虑对其他目标的影响。但是,工程安全可靠和使用功能以及施工质量是必须优先予以保证的,并要求最终达到目标系统的最优。

1. 目标控制的类型

根据划分依据的不同,人们可以将建设工程目标控制划分为很多的种类。

(1)按照控制措施作用于控制对象时间的不同,可以分为事前控制、事中控制和事后控制。

(2)按照控制信息来源的不同,可以分为前馈控制和反馈控制。

前馈是指施控系统根据已有的可靠信息分析预测的被控系统将要产生偏离目标的输出时,预先向被控系统输入纠偏信息,使被控系统不产生偏差或减少偏差。利用前馈来进行控制称为前馈控制。

反馈是指把施控系统的信息作用(输入)到被控系统后产生的结果再返送回来,并对信息的再输出发生影响的过程。如图1-1所示。

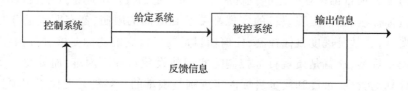

图1-1 反馈示意图

(3)按照控制过程是否形成闭合回路,可以分为开环控制和闭环控制。

总的说来,控制方式可以分为两类:主动控制和被动控制。被动控制是根据被控系统输出情况,与计划值进行比较,以及当实际值偏离计划值时,分析其产生偏差的原因,并确定下一步的对策。被动控制是事后控制,也是反馈控制和闭环控制。主动控制是指事先主动地采取决策措施,以尽可能地减少甚至避免计划值与实际值的偏离。很显然,主动控制是事前控制,也是前馈控制,它对控制系统的要求非常高,特别是对控制者的要求很高,因为它是建立在对未来预测的基础之上的,其效果的大小有赖于准确的预测分析。由于建设工程具有一次性的特点,因而从理论上讲,监理的控制都应是主动控制,这也是对监理工程师的素质要求很高的原因。

2. 目标控制的基础工作

为了对目标进行有效的控制,必须做好两项重要的基础工作。

(1)目标规划。这里所说的目标规划是以实现三大目标控制为前提的规划或计划,它是紧紧围绕工程项目投资、进度和质量目标进行分析研究、分解综合、安排计划、风险分析、制定措施等项工作的集合。因此,目标规划工作主要包括:正确地确定投资、进度、质量目标或对已经初步确定的目标进行论证;将各目标进行分解,使每个目标都形成一个既能分解又能综合地满足控制要求的目标划分系统,以便实施控制;编制目标实施计划,以使工程项目能够有序地达到预期目标;对计划目标的实施进行风险分析,以便采取有针对性的措施实施主动控制;制定各项目标的综合控制措施,确保三大目标的实现。

目标规划随着工程的进展,根据工程输出的信息和实际状况,要不断地进行细化、补充、修改和完善。目标规划是目标控制的基础和前提。只有做好目标规划的各项工作,才能有效实施目标控制。目标规划得越好,目标控制的基础就越牢,控制的效果就越好。

(2) 目标控制的组织。目标控制的所有活动以及计划的实施都是由有关机构或人员来完成的。因此,目标控制的组织机构和任务分工越明确、越完善,目标控制的效果也就越好。

为了有效地进行目标控制,必须做好以下几方面的工作:①设置目标控制机构;②配备合适的目标控制人员;③落实目标控制机构和人员的任务和职能分工;④优化目标控制的工作流程和信息流程。

3. 目标控制的过程

控制过程的形成依赖于反馈原理,它是反馈控制和前馈控制的组合。如图 1-2 所示。从图 1-2 可以看出,控制过程始于计划,项目按计划开始实施,投入人力、材料、机具、信息等,项目开展后不断输出实际的工程状况和实际的质量、进度和投资情况的指标。由于受系统内外各种因素的影响,这些输出的指标可能与相应的计划指标发生偏离。控制人员在项目开展的过程中,要广泛收集各种与质量、进度和投资目标有关的信息,并将这些信息进行整理、分类和综合,提出工程状况报告。控制部门根据这些报告将项目实际完成的投资、进度和质量指标与相应的计划指标进行比较,以确定是否产生了偏差。如果计划运行正常,就按原计划继续运行,如果有偏差或者预计将要产生偏差,就要采取纠正措施,或者改变投入,或修改计划,或采取其他纠正措施,使计划呈现一种新状态,然后工程按新的计划进行,开始一个新的循环过程。这样的循环一直持续到项目建成投入使用。

4. 控制过程的主要环节性工作

从控制流程图可以看出,控制过程的每次循环,都要经过投入、转换、反馈、对比、纠正等工作,这些工作是主要环节性工作。

(1) 投入。就是根据计划要求投入人力、物力、财力。计划是行动前制定的具体活动内容和工作步骤,其内容不但反映了控制目标的各项指标,而且拟定了实现目标的方法、手段和途径。控制保证了计划的执行并为下一步计划提供依据。做好投入工作,就是要把质量、数量符合计划要求的资源按规定的时间投入到工程建设中去。例如,监理工程师在每项工程开工之前,要认真审查承包商的人员、材料、机械设备等的准备情况,保证与批准的施工组织计划一致。

(2) 转换。主要是指建设工程由投入到产出的过程,也就是工程建设目标实现

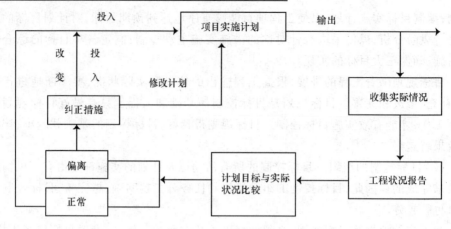

图 1-2 控制流程图

的过程。转换过程受各方面因素的干扰较大,监理工程师必须做好控制工作。一方面跟踪了解工程进展情况,收集工程信息,为分析偏差原因、采取纠正措施作准备;另一方面,要及时处理出现的问题。

(3)反馈。是指反馈各种信息。信息是控制的基础,及时反馈各种信息才能实施有效控制。信息包括项目实施过程中已发生的工程状况、环境变化等信息,还包括对未来工程预测信息。要确定各种信息流通渠道,建立功能完善的信息系统,保证反馈的信息真实、完整、正确、及时。

(4)对比。是将实际目标值与计划目标值进行比较,以确定是否产生偏差以及偏差的大小。进行对比工作,首先是确定实际目标值。这是在各种反馈信息的基础上,进行分析、综合,形成与计划目标值相对应的目标值。然后将这些目标值与计划目标值进行对比,判断偏差。

(5)纠正。即纠正偏差。根据偏差的大小和产生偏差的原因,有针对性地采取措施来纠正偏差。如果偏差较小,通常可采用较简单的措施纠偏;如果偏差较大,则需改变局部计划才能使计划目标得以实现。如果已经确认原定计划不能实现,就要重新确定目标,制定新计划,然后使工程在新计划下进行。

(二)合同管理

监理单位在建设工程监理过程中的合同管理,主要是根据委托监理合同的要求对工程承包合同的签订、履行、变更和解除进行监督、检查,对合同双方争议进行调解和处理,以保证合同的依法签订和全面履行。

(三)信息管理

建设工程监理离不开工程信息。在实施监理的过程中,监理工程师要对所需要的信息进行收集、整理、处理、存储、传递、应用等一系列工作,这些工作总称为信息管理。监理工程师进行信息管理的基础工作是设计一个以监理为中心的信息流结构,确定信息目录和编码,建立信息管理制度以及会议制度等。

（四）组织协调

在实现工程项目的过程中,监理工程师要不断进行组织协调,它是实现项目目标不可缺少的方法和手段。组织协调与目标控制是密不可分的。协调的目的就是为了实现项目目标。组织协调包括系统内部的协调和系统外部的协调。

二、建设工程实施监理的基本程序

为了规范建设工程监理水平和监理行为,监理工作必须执行《建设工程监理规范》(GB50391—2000),还应在符合国家现行的有关强制性标准的前提下,遵循工程建设监理程序。工程项目实施监理的基本程序分为4个阶段、9个步骤。4个阶段为：委托、准备、实施、总结。9个步骤是：①制定监理大纲；②签订监理合同；③决定总监理工程师,建立监理班子；④熟悉工程情况,收集有关资料；⑤制定监理规划；⑥编制实施细则；⑦开展监理工作；⑧监理工作总结；⑨建立建设工程监理资料。这里提出的监理程序都必须遵守,但根据工程的重要性和规模大小的不同,各个阶段和每个步骤的工作内容有所择重和详简,要具体工程具体分析,但一定要坚持按基本建设程序实行建设工程监理。具体内容在第九章作详细介绍。

第三节　建设工程监理企业

一、建设工程监理企业的概念

监理企业,一般是指取得监理资质证书,具有法人资格的监理公司、监理事务所和兼营监理业务的工程设计、科学研究及工程建设咨询的单位。

建筑市场是由三大主体构成的,即业主、承包商和监理方。作为三大主体之一的监理单位是受业主委托,替代业主管理工程建设。监理单位与业主之间是委托与被委托的合同关系；与被监理单位是监理与被监理的关系。监理单位按照"公正、独立、自主"的原则开展建设工程监理工作,公平地维护业主与被监理单位的合法权益。

二、监理企业的组织形式

按照我国现行法律法规的规定,我国的工程监理企业有可能存在的企业组织形式包括：公司制监理企业、合伙制监理企业、个人独资监理企业、中外合资经营监理企业和中外合作经营监理企业。

三、建设工程监理企业设立的基本条件

1. 有自己的名称和固定的办公场所。

2. 有自己的组织机构,如领导机构、财务机构、技术机构等;有一定数量的专门从事监理工作的工程经济、技术人员,而且专业基本配套、技术人员数量和职称符合要求。

3. 有符合国家规定的注册资金。

4. 拟订有监理单位的章程。

5. 有主管单位的,要有主管单位同意的批准文件。

6. 拟从事监理工作的人员中,有一定数量的人已取得国家建设行政主管部门颁发的《监理工程师资格证书》,并有一定数量的人取得了监理工程师培训结业合格证书。

四、设立建设工程监理企业的程序

(一)发起人向建设行政主管部门申报

1. 国务院建设行政主管部门负责监理业务跨部门的监理企业设立的资质审批。

2. 省、自治区、直辖市人民政府建设行政部门负责本行政区域监理企业设立的资质审批,并报国务院建设行政主管部门备案。

3. 国务院工业、交通等部门负责本部门监理企业设立的资质审批,并报国务院建设行政主管部门备案。

监理业务跨部门的监理企业的设立,应当按隶属关系先由省、自治区、直辖市人民政府建设行政主管部门审批。

(二)建设行政主管部门审查申请者的资质条件

建设行政主管部门对申报设立监理企业的资质审查,主要包括以下内容:

1. 看它是否具备开展监理业务的能力。

2. 要审查它是否具备法人资格的起码条件。

3. 在达到上述两项条件的基础上,核定它开展建设监理业务活动的经营范围,并提出资质审查合格的书面材料。

没有建设行政主管部门签署的资质审查合格的书面意见,监理企业不得到工商行政管理部门申请登记注册,工商行政管理部门更不得受理没有建设行政主管部门签署资质审查合格书面材料的监理企业登记注册申请。

(三)向工商行政管理机关申请登记注册,领取营业执照

工商行政管理部门对申请登记注册监理企业的审查,主要是按企业法人应具备的条件进行审查。经审查合格者,给予登记注册,并填发营业执照。登记注册是对法人成立的确认,没有获准登记注册的不得以申请登记注册的法人名称进行经营活动。

(四)监理企业应当在建设银行开立账户,并接受财务监督

监理企业营业执照的签发日期为监理企业的成立日期。监理企业成立后,应及

时到建设银行开立账户,并接受财务监督。

五、监理企业的资质与管理

(一)工程监理企业的资质

工程监理企业资质是指企业的技术能力、管理水平、业务经验、经营规模、社会信誉等综合性实力指标。对工程监理企业进行资质管理的制度是我国政府实行市场准入控制的有效手段。

工程监理企业应当按照所拥有的注册资本、注册监理工程师的数量和工程监理业绩等资质条件申请资质,经审查合格,取得相应等级的资质证书后,才能在其资质等级许可的范围内从事工程监理活动。

工程监理企业的资质按照等级分为甲级、乙级和丙级,按照工程性质和技术特点分为14个专业工程类别,每个专业工程类别按照工程规模或技术复杂程度又分为三个等级。

工程监理企业的资质包括主项资质和增项资质。工程监理企业如果申请多项专业工程资质,则选择其中一项为主项资质,其余的为增项资质。同时,其注册资金应当达到主项资质标准要求,从事增项专业工程监理业务的注册监理工程师人数应当符合专业要求。增项资质级别不得高于主项资质级别。

(二)工程监理企业的资质等级标准

工程监理企业的资质等级分为甲级、乙级和丙级,并按照工程性质和技术特点划分为若干工程类别。

工程监理企业的资质等级标准如下:

1. 甲级

(1)企业负责人和技术负责人应当具有15年以上从事工程建设工作的经历,企业技术负责人应当取得监理工程师注册证书;

(2)取得监理工程师注册证书的人员不少于25人;

(3)注册资本不少于100万元;

(4)近3年内监理过5个以上二等房屋建筑工程项目或者3个以上二等专业工程项目。

2. 乙级

(1)企业负责人和技术负责人应当具有10年以上从事工程建设工作的经历,企业技术负责人应当取得监理工程师注册证书;

(2)取得监理工程师注册证书的人员不少于15人;

(3)注册资本不少于50万元;

(4)近3年内监理过5个以上三等房屋建筑工程项目或者3个以上三等专业工程项目。

3. 丙级

(1)企业负责人和技术负责人应当具有8年以上从事工程建设工作的经历,企业技术负责人应当取得监理工程师注册证书;

(2)取得监理工程师注册证书的人员不少于5人;

(3)注册资本不少于10万元;

(4)承担过2个以上房屋建筑工程项目或者1个以上专业工程项目。

(三)工程监理企业的业务范围

各主项资质等级的工程监理企业的业务范围是:甲级工程监理企业可以监理经核定的工程类别中一、二、三等工程;乙级工程监理企业可以监理经核定的工程类别中二、三等工程;丙级工程监理企业可以监理经核定的工程类别中三等工程。甲、乙、丙级资质监理企业的经营范围均不受国内地域限制。

六、工程监理企业的经营管理

(一)取得监理业务的基本方式

工程监理企业承揽监理业务的形式有两种:一是通过投标竞争取得监理业务;二是由业主直接委托取得监理业务。我国《招标投标法》明确规定:大型基础设施、公用事业等关系社会公共利益、公众安全的项目;全部或者部分使用固定资金投资或者国家融资的项目;使用国际组织或者外国政府贷款、援助资金的项目必须招标。在不宜公开招标的涉及国家安全、国家秘密工程或者是工程规模比较小、比较单一的监理业务,或者是对原工程监理企业的续用等情况下,业主也可以直接委托工程监理企业。通过投标取得监理业务,是市场经济体制下比较普遍的形式。

(二)工程监理企业的经营活动基本准则

1. 守法

(1)在核定的业务范围内开展经营活动;

(2)不得伪造、涂改、出租、出借、转让、出卖《资质等级证书》;

(3)履行监理合同;

(4)到外地经营监理业务,要向当地建设部门注册备案,遵守当地监理法规等;

(5)遵守国家关于企业法人的其他法律;

(6)不转让监理业务。

2. 诚信

诚信,简单讲就是忠诚老实、讲信用。监理企业向业主、向社会提供的是技术服务,按照市场经济的观念,监理企业出卖的主要是自己的智力。智力是看不见、摸不着的无形产品。尽管它最终由建筑产品体现出来,但是如果监理企业提供的技术服务有问题,就会造成不可挽回的损失。何况技术服务水平的高低,弹性变化很大。一个高水平的监理企业可以运用自己的高智能最大限度地把投资控制和质量控制搞好,也可以以低水准的要求,把工作做得勉强能交待出去,这就是不诚信,没有为业主提供与其监理水平相适应的技术服务;或者本来没有较高的监理能力,却在竞争承揽监理业务时,有意夸大自己的能力;或者借故不认真履行监理合同规定的义务和职责等,都是不讲诚信的行为。

3. 公正

公正是指工程监理企业在监理活动中既要维护业主的利益,又不能损害承包商的合法利益,并依据合同公平合理地处理业主与承包商之间的争议。工程监理企业要做到公正,必须做到以下几点:

(1)要具有良好的职业道德;

(2)要坚持实事求是;

(3)要熟悉有关工程建设合同条款;

(4)要熟悉有关法律、法规和规章;

(5)要提高专业技术能力;

(6)要提高综合分析判断问题的能力。

4. 科学

科学是指工程监理企业要依据科学的方案,运用科学的手段、采用科学的方法开展监理工作。工程监理工作结束后,还要进行科学的总结。实施科学化管理主要体现在:

(1)科学的方案

工程监理的方案是监理规划的主要内容。在实施监理前,要尽可能准确地预测出各种可能的问题,有针对性地拟定解决办法,制定出切实可行、行之有效的监理规划,并在此基础上制定监理实施细则,使各项监理活动都纳入计划管理的轨道。

(2)科学的手段

实施工程监理必须借助于先进的科学仪器(如各种检测、实验、化学仪器、化验仪器、摄像、录像设备及计算机等)才能做好监理工作。

(3)科学的方法

监理工作的科学方法主要体现在:监理人员在掌握大量的、确凿的有关监理对象及其外部环境实际情况的基础上,适时、妥帖、高效地处理有关问题,解决问题要用事实说话、用书面文字说话、用数据说话,尤其体现在要开发、利用计算机软件,建立先进的信息管理系统和数据库。

第四节 监理工程师

一、监理工程师的概念

1992年6月,建设部发布了《监理工程师资格考试和注册试行办法》(建设部第

18号令),我国开始实施监理工程师资格考试。1996年8月,建设部、人事部下发了《关于全国监理工程师执业资格考试工作的通知》(建监〔1996〕462号),从1997年起,全国正式举行监理工程师执业资格考试。考试工作由建设部、人事部共同负责,日常工作委托建设部建设监理协会承担,具体考务工作委托人事部人事考试中心组织实施。

1. 监理工程师的概念

监理工程师是指经全国统一考试合格,取得《监理工程师资格证书》并经注册登记的建设工程监理人员。它包含了这样几层含义:第一,监理工程师是岗位职务,不是专业技术职称,是经过授权的责任岗位;第二,监理工程师是经全国监理工程师执业资格考试合格并通过一个监理单位申请注册获得《监理工程师岗位证书》的监理人员;第三,监理工程师必须是在岗的监理人员,不在监理工作岗位上,不从事监理活动者,都不能成为监理工程师。

从事建设工程监理工作,但尚未取得《监理工程师岗位证书》的人员统称为监理员。在工作中,监理员与监理工程师的区别主要在于监理工程师具有相应岗位责任的签字权,监理员没有相应岗位责任的签字权。

参加工程建设的监理人员,根据工作岗位设定的需要可分为总监理工程师(简称总监)、总监理工程师代表、专业监理工程师和监理员等。

2. 总监理工程师的概念

总监理工程师是由监理单位法定代表人书面授权,全面负责委托监理合同的履行、主持项目监理机构工作的监理工程师。工程项目的监理实行总监理工程师负责制。总监理工程师负责制包含两层含义:其一,总监理工程师是工程监理的责任主体。责任是总监理工程师负责制的核心,它构成了对总监理工程师的工作压力与动力,也是确定总监理工程师权利和义务的依据。所以总监理工程师应是向业主和监理单位所负责任的承担者;其二,总监理工程师是工程监理的权利主体。根据总监理工程师承担责任的要求,总监理工程师全面领导建设工程的监理工作,包括组建项目监理机构、主持编制建设工程监理规划、组织实施监理活动、对监理工作总结、监督和评价。

3. 总监理工程师代表的概念

总监理工程师代表是经监理单位法定代表人同意,由总监理工程师书面授权,代表总监理工程师行使其部分职责和权力的项目监理机构中的监理工程师。

4. 专业监理工程师的概念

专业监理工程师是根据项目监理岗位职责分工和总监理工程师的指令,负责实施某一专业或某一方面的监理工作,具有相应监理文件签发权的监理工程师。

5. 监理员的概念

监理员是经过监理业务培训,具有工程相关专业知识,从事具体监理工作的监理人员。

6. 各监理工程师、监理员之间的相互关系

工程项目建设监理实行总监负责制。工程项目总监理工程师对监理单位负责；监理工程师代表和专业监理工程师对总监理工程师负责；监理员对监理工程师负责。监理单位的常设机构都要为工程项目的监理提供服务，而不是项目总监理工程师的领导。

二、监理工程师的素质

监理单位的职责是受业主的委托对工程建设进行监督和管理。具体从事监理工作的监理人员，不仅要有较强的专业技术能力和较高的政策水平，能够对工程建设进行监督管理，提出指导性的意见，而且要能够组织、协调有关工程建设参与者的责、权、利，来共同完成工程建设任务。因此，为了适应监理工作岗位的需要，监理工程师应该比一般工程师具有更好的素质，对这种高智能人才的素质的要求，主要体现在以下几个方面：

(一)要有较高的学历和多学科专业知识

现代工程建设规模巨大，多功能兼备，涉及领域较多，应用科技门类广泛，人员分工协作繁杂，只有具备现代科技理论知识、经济管理理论知识和法律知识，监理工程师才能胜任监理岗位工作。监理工程师应当具有较高的学历和知识水平。在国外，监理工程师、咨询工程师都具有大学学历，而且大都具有硕士甚至是博士学位。参照国外对监理人员学历、学识的要求，我国规定监理工程师必须具有大专以上学历和工程师（建筑师、经济师）以上的技术职称。

工程建设应用的学科很多，监理工作要涉及多种专业技术和基础理论，监理工程师不可能同时学习和掌握这么多的专业理论知识。但至少应学习、掌握一种专业理论知识，在该项技术领域里有扎实的理论基础，同时力求了解或掌握更多的专业知识和一定的经济、法律和组织管理等方面的理论知识，从而达到一专多能的程度，用以正确指导现代工程建设的实践。

(二)要有丰富的工程建设实践经验

工程建设实践经验就是理论知识在工程建设中成功地应用。一般来说，一个人在工程建设中工作的时间越长，经验就越丰富。反之，经验则不足。大量的工程实践证明，工程建设中出现失误，往往与参与者的经验不足有关。当然，若不从实际出发，单凭以往的经验，也难以取得预期的成效。据了解，世界各国都很重视工程建设的实践经验。在考核某一个单位，或某一个人的能力大小时，都把实践经验作为主要的衡量尺度之一。例如，英国咨询工程师协会规定，入会的会员年龄必须在38岁以上；新加坡有关机构规定，注册结构工程师必须具有8年以上的工程结构设计实践经验。我国在考核监理工程师的资格时，也要求具有高级专业技术职称或取得中

级专业技术职称后具有3年以上实践经验。

（三）要有健康的体魄和充沛的精力

为了有效地对工程项目实施控制，监理工程师必须经常深入到工程建设现场。由于现场工作强度高、流动性大、工作条件差、任务重，监理工程师必须具有健康的身体和充沛的精力，否则难以胜任监理工作。我国从人们的体质上考虑，规定年满65周岁就不宜再承担监理工作。年满65周岁的监理工程师不予以注册。

（四）要有良好的品德

监理工程师的良好品德主要体现在：

1. 热爱社会主义祖国、热爱人民、热爱建设事业。

2. 具有科学的工作态度。要坚持严谨求实、一丝不苟的科学态度，一切从实际出发，用数据说话，要做到事前有依据，事后有证据，不草率从事，以使问题能得到迅速而正确的解决。

3. 具有廉洁奉公、为人正直、办事公道的高尚情操。对自己不谋私利。对业主和上级，既能贯彻其真正意图，又能坚持正确的原则。对承包商，既能严格监理，又能热情帮助。对各种争议，要能站在公正立场上，使各方的正当权益得到维护。

4. 具有良好的性格。对与己不同的意见，能权衡去否，不轻易行使自己的否决权，善于同各方面合作共事。

三、监理工程师的职业道德

监理工程师的职业道德是用来约束和指导监理工程师职业行为的规范要求，是确保建设监理事业的健康发展、规范监理市场的基本准则。具有良好的职业道德，谨慎、勤勉地为业主服务、为工程服务是一个监理工程师自身素质的重要方面，同时也是全社会对监理工程师监理工作的必然要求。监理工程师应自觉履行监理合同规定的义务和责任；努力学习专业技术和建设监理知识，不断提高业务能力和专业水平；热爱监理事业，自觉维护监理企业的荣誉和形象；坚持独立自主地开展工作等。国际咨询工程师联合会（FIDIC）分别从对社会和职业的责任、能力、正直性、公正性、对他人的公正这5个问题计14个方面，规定了监理工程师的道德行为准则，可供我国的监理工程师学习参考。

我国监理工程师的职业道德主要表现在以下几个方面：

1. 维护国家的荣誉和利益，按照"守法、诚信、公正、科学"的准则执业。

2. 执行有关工程建设的法律、法规、规范、标准和制度，履行监理合同规定的义务和职责。

3. 努力学习专业技术和建设监理知识，不断提高业务能力和监理水平。

4. 不以个人名义承揽监理业务。

5. 不同时在两个或两个以上监理单位注册和从事监理活动，不在政府部门和施工、材料和设备的生产供应等单位兼职。

6. 不为所监理项目指定承建商、建筑构配件、设备、材料和施工方法。

7. 不收受被监理单位的任何礼金。

8. 不泄露所监理工程各方认为需要保密的事项。

9. 坚持独立自主地开展工作。

四、监理工程师的培养

我国引入和推行工程建设监理制,面临着监理队伍建设的重要问题。如何建设监理队伍,监理工程师需要怎样的知识结构及监理工程师培养的途径是我们需要研究的课题。

目前,由于全国各高校没有对口专业,建立我国监理工程师队伍,主要还是大量地吸收工程设计、施工、科研和建设管理部门的工程技术与管理人员。然而,我国大多数工程技术管理人员虽有技术专业知识基础,但却缺少经济、管理和法律方面的知识与经验,这是我国以往的历史环境所造成的。改革开放前,我国建设人才的培养,不重视经济、管理和法律方面的教育,有关的技术专业也很少设有这方面的课程,培养出来的工程技术人员自然缺少这方面的知识。我国传统的工程项目建设,主要是靠行政手段支配,建设单位和施工单位都没有严格的经济责任制,单位与单位之间不是经济合同关系,工程项目建设不讲究经济管理,广大工程技术人员自然缺少经济管理方面的实践经验。鉴于上述情况,我国从1989年开始,采取再教育的方式,吸收从事过工程设计、施工和工程建设管理工作的工程技术和工程经济人员参加工程建设监理知识的培训,主要是从监理的角度学习有关工程建设监理的基本理论与相关法规、合同管理、质量控制、进度控制、投资控制以及计算机的应用等方面的知识。

五、监理工程师的考试与注册

(一)监理工程师考试的意义

通过考试确认相关资格的做法是国际惯例。监理工程师资格考试有助于促进监理人员和其他愿意掌握建设监理基础知识的人员努力钻研监理业务,提高业务水平;有利于统一监理工程师的基本水准,公正地确认监理人员是否具备监理工程师的资格,保证全国各地方、各部门监理队伍的素质;通过考试,确认已掌握监理知识的有关人员,可以形成监理人才库;监理工程师考试还有助于我国监理队伍进入国际建设工程监理市场。

(二)监理工程师资格考试报考的条件

根据建设部颁布的《监理工程师资格考试和注册试行办法》规定,凡中华人民共和国公民,具有工程技术或工程经济专业大专(含)以上学历,遵纪守法并符合以下

条件之一者,均可报名参加监理工程师执业资格考试:

1. 具有按照国家有关规定评聘的工程技术或工程经济专业中级专业技术职务,并任职满三年。

2. 具有按照国家有关规定评聘的工程技术或工程经济专业高级专业技术职务。

3. 免试的条件

对从事建设工程监理工作并同时具备下列4项条件的报考人员,可免试《工程建设合同管理》和《工程建设质量、投资、进度控制》2个科目。

(1)1970年(含)以前工程技术或工程经济专业大专(含)以上毕业;

(2)具有按照国家有关规定评聘的工程技术或工程经济专业高级专业技术职务;

(3)从事工程设计或工程施工管理工作15年(含)以上;

(4)从事监理工作1年(含)以上。

(三)监理工程师考试

1. 考试的内容

《工程建设监理基本理论与相关法规》、《工程建设合同管理》、《工程建设质量、投资、进度控制》、《工程建设监理案例分析》。其中,《工程建设监理案例分析》为主观题,在试卷上作答;其余3科均为客观题,在答题卡上作答。

2. 考试成绩管理

考试以两年为一个周期,参加全部科目考试的人员须在连续两个考试年度内通过全部科目的考试。免试部分科目的人员须在一个考试年度内通过应试科目。

(四)监理工程师注册管理

监理工程师执业资格考试合格者,由各省、自治区、直辖市人事(职改)部门颁发人事部统一印制的中华人民共和国《监理工程师执业资格证书》。该证书在全国范围内有效。

取得《监理工程师执业资格证书》者,须按规定向所在省(区、市)建设部门申请注册,监理工程师注册有效期为5年。有效期满前3个月,持证者须按规定到注册机构办理再次注册手续。

第五节 建设工程监理的现状与发展趋势

一、国外建设工程监理

建设工程监理,国外统称为工程咨询,是国际上普遍实行的建设工程项目监督管理制度。它使投资、进度、质量目标得到有效控制,保证和提高工程建设水平,节省建设资金、提高投资效益。在国外一些经济发达的国家,特别是英美,监理咨询业已有百年的历史,建筑立法相当完善,积累了一套科学的管理体系,工作程序化、技术规范化、管理科学化、组织现代化。

在国外,特别是英、美、日、德等发达国家,监理咨询是全方位的。业主通常将项目从前期至建成的全过程都委托给监理咨询公司,实施全过程监理。在整个项目实施过程中,业主一般不与承包商直接发生关系,所有信息来往均由监理工程师来传送或发布。监理工程师主要监督业主与承包商执行合同的情况,防止索赔现象的发生或为反索赔提供依据,做好投资控制,以维护业主和承包商双方各自应得的利益。如今监理工程师的服务业务范围已逐步扩展到为业主提供投资规划、投资估算、价值分析,向设计单位、施工单位提供费用控制。

国际上,监理咨询被看作是一个智能型服务性企业或高智能的人才库。因此,国外对监理工程师、咨询工程师在学历方面要求较高,大部分具有硕士、博士学位。同时,国外很重视对在职监理人员的培养,每年都要投入较大的费用用于人员培训,提高监理业务水平和实践经验。

二、国内建设工程监理的现状

我国从1988年开始推行建设工程监理制度以来,监理事业发展较快,积累了一定经验,取得了积极成效,建立了一套比较完整的监理法规体系,组成了一支规模较大的监理队伍,监理出了一批优良的工程项目,监理工作在工程建设中发挥了重要作用,得到了社会的普遍认可,正逐步向规范化、制度化、科学化方向迈进。

我国工程监理事业经过17年的发展,虽然取得了一定成绩,但也存在不少问题,主要表现在以下几个方面:

(一)部分工程监理工作不到位

很多项目监理机构组织不健全,监理人员的数量、专业、素质不能满足监理工作的需要;施工现场监督管理不得力,应检项目未检;应签证项目未签证;对关键部位和工序需要旁站的未旁站,致使监理水平和监理效果难以提高。

(二)监理取费普遍较低

当前监理工作中取费偏低问题严重制约着监理行业的发展,很多工程项目的监理费甚至达不到合理的监理成本水平,使监理企业无法挽留和吸引高素质监理人才,严重影响了监理人员的积极性,难以发挥监理应有的作用。

(三)监理人员整体素质不高

目前,我国的监理人员来源比较广泛,主要来自勘察设计单位、科研院所、大专院校、基建管理部门和施工单位,他们即使获得监理工程师执业资格,但由于在知识结构方面缺乏管理知识和法律知识,因而在开展监理工作中不能有效地发挥组织、协调、管理的作用,难以取得好的监理成效。

另外,目前对监理人员的培训、考试工作存在一些弊端。主要是重理论、轻实践，重资历、轻业绩，理论学习与实际工作脱节。不少年轻的监理人员虽然能够取得执业资格证书，但由于缺乏工程管理实践经验，在现场往往不能解决实际问题，难以使承包商信服，得不到业主的信任。此外，在监理队伍中还有很多退休的老同志，他们原有的工程建设经验无法适应现代建设工程监理工作的需要，身体状况更难以适应现场监理工作，起不到应有的监理作用。

（四）装备配备不良

从目前的实际情况来看，多数监理企业无力组建能满足工程监理工作需要的完备实验室，缺少性能优良的检测、监测仪器和设备，现场检测不得不依靠其他专业检测单位，耗时费力，有时该检测的项目未能检测，从而使监理工作受到很大的影响。

（五）业主行为不规范

大多数业主单位一般不具备项目管理能力，对基建程序尤其是监理制度不了解，往往出现市场行为不规范问题，突出表现为在委托监理业务时仅委托质量控制，随意压低监理费，拖欠监理费。

（六）监理企业缺乏市场主体地位

监理企业缺乏市场主体地位，不能作为完全的独立法人自主经营和自负盈亏。我国监理企业目前大致分为四种类型：①政府主管部门为改善经济条件，安置分流人员成立的公司；②大型企业集团设立的子公司或分公司；③教学、科研、勘察设计单位分离出来的公司；④社团组织及社会人士成立的监理公司。其中，1/3左右是在1994年《公司法》颁布前按照传统的国有企业模式成立的公司，除第4类中少数社会化的监理公司外，绝大数存在产权关系不清晰、法人治理结构不健全、分配机制不合理的现象。监理公司普遍存在缺乏自我发展的内在动力，职工的积极性难以充分调动的现象，严重制约了监理企业和监理行业的进一步发展。

（七）政府监督管理缺乏力度

我国推行建设监理制度时间不长，监理行业还比较脆弱，监理单位的市场主体地位还不够稳固，需要政府大力扶持和引导。《建筑法》、《建设工程质量管理条例》、部门规章等虽然对监理工作的实施有明确规定，但在实施中缺乏有效的监督管理。

三、我国建设工程监理的发展趋势

（一）加强法制建设，走法制化的道路

监理在我国起步虽然较晚，但一个上下衔接的法规体系已经建立起来了。目前颁布法律法规中有很多涉及建设工程监理的条款，使我国的建设工程监理有法可依、有章可循。但从加入WTO的角度看，法制建设还比较薄弱，突出表现在市场竞争规则和市场交易规则还不健全；市场机制，包括信用机制、价格形成机制、风险防范机制、仲裁机制等尚未形成。应当在总结经验的基础上，借鉴国际通行的做法，逐步建立和健全法制。只有这样,才能使我国的建设工程监理适应加入 WTO 后的新形势。

(二)以市场需求为导向,向全方位、全过程监理发展

目前,我国建设工程监理以施工阶段监理为主,从事设计阶段监理、决策阶段监理和全过程监理的极为少见。造成这种状况既有体制上、认识上的原因,也有建设单位需求和监理企业素质及能力的原因。但是应当看到,随着项目法人责任制的不断完善,以及民营企业和私人投资项目的大量增加,建设单位将对工程投资效益愈加重视,工程前期决策阶段的监理将日益增多。从发展趋势看,代表建设单位进行全方位、全过程的工程项目管理,将是我国工程监理行业发展的趋向。当前,应当按照市场需求多样化的规律,积极扩展监理服务内容。要从现阶段以施工阶段为主,向全过程、全方位监理发展,即不仅要进行施工阶段质量、投资和进度控制,做好合同管理、信息管理和组织协调工作,而且要进行决策阶段和设计阶段的监理。

(三)适应市场需求,优化工程监理企业结构

应当通过市场机制和必要的行业政策引导,在工程监理行业逐步建立起综合性监理企业与专业性监理企业相结合、大中小型监理企业相结合的合理的企业结构。按工作内容分,建立起能承担全过程、全方位监理任务的综合性监理企业与能承担某一专业监理任务(如招标代理、工程造价咨询)的监理企业相结合的企业结构。按工作阶段分,建立起能承担建设工程全过程监理的大型监理企业与能承担某一阶段工程监理任务的中型监理企业和只提供旁站监理劳务的小型监理企业相结合的企业结构。

(四)加强培训工作,不断提高从业人员素质

从全方位、全过程监理的要求来看,我国建设工程监理人员的素质还不能与之相适应,主要表现在以下几个方面:

1. 监理人员综合素质偏低(学历、工程经验、知识结构、管理水平等方面);
2. 监理人员专业分工过细,缺乏一专多能人才;
3. 缺乏具备较高监理水平的总监理工程师等。

现阶段监理人员主要来自施工单位、设计单位、各大院校、研究单位,同时,工程建设领域的新技术、新工艺、新材料、新设备层出不穷,工程技术标准、规范、规程也时有更新,信息技术日新月异,都要求建设工程监理人员与时俱进,不断提高自身的业务素质和工作能力,这样才能为业主提供优质服务。

(五)与国际惯例接轨,走向世界

我国的监理工程师和工程监理企业应当作好充分准备,不仅要迎接国外同行进入我国后的竞争挑战,而且也要把握进入国际市场的机遇,敢于到国际市场与国外同行竞争。在这方面,大型、综合素质较高的工程监理企业应当率先采取行动,向工程项目管理公司转化。

《国务院关于投资体制改革的决定》(国发[2004]20号)指出:"非经营性政府投资项目加快推行代建制,即通过招标等方式,选择专业化的项目管理单位负责建设实施,严格控制项目投资、质量和工期,竣工验收后交给使用单位。"部分骨干监理企业具备向工程项目管理公司转化的优势,但不限制也不排除工程咨询、勘察设计、建筑施工、招标代理、设备监造、造价咨询等单位向工程项目管理公司转化的可能,上述企业或者单位通过向前、向后或者向两头延伸,为业主提供全过程、全方位或者若干阶段的监督管理服务。

要保证工程监理企业顺利转化,首先应打破行业壁垒,允许工程类各执业资格人士在非本行业注册执业,以解决各行业人才结构不合理矛盾。其次,允许工程建设和建筑系统各行业企业之间申请非本行业企业市场准入资格,原企业注册资本金、技术人员、管理人员、业绩和办公场所等条件可考核计算。第三,应鼓励工程监理企业与勘察设计、建筑施工、招标代理、工程咨询、设备监造和造价咨询企业之间兼并联合,合并后可以继承原资质等级,也可与其组成联合体,承担工程项目管理和服务任务,并承担连带责任。

思 考 题

1. 什么是建设工程监理?它的内涵是什么?
2. 建设工程监理的基本内容是什么?
3. 建设工程监理的性质是什么?
4. 简述建设工程实施监理的程序。
5. 简述监理工程师的基本概念。
6. 简述对监理工程师素质的要求。
7. 简述甲、乙级监理资质企业的业务范围。
8. 简述工程监理企业经营活动的基本准则。

第二章　建设工程的全过程监理

本章依据我国的基本建设程序和目前建设工程监理实施的现状，主要介绍了建设工程决策阶段、勘察设计阶段、招投标阶段和施工阶段的监理。

第一节　决策阶段的建设工程监理

建设工程决策，是选择和决定投资行动方案的过程，是指投资者按照自己的意图目的，在调查分析、研究的基础上对拟实施项目的投资规模、投资方向、投资结构、投资分配以及投资项目的选择和布局等方面进行技术经济分析，决定建设工程是否必要和可行的一种选择。由此可见，项目决策正确与否，直接关系到项目建设的成败，关系到工程造价高低及投资效果的好坏。

一、建设工程决策的程序

1. 投资机会研究阶段

建设工程机会研究是进行项目决策的第一步，主要是把项目的设想变为概略的投资建议，以便进行下一步的深入研究。机会研究的重点是进行投资环境分析，鉴别投资方向，选定建设项目。

2. 初步可行性研究阶段

初步可行性研究阶段，亦称为项目建议书阶段，是根据国民经济和社会发展长期规划、行业规划和地区规划以及国家产业政策，经过调查研究、市场预测及技术分析，对拟建项目的一个总体轮廓设想。初步可行性研究着重从客观上对项目建设的必要性做出分析，并初步分析项目建设的可能性。

3. 可行性研究阶段

在可行性研究中，对拟建项目的市场需求状况、建设条件、生产条件、协作条件、工艺技术、设备、投资、经济效益、环境和社会影响以及风险等问题，进行深入调查研究，充分进行技术经济论证，做出项目是否可行的结论，选择并推荐优化的建设方案，为项目决策单位或业主提供决策依据。

从上可见，项目建议书是围绕项目的必要性进行分析研究；可行性研究则是围绕项目的可行性进行分析研究,必要时还需对项目的必要性进一步论证。

4. 项目评估阶段

在项目可行性研究报告出来后,由具有一定资质的咨询评估单位对拟建项目本身及可行性研究报告进行技术上、经济上的评价论证。这种评价论证是站在客观的角度对项目进行分析评价,决定项目可行性研究报告提出的方案是否可行,科学、客观、公正地提出对项目可行性研究报告的评价意见,用于决策部门或业主对项目审批提供依据。

5. 项目决策审批阶段

项目主管部门或业主,根据咨询评估单位对项目可行性研究报告的评价结论,结合国家宏观经济条件,对项目是否建设、何时建设进行审定。

二、建设项目(工程)可行性研究

(一)建设项目可行性研究的概念

建设项目的可行性研究是在投资决策前,对与拟建项目有关的社会、经济、技术等各方面进行深入细致的调查研究,对各种可能采用的技术方案和建设方案进行认真的技术经济分析和比较论证,对项目建成后的经济效益进行科学的预测和评价。在此基础上,对拟建项目的技术先进适用性、经济合理有效性,以及建设的必要性和可行性进行全面分析、系统论证、多方案比较和综合评价,由此得出该项目是否应该投资和如何投资等结论性意见,为项目投资决策提供可靠的科学依据。

一个好的可行性研究,应该向投资者推荐技术经济最优的方案,使投资者明确项目具有多大的财务获利能力,投资风险有多大,是否值得投资建设;可使主管部门领导明确,从国家角度看该项目是否值得支持和批准;使银行和其他资金供给者明确,该项目是否按期或者提前偿还他们提供的资金。

(二)建设项目可行性研究的作用

1. 项目可行性研究是确定项目是否实施的依据

一方面,项目可行性研究从市场、技术、工程建设、经济及社会等多方面通过详细、公正、客观而科学的项目论证,依据其结论可以给投资者提供是否值得投资的意见和建议;另外一方面,项目可行性研究报告可以作为环保部门、地方政府和规划部门审批项目的依据。因此,项目可行性研究首先是确定项目是否实施的依据。

2. 项目可行性研究报告是向银行贷款的依据

在项目可行性研究工作中,详细预测了项目的盈利能力、偿债能力等。世界银行、亚洲银行、外国政府援助性贷款以及国内的金融机构在决定提供贷款之前都会审查项目的论证报告,对建设项目进行全面、细致的分析评估,确认项目的偿还能力及风险水平后,才做出是否提供贷款的决策。

3. 项目可行性研究是编制计划、设计、采购、施工以及机构设置、资源配置的

依据

在项目可行性研究工作中,对项目选址、建设规模、主要生产流程、项目进度计划及设备选型等都进行了充分的论证,设计文件的编制、建设单位与各协作单位签定的协议、进度计划的编制都应以批准的项目可行性研究报告为基础,保证预定建设项目目标的实现。

4. 项目可行性研究报告是作为建设项目后评估的依据

建设项目后评估,是指在项目建成运营一段时间后,根据收集的项目运行的实际信息和数据,对项目的实际运营效果进行考察,评价项目实际运营效果是否达到预期目标。由于项目的预期目标是在项目可行性研究报告中确定的,因此,建设项目后评估应以项目可行性研究报告为依据,评价项目目标实现程度。

三、决策阶段实施监理的意义

(一)决策阶段实施监理是我国监理企业的改革趋势

随着我国社会主义市场经济体制的发展和完善,随着加入"WTO"和工程建设管理体制改革新形势的变化,项目法人责任制在不断完善,民营企业和私人投资项目将大量增加,业主对工程投资效益会越来越重视,工程前期决策阶段的监理将日益增多。从发展趋势看,代表业主进行全方位、全过程的工程项目管理,将是我国工程监理行业发展的趋势。所以,按照市场需求多样化的规律,积极扩展监理服务内容。要从现阶段以施工阶段为主,向全过程、全方位监理发展,即不仅要进行施工阶段监理,而且要进行决策阶段和设计阶段的监理。

(二)决策阶段实施监理可以减少决策失误

在项目决策阶段,监理工程师根据业主提供的建设工程规模、场址、协作条件等,对各种拟建方案进行固定资产投资估算、最佳投资方案的比选,达到资源的合理配置,促使建设项目的科学决策。尤其是对于大中型工程来说,决策阶段的监理对于减少决策失误有着重要的意义。

四、决策阶段的监理工作

建设工程决策阶段的可行性研究是运用多种科学手段综合论证一个工程项目在技术上是否先进、实用、可靠,在经济上是否合理,在财务上是否盈利,为投资决策提供科学依据。投资者为了排除盲目性,减少风险,一般都要委托咨询、设计等部门进行可行性研究,委托监理单位进行可行性研究的管理或对可行性研究报告的审查。

监理工程师在可行性研究决策阶段进行监理工作,主要视业主委托监理单位具体工作情况而定。监理工作的深度、方式不同,则具体的监理工作内容也有所不同。主要包括:协助业主编制项目建议书或审核项目建议书的各项内容;进行可行性研究工作,编制可行性研究报告或对可行性研究报告内容进行审核。

若委托监理单位对项目建议书及可行性研究报告进行审核,则应当从以下几个方面作为监理工作的主要内容。

(1)审核可行性研究报告是否符合国民经济发展的长远规划和国家经济建设方针政策;

(2)审核可行性研究报告是否符合项目建议书或业主的要求;

(3)审核可行性研究报告是否具有可靠的自然、经济、社会环境等基础资料和数据;

(4)审核可行性研究报告是否符合相关的技术经济方面的规范、标准和定额等指标;

(5)审核可行性研究报告的内容、深度和计算指标是否达到标准要求。

此外,在项目决策阶段监理单位视业主委托情况,还可以协助业主办理投资许可、土地许可、规划许可等手续。

第二节 建设工程勘察设计阶段的监理

我国引进监理制度的目的并非仅局限于施工阶段的监理,国际上监理咨询企业的服务范围很宽,由于监理制度在我国实施的时间还不长,对监理工作其他方面的服务范围仍然存在认识上的差异,除了施工阶段的监理工作已经比较成熟外,其他方面的监理服务尚在试行和发展之中。因此,目前强制监理工作的基本服务内容主要限定在施工阶段的质量控制、进度控制、造价控制、合同管理和协调工作。监理单位为了实施综合有效的控制,必须对建设工程的有关合同和各种信息进行管理。

目前,已经在不少地方或监理企业开展的如工程决策阶段的咨询服务、设计阶段的监理、招标阶段的组织与实施等监理工作服务内容也应视为监理单位的监理工作内容,将来这些监理工作服务内容的方法、程序和深度等成熟后仍会纳入工程建设监理规范的内容之中。

一、勘察设计阶段实施监理的目的和意义

(一)建设工程勘察设计的监理目的

勘察设计是建设工程的先行工作,它为工程建设提供第一手的技术成果,是建设工程安全、顺利、优质、高效的科学保证。勘察设计阶段的重点是处理好勘察、设计的质量与投资之间的关系。勘察设计的工作质量、成果质量、功能质量都与投资有直接关系,质量是核心。因此,必须对勘察设计进行监理。勘察设计监理的目的,是在处理好质量与投资关系的同时,使勘察设计成果符合现有国家规范和标准的要求,以满足业主对工程建设项目功能和使用价值的要求,力争在合理的投资限额下,达到最佳的工程勘察设计效果。同时,在勘察设计的全过程中,必须认真贯彻《中华人民共和国建筑法》,确保设计成果。

工程勘察监理主要包括工程测量的监理、供水水文地质勘察监理、工程地质勘察监理三个方面。工程测量的监理包括对平面控制测量、高程控制测量、地形图测量、摄影测量、线路测量和绘图等项目的监理,其目的是确保建设项目的选址、道路选线为设计和施工中的地形地貌提供科学依据;供水水文地质勘察监理包括对水文地质测绘、地球物理勘探、钻探、臭水试验和地下水评价等方面的监理工作,其目的是为建设项目的设计提供供水、地下水资源的详细资料审查;工程地质勘察监理包括对地理位置、地形地貌、地质构造、不良地质现象、岩石与土的物理力学性质等的监理,其目的是为工程设计和工程施工提供可靠的工程地质资料和设计数据。

建设工程设计监理的目的就是要协助设计单位执行设计政策、设计规范和设计标准,预防设计中可能出现的错、漏、碰、缺等问题;代表业主审查设计单位提出的设计方案、设计图纸及有关技术措施,以达到确保工程设计质量的目的。

(二) 实施工程勘察设计监理的意义

1. 有利于发挥专家的群体智慧

由于提供监理服务的单位是工程建设专业化的咨询监理机构,能够发挥专家的群体智慧。

2. 保障业主决策的正确性

监理单位可向业主就建设地址选择、工程规模、采用的设计标准、使用功能要求和相应的投资规模,以及设计单位和设计方案选择等重大问题,提出科学合理的建议,保障业主决策的正确性。

3. 有利于把好勘察设计质量关

除勘察设计单位内部对工程勘察设计成果的审校外,还加强了社会监理单位的专业化的检查和审查,确保了对工程项目设计质量目标、工程项目建设投资目标和建设进度目标的控制,特别对工程项目建设投资目标和质量目标的控制起着关键的作用。

二、勘察设计阶段建设工程监理的工作内容

1. 协助业主编制工程勘察设计招标文件。
2. 协助业主审查和评选工程勘察设计方案。
3. 协助业主选择勘察设计单位。
4. 协助业主编制设计要求文件。"设计要求文件"的主要内容有编制依据(如已经批准的可行性研究报告、建筑场地的工程地质勘察报告),技术经济指标(如建筑物的面积指标、单方造价等),城市环境规划要求(如红线要求、建筑高度、层数、占地系数、绿化系数、容积率等的要求)。

5. 协助业主签订工程勘察设计合同书。

6. 监督管理勘察设计合同的实施。

7. 进行跟踪监理,检查工程设计概算和施工图预算,验收工程设计文件,协助业主办理有关报批手续。工程建设勘察设计阶段监理的主要工作是对勘察设计进度、质量和投资的监督管理。总的内容是根据勘察设计任务批准书编制勘察设计资金使用计划、勘察设计进度计划和设计质量标准要求,并与勘察设计单位协商一致,圆满地贯彻业主的建设意图。对勘察设计工作进行跟踪检查、阶段性审查,设计完成后要全面审查。审查的主要内容是:

(1)设计文件的规范性、工艺的先进性和科学性、结构的安全性、施工的可行性以及设计标准的适宜性等;

(2)设计概算或施工图预算的合理性,若超过投资限额,除非业主许可,否则要修改设计;

(3)在审查上述两项的基础上,全面审查勘察设计合同的执行情况,最后代表业主验收所有文件。

8. 协助业主进行生产设备招标与订货

工程设计阶段是项目的三大目标控制的关键性阶段之一,在该阶段实施监理对工程质量、投资和进度等控制有着极其重要的作用,但就目前我国的实施情况来看,无论在理论还是时间上与施工阶段相比还有待于人们积极探索、实践与总结。

第三节 建设工程招投标阶段的监理

一、招投标的基本知识

（一）招标投标的概念

建设工程招标是指招标人在发包建设项目之前,公开招标或邀请投标人,根据招标人的意图和要求提出报价,择日当场开标,以便从中择优选定中标人的一种经济活动。

建设工程投标是工程招标的对称概念,指具有合法资格和能力的投标人根据招标条件,经过初步研究和估算,在指定期限内填写标书,提出报价,并等候开标,决定能否中标的经济活动。

（二）建设项目招标的范围、种类与方式

1. 建设工程强制招标的范围

我国《招标投标法》指出,凡在中华人民共和国境内进行下列工程建设项目,包括项目的勘察、设计、施工、监理以及与工程建设有关的重要设备、材料等的采购,必须进行招标。一般包括:

(1)大型基础设施、公用事业等关系社会公共利益、公共安全的项目;
(2)全部或者部分使用国有资金投资或国家融资的项目;
(3)使用国际组织或者外国政府贷款、援助资金的项目。

2. 建设工程招标的种类

(1)建设工程项目总承包招标;
(2)建设工程勘察招标;
(3)建设工程设计招标;
(4)建设工程施工招标;
(5)建设工程监理招标;
(6)建设工程材料设备招标。

3. 建设工程招标的方式

(1)从竞争程度进行分类,可以分为公开招标和邀请招标;
(2)从招标的范围进行分类,可以分为国际招标和国内招标。

(三)建设工程招标程序

1. 招标活动的准备工作

项目招标前,招标人应当办理有关的审批手续、确定招标方式以及划分标段等工作。

2. 招标公告和投标邀请书的编制与发布

招标公告是指采用公开招标方式的招标人(包括招标代理机构)向所有潜在的投标人发出的一种广泛的通告。投标邀请书是指采用邀请招标方式的招标人,向三个以上具备承担招标项目的能力、资信良好的特定法人或者其他组织发出的参加投标的邀请。

3. 资格预审

资格预审是指招标人在招标开始之前或开始初期,由招标人对申请参加投标的潜在投标人进行资质条件、业绩、信誉、技术、资金等多方面情况的资格审查。

4. 编制和发售招标文件

(1)招标文件一般发售给通过资格预审、获得投标资格的投标人。
(2)招标文件的修改。招标人对已发出的招标文件进行必要的澄清或者修改的,应当在招标文件要求提交投标文件截止时间至少15日前,以书面形式通知所有招标文件收受人。

5. 勘察现场与召开投标预备会

6. 建设工程投标

(1)按照建设部第89号令《房屋建筑和市政基础设施工程施工招标投标管理办法》,投标人应当按照招标文件的要求编制投标文件,对招标文件提出的实质性要求和条件作出响应。招标文件允许投标人提供备选标的,投标人可以按照招标文件的要求提交替代方案,并作出相应报价作备选标。

(2)投标文件应当包括内容:

1)投标函;

2)施工组织设计或者施工方案;

3)投标报价;

4)招标文件要求提供的其他资料。

投标单位按招标文件所提供的表格格式,编制一份投标文件"正本"和"前附表"所述份数的"副本",并由投标单位法定代表人亲自签署并加盖法人单位公章和法定代表人印鉴。投标单位应提供不少于"前附表"规定数额的投标保证金,此投标保证金是投标文件的一个组成部分。

我国《招标投标法》规定,投标人应当在招标文件要求提交投标文件的截止时间前,将投标文件送达投标地点。招标人收到投标文件后,应当签收保存,不得开启。投标人少于3个的,招标人应当依照本法重新招标。

7. 开标、评标和定标。

二、施工招标阶段监理的主要工作内容

在施工招标阶段,监理工程师的主要任务就是协助业主做好招投标的各项工作。

(一)协助业主编制施工招标文件

监理工程师通过认真调查分析,协助业主编制施工招标文件。主要包括:

1. 工程综合说明;

2. 必要的图纸设计资料;

3. 工程量清单;

4. 计划开竣工日期;

5. 工程特殊要求及对投标企业的要求;

6. 合同条件及主要条款;

7. 供料方式及主要材料价格;

8. 投标须知;

9. 组织施工现场勘察;

10. 开标时间及开标地点。

(二)协助业主组织招标小组,发布招标公告或招标邀请

招标工作能否体现竞争的优越性,能否达到招标效果,组织好招标小组是关键。招标小组由业主或业主的委托人、当地招标管理机构人员、设计人员、监理人员等组成。监理工程师在协助业主准备好招标文件后,受业主委托发布招标公告或招标邀请书。

(三)做好投标资格预审工作

在收到投标单位资格预审申请书后,监理工程师要公正地行使权力,结合工程重要程度、自己收集的资料信息,客观地向业主提供预审意见,业主决定预审意见后,监理工程师向资格预审合格的单位发售招标文件。

(四)组织开标、评标、定标工作

1. 开标

(1)开标的时间和地点

我国《招标投标法》规定,开标应当在招标文件确定的提交投标文件截止时间的同一时间公开进行。

(2)出席开标会议的规定

开标由招标人或者招标代理人主持,邀请所有投标人参加。投标单位法定代表人或授权代表未参加开标会议的视为自动弃权。

(3)开标程序和唱标的内容

开标会议宣布开始后,应首先请各投标单位代表确认其投标文件的密封完整性,并签字予以确认。当众宣读评标原则、评标办法。由招标单位依据招标文件的要求,核查投标单位提交的证件和资料,并审查投标文件的完整性、文件的签署、投标担保等,但提交合格"撤回通知"和逾期送达的投标文件不予启封。唱标顺序应按各投标单位报送投标文件时间先后的顺序进行。开标过程应当记录,并存档备查。

(4)有关无效投标文件的规定

在开标时,投标文件出现下列情形之一的,应当作为无效投标文件,不得进入评标。

1)投标文件未按照招标文件的要求予以密封的;

2)投标文件中的投标函未加盖投标人的企业及企业法定代表人印章的,或者企业法定代表人委托代理人没有合法、有效的委托书(原件)及委托代理人印章的;

3)投标文件的关键内容字迹模糊、无法辨认的;

4)投标人未按照招标文件的要求提供投标保函或者投标保证金的;

5)组成联合体投标,投标文件未附联合体各方共同投标协议的。

2. 评标

(1)评标的原则以及保密性和独立性

评标是招投标过程中的核心环节。评标活动应遵循公平、公正、科学、择优的原则,保证评标在严格保密的情况下进行,并确保评标委员会在评标过程中的独立性。

(2)评标委员会的组建

评标委员会由招标人或其委托的招标代理机构熟悉相关业务的代表,以及有关技术、经济等方面的专家组成,成员人数为5人以上的单数,其中技术、经济等方面的专家不得少于成员总数的2/3。评标委员会的专家成员应当从省级以上人民政府有关部门提供的专家名册或者招标代理机构专家库内的相关专家名单中确定。评标委员会成员名单一般应于开标前确定,而且该名单在中标结果确定前应当保密,任何单位和个人都不得非法干预、影响评标过程和结果。

(3)评标的程序

评标可以按两段三审进行,两段指初审和详细评审,三审指符合性评审、技术性评审和商务性评审。

1)投标文件的符合性评审。投标文件的符合性评审包括商务符合性和技术符合性鉴定。投标文件应实质上响应招标文件的所有条款、条件,无显著的差异或保留。

2)投标文件的技术性评审。投标文件的技术性评审包括:方案可行性评估和关键工序评估;劳务、材料、机械设备、质量控制措施评估以及对施工现场周围环境污染的保护措施评估。

3)投标文件的商务性评审。投标文件的商务性评审包括:投标报价校核,审查全部报价数据计算的正确性,分析报价构成的合理性,并与标底价格进行对比分析。

(4)评标的方法

1)经评审的最低投标价法。根据经评审的最低投标价法,能够满足招标文件的实质性要求,并且经评审的最低投标价的投标,应当推荐为中标候选人。这种评标方法是按照评审程序,经初审后,以合理低标价作为中标的主要条件。最低投标价法一般适用于具有通用技术、性能标准或者招标人对其技术、性能没有特殊要求的招标项目。

2)综合评估法。根据综合评估法,最大限度地满足招标文件中规定的各项综合评价标准的投标,应当推荐为中标候选人。衡量投标文件是否最大限度地满足招标文件中规定的各项评价标准,可以采取折算为货币的方法、打分的方法或者其他方法。需量化的因素及其权重应当在招标文件中明确规定。

3. 定标

经过评标后,就可确定出中标候选人(或中标单位)。评标委员会推荐的中标候选人应当限定在1～3人,并标明排列顺序。招标人可以授权评标委员会直接确定中标人。

(五)协助业主与中标承包商签订承包合同

定标结束后,招标人应当向中标人发出中标通知书,并同时将中标结果通知所有未中标的投标人。监理工程师着手起草承包合同文件,协助业主与承包商洽谈,并应当自中标通知书发出之日起30日内,按照招标文件和中标人的投标文件签订承包合同。承包合同是业主、承包商双方在施工中权利、义务和责任的法律体现。由于合同的主要条款及合同条件在招标文件中明确,承包商又在投标文件中确认,在起草合同文件时要保持一致。招标文件上未有的条款,监理工程师负责按业主意图与承包商洽谈,并将洽谈结果随时告知业主。洽谈结束,监理工程师组织双方签约事宜,并完成合同的法律程序。

【案例分析2-1】 某工程项目在设计文件完成后,项目业主委托了一家监理公司协助业主进行施工招标。监理合同签订后,总监理工程师组建了本项目的监理组织机构。施工招标前,监理单位编制了招标文件,其主要内容包括:
1. 工程综合说明;
2. 设计图纸和技术资料;
3. 工程量清单;
4. 施工方案;
5. 主要材料与设备供应方式;
6. 保证工程质量、进度、施工安全的主要技术组织措施;
7. 特殊工程的施工要求;
8. 施工项目管理机构;
9. 合同条件。

问题:施工招标文件内容中哪几条不正确?为什么?

解答:招标文件中的第4条、第6条、第8条不正确,因为这几条应是投标文件的内容。

第四节 施工阶段的建设工程监理

一、建设工程施工阶段的监理程序

1. 签订施工监理委托合同;
2. 编制工程施工监理规划及实施细则;
3. 按照建设监理实施细则进行建设监理;
4. 参与工程项目竣工预验收,签署建设监理意见;
5. 建设监理业务完成后,向项目法人提交建设工程监理档案资料。

二、建设工程施工阶段监理的任务

1. 协助业主与承包商编写和办理开工报告

当工程施工条件具备后,业主应向建设主管部门提交开工报告。经建设主管部门审查批准,发给施工许可证,才允许该工程开始施工。

2. 确认承包商选择的分包商

如果承包商将工程部分分包,必须取得业主的同意,并由监理工程师具体负责审查分包商的资质,确认承包商选择的分包商。

3. 审查承包商提出的技术组织措施

审查承包商提出的施工组织设计、施工技术方案、工程进度及技术措施,并提出修改意见。

4. 审查承包商提出的材料及设备清单

审查承包商提出的材料及设备清单,主要包括的内容有:材料及设备品种、型号、规格、性能、数量、单价及供货日期等。

5. 参与建设工程合同管理

监理工程师应协助业主从事承包合同管理,并协调合同双方或多方发生的合同纠纷或争议。

6. 加强施工过程的工程监理

监理工程师在工程施工过程中,应加强对材料、半成品、构配件、机械设备等质量检查验收,并作好工程施工过程的中间检查验收及签证。

7. 加强施工信息及技术档案管理

在施工过程中,监理工程师与参与工程建设各方存在着各种信息交流,如定期或不定期给业主的各种工作报告,与承包商往来的各种函件,工程检查验收的各种签证,工程结算或分期结算的签证,以及各类技术、经济、法规、管理等文件资料,都必须建立相应的文件档案并作为竣工验收的资料。

8. 参与工程事故处理

在施工过程中发生的工程质量或工程安全事故,监理工程师应协助业主或承包商做好事故调查及事故处理工作。

9. 组织工程竣工验收

工程竣工后,监理工程师应协助业主作好工程竣工验收的准备工作,并参与工程的竣工验收。

三、建设工程施工阶段的监理工作程序

根据《建设工程监理规范》规定,制定监理工作程序的一般规定为:

1. 制定监理工作总程序应根据专业工程特点,并按工作内容分别制定具体的监理工作程序。

2. 制定监理工作程序应体现事前控制和主动控制的要求。

3. 制定监理工作程序应结合工程项目的特点,注重监理工作的效果。监理工作程序中应明确工作内容、行为主体、考核标准、工作时限。

4. 当涉及到建设单位和承包单位的工作时,监理工作程序应符合委托监理合同和施工合同的规定。

5. 在监理工作实施过程中,应根据实际情况的变化对监理工作程序进行调整和完善。

四、施工准备阶段的监理工作

1. 在设计交底前,总监理工程师应组织监理人员熟悉设计文件,并对图纸中存在的问题通过建设单位向设计单位提出书面意见和建议。

2. 项目监理人员应参加由建设单位组织的设计技术交底会,总监理工程师应对设计技术交底会议纪要进行签认。

3. 工程项目开工前,总监理工程师应组织专业监理工程师审查承包单位报送的施工组织设计(方案)报审表,提出审查意见,并经总监理工程师审核、签认后报建设单位。

4. 工程项目开工前,总监理工程师应审查承包单位现场项目管理机构的质量管理体系、技术管理体系和质量保证体系,确能保证工程项目施工质量时予以确认。对质量管理体系、技术管理体系和质量保证体系应审核以下内容:

(1)质量管理、技术管理和质量保证的组织机构;

(2)质量管理、技术管理制度;

(3)专职管理人员和特种作业人员的资格证、上岗证。

5. 分包工程开工前,专业监理工程师应审查承包单位报送的分包单位资格报审表和分包单位有关资质资料,符合有关规定后,由总监理工程师予以签认。

6. 对分包单位资格应审核以下内容:

(1)分包单位的营业执照、企业资质等级证书、特殊行业施工许可证、国外(境外)企业在国内承包工程许可证;

(2)分包单位的业绩;

(3)拟分包工程的内容和范围;

(4)专职管理人员和特种作业人员的资格证、上岗证。

7. 专业监理工程师应按以下要求对承包单位报送的测量放线控制成果及保护措施进行检查,符合要求时,专业监理工程师对承包单位报送的施工测量成果报验申请表予以签认。

(1)检查承包单位专职测量人员的岗位证书及测量设备检定证书;

(2)复核控制桩的校核成果、控制桩的保护措施以及平面控制网、高程控制网和临时水准点的测量成果。

8. 专业监理工程师应审查承包单位报送的工程开工报审表及相关资料,具备以下开工条件时,由总监理工程师签发,并报建设单位。

(1)施工许可证已获政府主管部门批准;

(2)征地拆迁工作能满足工程进度的需要;

(3)施工组织设计已获总监理工程师批准;

(4)承包单位现场管理人员已到位,机具、施工人员已进场,主要工程材料已落实;

　　(5)进场道路及水、电、通讯等已满足开工要求。

　9. 工程项目开工前,监理人员应参加由建设单位主持召开的第一次工地会议。

　10. 第一次工地会议应包括以下主要内容:

　　(1)建设单位、承包单位和监理单位分别介绍各自驻现场的组织机构、人员及其分工;

　　(2)建设单位根据委托监理合同宣布对总监理工程师的授权;

　　(3)建设单位介绍工程开工准备情况;

　　(4)承包单位介绍施工准备情况;

　　(5)建设单位和总监理工程师对施工准备情况提出意见和要求;

　　(6)总监理工程师介绍监理规划的主要内容;

　　(7)研究确定各方在施工过程中参加工地例会的主要人员,召开工地例会周期、地点及主要议题。

　11. 第一次工地会议纪要应由项目监理机构负责起草,并经与会各方代表会签。

【案例分析2-2】　某业主与监理单位及承包商签订了施工阶段委托合同和工程施工合同。由于承包商不具备防水施工技术,故合同约定:地下防水工程可以分包。在承包商尚未确定防水分包单位的情况下,业主代表为保证工期和工程质量,自行选择了一家专业防水施工单位,承担防水工程施工任务(尚未签订正式合同),并书面通知总监理工程师和承包商,业主已确定了分包单位进场的时间,要求配合施工。

问题:

1. 你认为业主的做法是否妥当?

2. 总监理工程师接到业主通知后应如何处理?

解答:

1. 业主的做法不妥当。主要有以下不妥之处:

　(1)业主违背了承包合同的约定以及建设工程监理实施中的"公正、独立、自主"的原则;

　(2)在未先征得监理工程师同意的情况下,自行确定了分包单位;

　(3)未事先与承包商充分协商,而是确定了分包单位以后才通知承包单位;

　(4)在没有正式签订分包合同的情况下,就确定分包单位进场作业的时间也不妥;

　(5)业主违背了应有监理工程师审查分包单位的规定。

2. 总监理工程师接到业主通知后,首先应及时与业主沟通,签发该分包意向无效的书面监理通知,避免问题进一步复杂化。其次,总监理工程师应对业主意向的分包单位进行资质审查,若资质审查合格,可与承包商协商,建议承包商与该合格的防水分包单位签订防水分包合同;若资质审查不合格,总监理工程师应与业主协商,建议由承包商另选合格的防水分包单位。

五、建设工程施工过程的监理工作

(一)工地例会

1. 在施工过程中,总监理工程师应定期主持召开工地例会。会议纪要应由项目监理机构负责起草,并经与会各方代表会签。

2. 工地例会应包括以下主要内容:

(1)检查上次例会议定事项的落实情况,分析未完事项原因;

(2)检查分析工程项目进度计划完成情况,提出下一阶段进度目标及其落实措施;

(3)检查分析工程项目质量状况,针对存在的质量问题提出改进措施;

(4)检查工程量核定及工程款支付情况;

(5)解决需要协调的有关事项;

(6)其他有关事宜。

3. 总监理工程师或专业监理工程师应根据需要及时组织专题会议,解决施工过程中的各种专项问题。

(二)建设工程质量控制工作

1. 在施工过程中,当承包单位对已批准的施工组织设计进行调整、补充或变动时,应经专业监理工程师审查,并应由总监理工程师签认。

2. 专业监理工程师应要求承包单位报送重点部位、关键工序的施工工艺和确保工程质量的措施,审核同意后予以签认。

3. 当承包单位采用新材料、新工艺、新技术、新设备时,专业监理工程师应要求承包单位报送相应的施工工艺措施和证明材料,组织专题论证,经审定后予以签认。

4. 项目监理机构应对承包单位在施工过程中报送的施工测量放线成果进行复验和确认。

5. 专业监理工程师应从以下五个方面对承包单位的试验室进行考核:

(1)试验室的资质等级及其试验范围;

(2)法定计量部门对试验设备出具的计量检定证明;

(3)试验室的管理制度;

(4)试验人员的资格证书;

(5)本工程的试验项目及其要求。

6. 专业监理工程师应对承包单位报送的拟进场工程材料、构配件和设备的工程材料/构配件/设备报审表及其质量证明资料进行审核,并对进场的实物按照委托监理合同约定或有关工程质量管理文件规定的比例采用平行检验或见证取样方式进行抽检。

对未经监理人员验收或验收不合格的工程材料、构配件、设备,监理人员应拒绝签认,并应签发监理工程师通知单,书面通知承包单位限期将不合格的工程材料、构配件、设备撤出现场。

7. 项目监理机构应定期检查承包单位的直接影响工程质量的计量设备的技术状况。

8. 总监理工程师应安排监理人员对施工过程进行巡视和检查。对隐蔽工程的隐蔽过程、下道工序施工完成后难以检查的重点部位,专业监理工程师应安排监理员进行旁站。

9. 专业监理工程师应根据承包单位报送的隐蔽工程报验申请表和自检结果进行现场检查,符合要求予以签认。

对未经监理人员验收或验收不合格的工序,监理人员应拒绝签认,并要求承包单位严禁进行下一道工序的施工。

10. 专业监理工程师应对承包单位报送的分项工程质量验评资料进行审核,符合要求后予以签认;总监理工程师应组织监理人员对承包单位报送的分部工程和单位工程质量验评资料进行审核和现场检查,符合要求后予以签认。

11. 对施工过程中出现的质量缺陷,专业监理工程师应及时下达监理工程师通知,要求承包单位整改,并检查整改结果。

12. 监理人员发现施工存在重大质量隐患,可能造成质量事故或已经造成质量事故,应通过总监理工程师及时下达工程暂停令,要求承包单位停工整改。整改完毕并经监理人员复查,符合规定要求后,总监理工程师应及时签署工程复工报审表。总监理工程师下达工程暂停令和签署工程复工报审表,宜事先向建设单位报告。

13. 对需要返工处理或加固补强的质量事故,总监理工程师应责令承包单位报送质量事故调查报告和经设计单位等相关单位认可的处理方案,项目监理机构应对质量事故的处理过程和处理结果进行跟踪检查和验收。

总监理工程师应及时向建设单位及本监理单位提交有关质量事故的书面报告,并应将完整的质量事故处理记录整理归档。

(三)工程造价控制工作

1. 项目监理机构应按下列程序进行工程计量和工程款支付工作:

(1)承包单位统计经专业监理工程师质量验收合格的工程量,按施工合同的约定填报工程量清单和工程款支付申请表;

(2)专业监理工程师进行现场计量,按施工合同的约定审核工程量清单和工程

款支付申请表,并报总监理工程师审定;

(3)总监理工程师签署工程款支付证书,并报建设单位。

2. 项目监理机构应按下列程序进行竣工结算:

(1)承包单位按施工合同规定填报竣工结算报表;

(2)专业监理工程师审核承包单位报送的竣工结算报表;

(3)总监理工程师审定竣工结算报表,与建设单位、承包单位协商一致后,签发竣工结算文件和最终的工程款支付证书报建设单位。

3. 项目监理机构应依据施工合同有关条款、施工图,对工程项目造价目标进行风险分析,并应制定防范性对策。

4. 总监理工程师应从造价、项目的功能要求、质量和工期等方面审查工程变更的方案,并宜在工程变更实施前与建设单位、承包单位协商确定工程变更的价款。

5. 项目监理机构应按施工合同约定的工程量计算规则和支付条款进行工程量计量和工程款支付。

6. 专业监理工程师应及时建立月完成工程量和工作量统计表,对实际完成量与计划完成量进行比较、分析,制定调整措施,并应在监理月报中向建设单位报告。

7. 专业监理工程师应及时收集、整理有关的施工和监理资料,为处理费用索赔提供证据。

8. 项目监理机构应及时按施工合同的有关规定进行竣工结算,并应对竣工结算的价款总额与建设单位和承包单位进行协商。当无法协商一致时,应按《建设监理规范》第6.5节的规定进行处理。

9. 未经监理人员质量验收合格的工程量,或不符合施工合同规定的工程量,监理人员应拒绝计量和该部分的工程款支付申请。

(四)建设工程进度控制工作

1. 项目监理机构应按下列程序进行工程进度控制:

(1)总监理工程师审批承包单位报送的施工总进度计划;

(2)总监理工程师审批承包单位编制的年、季、月度施工进度计划;

(3)专业监理工程师对进度计划实施情况检查、分析;

(4)当实际进度符合计划进度时,应要求承包单位编制下一期进度计划,当实际进度滞后于计划进度时,专业监理工程师应书面通知承包单位采取纠偏措施并监督实施。

2. 专业监理工程师应依据施工合同有关条款、施工图及经过批准的施工组织设计制定进度控制方案,对进度目标进行风险分析,制定防范性对策,经总监理工程师审定后报送建设单位。

3. 专业监理工程师应检查进度计划的实施,并记录实际进度及其相关情况,当发现实际进度滞后于计划进度时,应签发监理工程师通知单指令承包单位采取调整措施。当实际进度严重滞后于计划进度时应及时报总监理工程师,由总监理工程师与建设单位商定采取进一步措施。

4. 总监理工程师应在监理月报中向建设单位报告工程进度和所采取进度控制措施的执行情况,并提出合理预防由建设单位原因导致的工程延期及其相关费用索赔的建议。

六、竣工验收阶段的监理工作

1. 总监理工程师应组织专业监理工程师,依据有关法律、法规、工程建设强制性标准、设计文件及施工合同,对承包单位报送的竣工资料进行审查,并对工程质量进行竣工预验收。对存在的问题,应及时要求承包单位整改。整改完毕由总监理工程师签署工程竣工报验单,并应在此基础上提出工程质量评估报告。工程质量评估报告应经总监理工程师和监理单位技术负责人审核签字。

2. 项目监理机构应参加由建设单位组织的竣工验收,并提供相关监理资料。对验收中提出的整改问题,项目监理机构应要求承包单位进行整改。工程质量符合要求,由总监理工程师会同参加验收的各方签署竣工验收报告。

七、建设工程质量保修期的监理工作

1. 监理单位应依据委托监理合同约定的工程质量保修期监理工作的时间、范围和内容开展工作。

2. 承担质量保修期监理工作时,监理单位应安排监理人员对建设单位提出的工程质量缺陷进行检查和记录,对承包单位进行修复的工程质量进行验收,合格后予以签认。

3. 监理人员应对工程质量缺陷原因进行调查分析并确定责任归属,对非承包单位原因造成的工程质量缺陷,监理人员应核实修复工程的费用和签署工程款支付证书,并报建设单位。

思 考 题

1. 简述决策阶段实施监理的意义。
2. 简述决策阶段监理的主要工作。
3. 试述勘察设计阶段工程监理的目的和意义。
4. 勘察设计阶段建设工程监理的主要工作内容是什么?
5. 简述施工阶段建设工程监理的主要工作内容。

第三章 建设工程投资控制

把建设工程投资控制在合同限额以内,保证投资管理目标的实现,以提高建设工程投资效益,是监理工程师进行项目管理的中心任务之一。本章在介绍建设工程投资的概念、投资控制原理以及投资确定的依据等基本理论的基础上,阐述建设工程决策、设计、招投标以及施工阶段投资控制的具体工作内容、程序及方法。

第一节 建设工程投资概述

一、建设工程投资的概念

建设工程又叫建设项目、投资项目,其总投资一般指进行某项工程建设花费的全部费用,包括建设投资、建设期利息、流动资金和固定资产投资方向调节税。

其中建设投资包括固定资产费用、无形资产费用、其他资产费用(递延资产)、预备费;固定资产费用包括建筑工程费、安装工程费、设备及工器具购置费、固定资产其他费用。

按照是否考虑资金的时间价值,建设投资可分为静态投资部分和动态投资部分两部分。静态投资部分由建筑工程费、安装工程费、设备及工器具购置费、工程建设其他费用、预备费的基本预备费构成;动态投资部分由预备费的价差预备费、建设期贷款利息、固定资产投资方向调节税构成。

(一)建设工程估算总投资的构成

建设工程总投资的构成如下页表3-1所示。

建设工程估算总投资 = 建设投资 + 建设期利息 + 流动资金 + 固定资产投资方向调节税

其中:建设投资 = 固定资产费用 + 无形资产费用 + 其他资产费用(递延资产) + 预备费

= 工程费用 + 工程建设其他费用 + 预备费

固定资产费用 = 建筑工程费 + 设备及工器具购置费 + 安装工程费 + 固定资产其他费用

工程费用 = 建筑工程费 + 设备及工器具购置费 + 安装工程费

（二）建设工程投资的确定

建设工程投资的确定依据繁多,关系复杂,在不同的建设阶段有不同的确定依据,且互为基础和指导,互相影响(见图 3-1)。如预算定额是概算定额(指标)编制的基础,概算定额(指标)又是投资估算指标编制的基础。而对于某个项目则是由投资估算控制设计总概算,设计总概算控制修正总概算,修正总概算又控制施工图预算,依此类推,最终就达到既确定了建设工程的投资,又控制了建设工程的投资的目的。

表 3-1　建设工程总投资组成

			费用构成	
建设工程估算总投资	建设投资	固定资产费用	建筑工程费	第一部分 工程费用
			设备及工器具购置费	
			安装工程费	
			固定资产其他费用	建设管理费	第二部分 工程建设其他费用
				可行性研究费	
				研究实验费	
				勘察设计费	
				环境影响评价费	
				劳动安全卫生评价费	
				场地准备及临时设施费	
				引进技术和引进设备其他费	
				工程保险费	
				联合试运转费	
				特殊设备安全监督检验费	
				市政公用设施建设及绿化费	
		无形资产费用	建设用地费	
			专利及专有技术使用费	
		其他资产费用(递延资产)	生产准备及开办费	
		预备费	基本预备费	第三部分 预备费
			价差预备费	
	建设期利息			第四部分 专项费用
	流动资金(项目报批总投资和概算总投资中只列铺底流动资金)			
	固定资产投资方向税(暂停征收)			

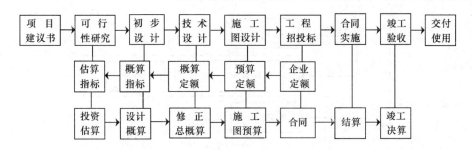

图 3-1 建设工程投资的确定示意图

二、建设工程投资控制原理

建设工程投资控制是工程建设管理的重要组成部分。所谓建设工程投资控制就是在投资决策阶段、设计阶段、招投标阶段、施工阶段以及竣工阶段,把建设工程投资控制在批准的投资限额以内,随时纠正发生的偏差,以保证项目投资管理目标的实现,以求在建设工程中能合理使用人力、物力、财力,取得较好的投资效益和社会效益。

(一)投资控制的目标

控制是为确保目标的实现而服务的。工程建设过程是一个周期长、投入大的生产过程,是一个复杂的系统工程,如果没有目标,也就无法进行控制。但是由于经验、科学技术条件、客观情况的限制,不可能在工程建设伊始就设置一个科学的、一成不变的投资目标,而只能设置一个大致的投资目标。随着工程建设实践、认识、再实践、再认识,投资控制目标逐渐清晰、准确,具体表现为投资估算、设计概算、施工图预算、承包合同价等。也就是说,投资控制目标的设置应是随着工程建设实践的不断深入而分阶段设置,有机联系的各阶段目标相互制约、相互补充,前者控制后者,后者补充前者,共同组成建设工程投资控制的目标系统。

当然,投资控制目标的实现应当是有条件的。投资控制目标的含义,就是通过有效的投资控制工作和具体的投资控制措施,在满足进度和质量的前提下,力求使工程实际投资不超过计划投资。这一目标可用图3-2表示。

"实际投资不超过计划投资"可能有几种表现情况:

(1)在投资目标分解的各个层次上,实际投资均不超过计划投资;

(2)在投资目标分解的较低层次上,实际投资在有些情况下超过计划投资,在投资目标分解的较高层次上,实际投资不超过计划投资;

(3)实际总投资不超过计划投资,在投资目标分解的各个层次上,都出现实际投资超过计划投资的情况,但在大多数情况下实际投资未超过计划投资。

(二)投资控制的动态原理

控制原理如图3-3所示,这种控制是动态的,并贯穿于项目建设的始终。

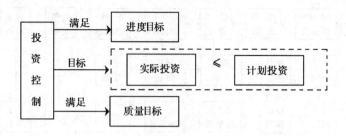

图 3-2 投资控制的目标

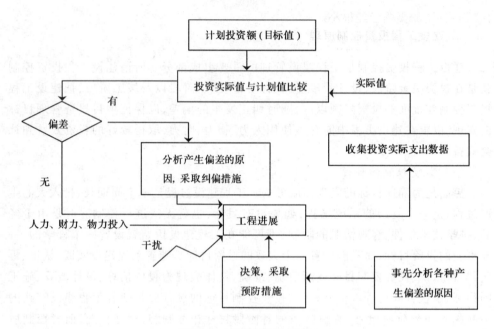

图 3-3 投资控制原理图

这个流程应当定期地循环一次,其表达的含义如下:

1. 目标值,可以是某项工程的估算、概算、预算、合同价,也可以是具体某分部、分项工程造价。

2. 投资实际值与计划值比较,往往是有机联系的各个阶段的造价形式,前者的计划值与后者的实际值比较,如果没有偏差,则工程继续进展。

3. 项目投入,即把人力、财力、物力投入到项目实施。

4. 干扰,即工程进展中,出现以及发生的实际与计划不相符的事件,如恶劣天气、市场供求失衡等。

5. 收集实际数据,即对工程实际进展情况进行反馈,如对某基础分部进行计量计价的结果。

6. 如果有偏差,则需要分析产生偏差的原因,采取控制措施。

(三)投资控制的重点

项目投资控制贯穿于项目建设的全过程,在控制过程中,必须重点突出,只有抓住关键阶段,投资控制才能有效可控。图3-4是国外描述的不同阶段影响投资程度的坐标图,与我国的情况大致是吻合的。从图3-4中可知,影响项目投资最大的阶段,是约占工程项目建设周期1/4的技术设计结束前的工作阶段。初步设计阶段,影响项目投资的可能性为75%~95%;在技术设计阶段,影响项目投资的可能性为35%~75%;在施工图设计阶段,影响项目投资的可能性为5%~35%;到了施工阶段对投资的影响已经很小。

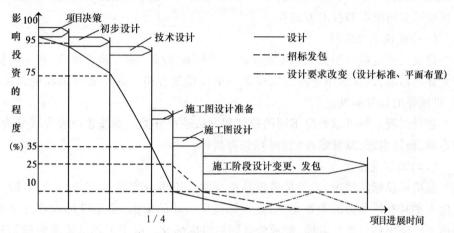

图3-4 不同阶段影响投资程度的坐标图

很显然,项目投资控制的重点在于施工以前的投资决策和设计阶段,而在项目做出投资决策后,控制项目投资的关键就在于设计。在我国,长期以来忽视工程建设前期工作阶段的投资控制,而把投资控制的主要精力放在承发包阶段以及施工阶段(如决算编制),这样的效果只可能是"亡羊补牢,事倍功半"。

(四)投资控制的措施

要有效地控制项目投资,应从组织、技术、经济、合同与信息管理等多方面采取措施。从组织上采取措施,包括明确项目组织结构,明确项目投资控制者及其任务,以使项目投资控制有专人负责,明确管理职能分工;从技术上采取措施,包括重视设计多方案选择,严格审查监督初步设计、技术设计、施工图设计、施工组织设计,深入技术领域研究节约投资的可能性;从经济上采取措施,包括动态地比较项目投资的实际值和计划值,严格审核各项费用支出,采取节约投资的奖励措施等。当然,技术与经济相结合是控制项目投资最有效的手段,通过技术比较、经济分析和效果评价,正确处理技术先进与经济合理两者之间的对立统一关系,力求在技术先进条件下的经济合理,在经济合理基础上的技术先进,把控制工程项目投资的观念渗透到各个阶段之中。

三、建设工程投资确定的依据

建设工程投资的表现形式在不同的阶段是不同的,但确定的基本原则是相同的。采用何种建设工程投资的计算方法和表现形式,主要取决于对建设工程的了解程度。建设工程投资的计算方法和表现形式不同,所需要的确定依据也就不同。

建设工程投资确定的依据是指进行建设工程投资确定所必需的基础数据和资料,主要包括工程定额、工程量清单、要素市场价格信息、工程技术文件、环境条件与工程建设实施组织和技术方案等。

(一)建设工程定额

建设工程定额是指按照国家有关的产品标准、设计、施工验收规范,相关质量和安全评定标准,颁发的用于规定完成某一单位建筑合格产品所必须消耗的人工、材料、机械等的数量标准。

建设工程定额可以按照不同的原则和方法进行分类。如按建设程序可分为:基础定额、预算定额、概算定额(指标)、估算指标。

(二)工程量清单

在招标投标活动中,工程量清单是招标文件不可分割的一部分,是对招标人和投标人都具有约束力的重要文件,是招标投标活动的依据,也是投标人进行报价的依据。一经中标且签订合同,即成为合同的组成部分。由于工程量清单的编制专业性强,内容复杂,对编制人的业务技术水平要求高,能否编制出完整、严谨的工程量清单,直接影响招标的质量,也是招标成败的关键,因此,《建筑工程工程量清单计价规范》规定了工程量清单应由具有编制招标文件能力的招标人或具有相应资质的中介机构进行编制。

(三)工程技术文件

反映建设工程项目的规模、内容、标准、功能等文件是工程技术文件。只有根据工程技术文件,才能对工程的结构作出分解,才能根据其反映的工程内容和尺寸计算出工程实物量。因此,工程技术文件是建设工程投资确定的重要依据。

当然,在工程建设的不同阶段所产生的工程技术文件是不同的。如:设计阶段为图纸及相关设计资料,招标阶段为招标文件、业主的特殊要求等。

(四)要素市场价格信息

构成建设工程投资的要素包括人工、材料、机械等,要素价格是影响建设工程投资的关键因素,要素价格是由市场形成的。

(五)建设工程环境条件

建设工程所处的环境和条件,也是影响建设工程投资的重要因素。工程环境和条件,包括工程地质条件、气象条件、现场环境与周边条件,也包括工程建设的实施方案、组织方案、技术方案等。

第二节　建设工程投资决策阶段的投资控制

建设工程投资决策是投资者按照自己的意图目的,在调查分析、研究的基础上,对投资规模、投资方向、投资结构、投资分配以及投资项目的选择和布局等方面进行技术经济分析,决断投资项目是否必要和可行的一种选择。该阶段的工作是投资项目的首要环节和重要方面,对投资项目能否取得预期的经济、社会效益起关键作用。

监理工程师在工程投资决策阶段的主要任务:进行工程项目的机会研究、初步可行性研究、编制项目建议书、进行可行性研究,对拟建项目进行市场调查和预测,编制投资估算,进行环境影响评价、财务评价、国民经济评价和社会评价。

一、投资估算的编制

一个工程项目要经历投资前期、建设时期及生产经营时期三个时期。投资前期是决定工程项目经济效果的关键时期,是研究和控制的重点。如果在实施中才发现工程费用过高,投资不足,或原材料不能保证等问题,将会给投资者造成巨大的损失。而可行性研究是前期工作的重要环节,是项目立项、评估、决策的主要依据。

投资前期对于投资的确定主要是在可行性研究报告中编制出能够完整反映工程项目投资的造价文件,即投资估算。

（一）投资估算的概念

投资估算是在对项目的建设规模、技术方案、设备方案、工程方案及项目实施进度等进行研究并基本确定的基础上,估算项目投入总资金(包括建设投资、流动资金、建设期利息和固定资产投资方向调节税)并测算建设期内分年资金需要量的过程。投资估算作为制定融资方案、进行经济评价以及编制初步设计概算的依据。

（二）建设工程投资估算的作用

(1)项目建议书阶段的投资估算是项目主管部门审批项目建议书的依据之一,并对项目的规划、规模起参考作用。

(2)可行性研究阶段的投资估算,是项目投资决策的重要依据,也是研究、分析、计算项目投资经济效果的重要条件。当可行性研究报告被批准之后,其投资估算额就是作为设计任务书中下达的投资限额,即作为建设工程投资的最高限额,不得随意突破。

(3)项目投资估算可作为项目资金筹措及制定建设贷款计划的依据,建设单位可根据批准的项目投资估算额,进行资金筹措和向银行申请贷款。

(4)项目投资估算是核算建设工程建设投资需要额和编制建设投资计划的重要

依据。

（三）投资估算的范围与内容

我国建设工程总投资从费用构成应包括该项目从筹建、设计、施工直至竣工投产所需的全部费用。包括建设投资、建设期利息、流动资金和固定资产投资方向调节税共四部分。建设投资估算的费用内容按照费用性质划分，包括固定资产费用、无形资产费用、其他资产费用和预备费。建设工程总投资构成如表3-1所示。

（四）建设投资估算的编制方法

建设投资的估算的编制方法有多种，采用哪种方法应当取决于要求达到的精确度，而精确度又由项目前期研究阶段的不同以及资料数据的可靠性决定。所以在投资项目的不同前期研究阶段，可以采用详简不同、深度不同的估算方法。常用的估算方法有：生产能力指数法、资金周转率法、比例估算法、概算指标法。

1. 生产能力指数法

生产能力指数法多用于估算生产装置投资。据统计，生产能力不同的两个装置，它们的初始投资与两个装置生产能力之比的指数幂成正比。计算公式为：

$$C_2 = C_1 \left(\frac{Q_2}{Q_1}\right)^n \times f$$

式中　C_1——已建类似项目或装置的投资额；

C_2——拟建类似项目或装置的投资额；

Q_1——已建类似项目或装置的生产能力；

Q_2——已建类似项目或装置的生产能力；

f——不同时期、不同地点的定额、单价、费用变更等的总和调整系数；

n——生产能力指数，$0 \leq n \leq 1$。

该法中生产能力指数 n 是一个关键因素。不同行业、性质、工艺流程、建设水平、生产率水平的项目，应取不同的指数值。上式表明，造价与规模（或容量）呈非线性关系，并且单位造价随工程规模（或容量）的增大而减小。在正常情况下，$0 \leq n \leq 1$。不同生产率水平的国家和不同性质的项目中，n 的取值是不相同的。比如化工项目美国取 $n=0.6$，英国取 $n=0.66$，日本取 $n=0.7$。

若已建类似项目的生产规模与拟建项目生产规模相差不大，Q_1 与 Q_2 的比值在 $0.5 \sim 2$ 之间，则指数 n 的取值近似为1。

2. 资金周转率法

资金周转率法是通过资金周转率的定义推算出投资额的一种方法。该方法方便、简单，但误差较大，要提高投资估算的精确度必须做好相关的基础工作。不同行业资金周转率的值不同，如国外化学工业的资金周转率近似为1.0，生产合成甘油的化工装置资金周转率近似为1.41。

计算公式为：

由于:资金周转率 $= \dfrac{\text{年销售总额}}{\text{投资额}} = \dfrac{\text{产品产量} \times \text{产品单价}}{\text{投资额}}$

故:投资额 $= \dfrac{\text{年销售总额}}{\text{资金周转率}}$

3. 比例估算法

以拟建项目或装置的设备费为基数,根据已建成的同类项目的建筑安装工程费和其他费用占设备价值的百分比,求出相应的建筑安装工程费用及其他相关费用,其总和即为拟建项目或装置的投资额。

这种方法适用于设备投资占比较大的项目,计算公式为:

$$C = E(1 + f_1 + f_1 P_1 + f_2 P_2 + f_3 P_3 + \cdots) + I$$

式中　　C ——拟建项目投资额;

　　　　E ——拟建项目设备费;

　　　　$P_1, P_2, P_3 \cdots$ ——已建项目中建筑工程费、安装工程费及其他工程费等占设备费的比重;

　　　　$f_1, f_2, f_3 \cdots$ ——由于时间因素引起的定额、价格、费用标准等变化的综合调整系数;

　　　　I ——拟建项目的其他费用。

4. 概算指标法

概算指标法又称综合指标投资估算法,是依据国家有关规定,国家或行业、地方的定额、指标和取费标准以及设备和主材价格等,从工程费用中的单项工程入手,来估算初始投资。采用这种方法,还需要相关专业提供较为详细的资料,有一定的估算深度,精确度相对较高。

(五)流动资金估算

流动资金是指生产经营性项目投产后,为进行正常生产运营,用于购买原材料、燃料,支付工资及其他经营费用等所需的周转资金。流动资金估算一般采用分项详细估算法,个别情况或者小型项目可采用扩大指标法。

1. 分项详细估算法

分项详细估算法是目前国际上常用的流动资金的估算方法。

$$\text{流动资金} = \text{流动资产} - \text{流动负债}$$

其中:流动资产 = 应收(或预付帐款) + 现金 + 存货

流动负债 = 应付(或预收)帐款

2. 扩大指标估算法

扩大指标估算法是一种简化的流动资金估算方法,一般可参照同类企业流动资金占销售收入、经营成本的比例,或者单位产量占用流动资金的数额估算。扩大指标估算法简便易行,但准确度不高,适用于项目建议书阶段的估算。扩大指标估算法计算流动资金的公式为:

年流动资金额＝年销售收入(或年经营成本)×销售收入(或经营成本)资金率
年流动资金额＝年产量×单位产量占用流动资金额

根据以上流动资金各项估算的结果,编制流动资金估算表。

二、投资估算的审查

为了保证投资估算的准确性和估算质量,必须加强对项目投资估算的审查。在审查项目投资估算时,应注意审查以下几方面。

1. 投资估算编制依据的时效性、准确性

估算项目所用已建同类型项目的指标、标准、设备、材料价格以及有关规定等可能随时间而发生变化,因此,必须注重其时效性。此外对拟建项目在规模、工艺水平、环境等方面与已建项目存在的投资差异进行调整。

2. 审查选用的投资估算方法的科学性、试用性

投资估算的编制方法有多种,都有其各自的适用条件和范围,而且精确度也有一定差异,如果要保证投资估算的质量,就应当选择与拟建项目的客观条件与情况最相适宜的方法。

3. 审查投资估算的编制内容与拟建项目规划要求的一致性

投资估算所包含的工程内容与规划要求应当一致,不应遗漏或增加一些与规划不符的工程。

4. 审查投资估算的费用项目、费用数额的真实性

例如:是否考虑物价上涨和汇率变动对投资的影响,波动的幅度是否合适;对资源类特别是紧缺资源是否考虑机会成本,沉没成本是否剔除等。

三、项目评价

项目评价是在可行性研究中,对推荐方案进行环境影响评价、财务评价、国民经济评价、社会评价及风险分析,以判别项目的环境可行性、经济可行性、社会可行性和抗风险能力。

(一)环境影响评价

投资项目的实施一般会对环境产生影响,而这些影响的后果有时会十分严重。为了实施可持续发展战略,预防因规划和投资项目实施后对环境造成不良影响,促进经济、社会和环境的协调发展,我国实行环境影响评价制度,制定严格的环境影响评价管理程序。环境影响评价(EIA)已成为投资项目前期工作的一项必不可少的内容,而且环境影响评价独立于项目建议书和可行性研究报告而自成体系,一般建设单位在建设工程可行性研究阶段报批建设工程环境影响报告。

(二)财务评价

财务评价是在国家现行财税制度和市场价格体系下,分析预测项目的财务效益

与费用,计算财务评价指标,考察拟建项目的盈利能力、偿债能力,据此判断项目的财务可行性。

1. 财务评价内容

(1)盈利能力。通过静态或动态评价指标测算项目的财务盈利能力和盈利水平。

(2)偿债能力。分析测算项目偿还贷款的能力。

(3)不确定性分析。分析项目在计算期内不确定性因素可能对项目产生的影响和影响程度。

2. 财务评价指标体系

工程项目经济效果可采用不同的指标来表达,任何一种评价指标都是从一定的角度、某一侧面反映项目的经济效果,总会带有一定的局限性。因此,需建立一整套指标体系来全面、真实、客观地反映项目的经济效果。

项目财务评价指标按是否考虑资金的时间价值,可分为静态指标和动态指标(见图 3-5)。

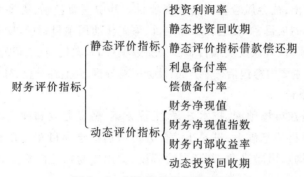

图 3-5 财务评价指标体系(1)

项目财务评价指标按评价内容的不同,还可分为盈利能力分析指标和偿债能力分析指标两类(见图 3-6)。

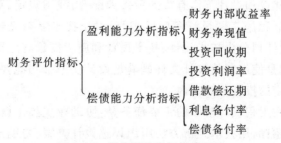

图 3-6 财务评价指标体系(2)

(三)国民经济评价

国民经济评价是按照经济资源合理配置的原则,采用影子价格、影子汇率、社会折现率等国民经济评价参数,从国家整体角度考察项目的效益和费用,分析计算项目对国民经济的贡献,评价项目的经济合理性。

进行国民经济评价是由于财务评价是站在企业投资者的立场考察项目的经济效益,企业与国家处于不同的立场,企业的利益并不总是与国家和社会的利益完全一致,尤其是有些行业不能由市场力量自行调节,需要政府干预调节,这类行业的建设工程需要进行国民经济评价。

需要进行国民经济评价的项目主要有:国家及地方政府参与投资的项目;国家给予财政补贴或者减免税费的项目;主要的基础设施项目;较大的水利水电项目;国家控制的战略性资源开发项目;动用社会资源和自然资源较多的大型外商投资项目;主要产出物和投入物的市场价格严重扭曲、不能反映其真实价值的项目。

(四)社会评价

社会评价是分析拟建项目的建设、运营对当地社会的影响和当地社会条件对项目的适应性和可接受程度,评价项目的社会可行性。

社会评价适用于那些社会因素较为复杂,社会影响较为久远,社会效益较为显著,社会矛盾较为突出,社会风险较大的投资项目。其中主要包括:需要大量移民搬迁或者占用农田较多的项目,如交通和水利项目、采矿和油田项目;具有明确社会发展目标的项目,如扶贫项目、区域发展项目和社会服务项目,如文化、教育和公共卫生项目。

社会评价的主要内容包括三个方面:社会影响分析,互适性分析,社会风险分析。

(五)风险分析

风险分析是在市场预测、技术方案、工程方案、融资方案和社会评价论证中已进行的初步风险分析的基础上,进一步综合分析识别拟建项目在建设和运营中潜在的主要风险因素,揭示风险来源,判断风险程度,提出规避风险的对策,降低风险损失。

第三节 建设工程设计阶段的投资控制

为保证工程建设和设计工作有机的衔接和配合,我国规定,对于一般工业与民用工程按初步设计和施工图设计两阶段进行;对于技术复杂又缺乏设计经验的工程,可按将工程设计划分为初步设计、技术设计和施工图设计三阶段进行。设计阶段的投资控制,就是使编制的设计文件既满足设计任务书功能要求,工程造价又控制在投资决策确定的投资估算之内。

监理工程师在工程设计阶段的主要任务是:协助业主提出设计要求,组织设计方案竞赛和设计招标,用技术经济方法组织评选设计方案;协助设计单位开展限额设计工作,编制本阶段资金使用计划并进行付款控制;进行设计挖潜,用价值工程等方法对设计进行技术经济分析、比较、论证,在保证功能的前提下进一步寻找节约投资的可能性;审查设计概预算,尽量使概算不超估算,预算不超概算。

一、设计概算的编制与审查

(一)设计概算的内容

设计概算从项目构成层次上可以分为三级,即:单位工程概算、单项工程综合概算、建设工程总概算。各级之间的关系如图 3－7 所示。

- 建设工程总概算
  - 单项工程综合概算
    - 单位建筑工程概算
    - 单位设备及安装工程概算
  - 工程建设其他费用概算
  - 预备费概算
  - 专项费用概算

图 3－7　设计概算的三级概算关系图

1. 单位工程概算

单位工程概算是确定各单位工程建设费用的文件,是编制单项工程综合概算的组成部分。单位工程概算按其工作性质可分为建筑工程概算和设备及安装工程概算两大类,如图 3－8 所示。

- 单位工程概算
  - 单位建设工程概算
    - 一般土建工程概算
    - 给排水工程、采暖工程概算
    - 通风、空调工程概算
    - 电气、照明工程概算
    - 弱电工程概算
    - 特殊构筑物工程概算
  - 单位设备及安装工程概算
    - 机械设备及安装工程概算
    - 电气设备及安装工程概算
    - 热力设备及安装工程概算
    - 工具、器具及生产家具购置费概算

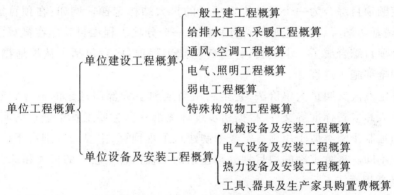

图 3－8　单位工程设计概算构成图

2. 单项工程综合概算

所谓单项工程是指具有独立的设计图纸、竣工后能独立发挥生产效益的工程。单项工程综合概算是确定一个单项工程所需建设费用的文件,它是由单项工程中的各单位工程概算汇总编制而成的,是建设工程总概算的组成部分。

单项工程综合概算按其费用内容,包括建筑单位工程概算、设备及安装单位工程概算、工程建设其他费用概算(不编建设工程总概算时列入),如图 3－9 所示。

- 单项工程综合概算
  - 建筑单位工程概算
  - 设备及安装单位工程概算
  - 工程建设其他费用概算

图 3－9　单项工程综合概算构成图

3. 建设工程总概算

所谓建设工程是指按一个总体设计进行建设的各个单项工程所构成的总体。在我国通常把建设一个企业、事业单位或一个独立工程项目作为一个建设工程。建设工程总概算是确定整个建设工程从筹建到竣工验收所需全部费用的文件。

建设工程总概算是由各单项工程综合概算、工程建设其他费用概算、预备费、专项费用汇总编制而成的。

（二）设计概算的编制方法

1. 单位工程概算的编制方法

单位工程概算包括建筑工程概算和设备及安装工程概算两大类。其费用内容包括：直接费、间接费、利润和税金。

（1）建筑单位工程概算的编制方法

建筑单位工程概算的编制方法一般有三种：概算定额法、概算指标法和类似工程预算法。

1）概算定额法

概算定额是在预算定额的基础上，按照建筑物的结构部位划分项目，再将若干个预算定额项目综合为一个概算定额项目的扩大结构定额。例如：在预算定额中，砖基础、墙基防潮层、人工挖地槽均分别各为一个分项工程项目。但在概算定额中，将这几个项目综合成了一个项目，称为砖基础工程项目，它包括了从挖地槽到墙基防潮层的全部施工过程。

概算定额法又叫扩大单价法，它是利用当地和主管部门规定的概算定额、扩大单位估价表和取费标准等文件，根据初步设计图纸计算主要工程量进行编制。其编制方法和编制步骤类似于用预算定额编制建筑工程预算，主要的区别在于计算工程量的方法不同。概算定额的项目划分和包括的工程内容有较大的扩大和综合。

2）概算指标法

概算指标法是采用当地和有关权威机构公布的概算指标（一般是单位建筑面积的造价或单位建筑面积的人工、主要材料、施工机械的消耗量）计算出直接工程费，然后按照有关的取费标准计算出直接费、间接费、利润和税金，进而汇总造价的方法。

3）类似工程预算法

类似工程预算法是利用技术条件与设计对象相类似的已完工程或在建工程的预算造价资料来编制拟建工程设计概算的方法。用该方法编制设计概算时间短，数据较为准确。

【案例 3-1】 某开发商拟开发一栋框架结构的住宅工程 4 500 m², 结构型式与已建成的某工程相同, 只有外墙装饰做法不同, 其他部分均较为相似。类似工程外墙为珍珠岩板保温、水泥砂浆抹面, 每平方建筑面积消耗量分别为 0.044 m³, 0.842 m², 珍珠岩板 153.1 元/m³、水泥砂浆 8.95 元/m²。拟建工程外墙为加气混凝土保温、外贴釉面砖, 每平方建筑面积消耗量分别为 0.08 m³, 0.82 m², 加气混凝土 185.48 元/m³、外贴釉面砖 49.75 元/m²。类似工程单方造价 766 元/m², 其中人工费、材料费、机械费、措施费、间接费占单方造价比例, 分别为 10%、54%、6%、18%、12%, 拟建工程与类似工程预算造价在这几方面的差异系数分别为: 1.6, 1.21, 1.6, 1.3 和 1.2。

问题:
1. 应用类似工程预算法确定拟建工程概算造价。
2. 若类似工程预算中, 每平方米建筑面积主要资源消耗为:

人工消耗 5.08 工日, 钢材 40.2 kg, 水泥 205 kg, 原木 0.05 m³, 铝合金门窗 0.24 m², 其他材料费为主材费的 45%, 机械费占直接工程费 8%, 拟建工程主要资源的现行预算价格分别为: 人工 20.31 元/工日, 钢材 3.1 元/kg, 水泥 0.35 元/kg, 原木 1 400 元/m³, 铝合金门窗 350 元/m², 拟建工程的措施费占直接费的 21%, 其他费用占直接费的 10%, 应用概算指标法拟建工程概算造价。

解答:
问题 1:
①拟建工程概算指标 = 类似工程单方造价 × 综合差异系数 K
$K = 10\% \times 1.6 + 54\% \times 1.21 + 6\% \times 1.6 + 18\% \times 1.3 + 12\% \times 1.2 = 1.277$
拟建工程概算指标 = 766 × 1.277 = 978.18 元/m²
②结构差异额 = 0.08 × 185.48 + 0.82 × 49.75 − 0.044 × 153.1 − 0.842 × 8.95 = 41.36 元/m²
③修正概算指标 = 978.18 + 41.36 = 1019.54 元/m²
④拟建工程概算造价 = 拟建工程建筑面积 × 修正概算指标 = 4500 × 1019.54 = 458.79 万元

问题 2:
①计算拟建工程单位平方米建筑面积的人工费、材料费、机械费、措施费
人工费 = 5.08 × 20.31 = 103.17 元
材料费 = (40.2 × 3.6 + 205 × 0.35 + 0.05 × 1400 + 0.24 × 350) × (1 + 45%) = 537.18 元
机械费 = 直接工程费 × 8%
概算直接工程费 = (103.17 + 537.18)/(1 − 8%) = 696.03 元

措施费 = 直接费 × 21%

直接费 = 直接工程费 + 措施费 = 直接工程费 + 直接费 × 21%

直接费 = 696.03/(1 - 21%) = 881.06 元/m²

其他费用 = 直接费 × 10% = 881.06 × 10% = 88.11 元/m²

② 计算拟建工程概算指标、修正概算指标和概算造价

概算指标 = 直接工程费 + 其他费用 = 969.17 元/m²

修正概算指标 = 969.17 + 41.36 = 1 010.53 元/m²

概算造价 = 4 500 × 1 010.53 = 454.74 万元

(2) 设备及安装单位工程概算的编制

设备及安装工程概算包括设备购置费用概算和设备安装工程费用概算两部分。

1) 设备购置费概算

设备购置费是根据初步设计的设备清单计算出设备原价,并汇总求出设备总原价,然后按有关规定的设备运杂费费率乘以设备总原价,两者相加即为设备购置费概算,其计算公式为:

设备购置费概算 = Σ设备清单中的设备数量 × 设备原价 × (1 + 运杂费费率)

2) 设备安装工程费概算

设备安装工程费概算的编制方法根据初步设计的深度和明确的程度来确定,依据不同情况,设备安装工程费概算的编制方法一般有 4 种方法:预算单价法、扩大单价法、设备价值百分比法及综合吨位指标。

2. 单项工程综合概算的编制方法

单项工程综合概算是在单位工程概算的基础上汇总而成的,它是确定单项工程建设费用的综合性文件,是建设工程总概算的组成部分。

当一个建设工程有多个单项工程构成时,其单项工程综合概算文件一般包括编制说明(不编制总概算时列入)和综合概算表(含其所附的单位工程概算表和建筑材料表)两大部分。当一个建设工程仅有一个单项工程构成时,其单项工程综合概算文件不仅包括上述内容,还包括工程建设其他费用、预备费和专项费用的概算。

综合概算表是根据单项工程所辖范围内的各单项工程概算等基础资料,按照国家或有关部门规定的统一表格进行编制。一般可参考表 3-2 的格式编制。

表 3-2　××单项工程综合概算表

序号	工程或费用名称	概算价值(元)					技术经济指标		
		建筑工程费	安装工程费	设备工器具购置费	工程建设其他费	合计	单位	数量	单位价值(元/m²)
1	建筑工程								
1.1	一般土建工程								

第三章　建设工程投资控制

续上表

序号	工程或费用名称	概算价值(元)					技术经济指标		
		建筑工程费	安装工程费	设备工器具购置费	工程建设其他费	合计	单位	数量	单位价值（元/m²）
1.2	给排水、采暖工程								
1.3	通风、空调工程								
1.4	电气、照明工程								
1.5	弱电工程								
1.6	特殊构筑物								
	…								
2	设备及安装工程								
2.1	机械设备及安装								
2.2	电气设备及安装								
2.3	热力设备及安装								
	…								
3	工器具和生产家具购置								
合计									
占综合概算造价比例									

3. 建设工程总概算的编制方法

建设工程总概算是设计文件的重要组成部分，建设工程总概算是在单位工程概算和单项工程综合概算的基础上编制而成的。其内容包括：封面及目录、编制说明、总概算表、工程建设其他费用概算表、单项工程综合概算表、单位工程概算表、工程量计算表、分年度投资汇总表与分年度资金流量汇总表以及主要材料汇总表与工日数量表等。

（三）设计概算的审查

1. 审查的主要内容

（1）审查设计概算的编制依据。包括编制依据的合法性、时效性、适用范围的审查。

（2）单位工程设计概算的审查。包括建筑工程概算与设备安装工程概算的审查。其中建筑工程概算的审查包括工程量的审查，采用的定额或指标的审查，材料预算价格的审查,各项费用的审查。设备安装工程概算的审查重点是设备清单与安装费用。

(3)综合概算和总概算的审查。审查概算的编制是否符合国家经济建设方针、政策的要求;审查概算文件的组成;审查总图设计和工艺流程;审查经济效果;审查项目的环保以及其他具体项目。

2. 审查的方式

设计概算的审查一般采用集中会审的方式进行。由会审单位分头审查,然后集中研究共同定案;或组织有关部门成立专门审查班子,根据审查人员的业务专长分组,将费用分解,分别审查,然后集中讨论定案。

一般情况可按如下步骤进行:

(1)审查概算的准备;

(2)进行概算审查;

(3)进行技术经济对比分析;

(4)调查研究;

(5)积累资料。

二、施工图预算的编制与审查

(一)施工图预算的内容

施工图预算包括单位工程预算、单项工程预算和建设工程总预算。单位工程预算又包括建筑工程预算和设备安装工程预算。如图3-10所示。

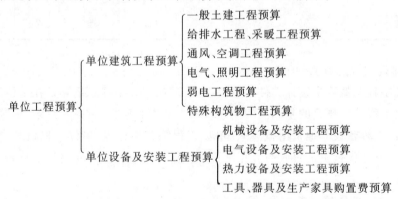

图3-10 单位工程施工图预算的内容

(二)施工图预算的编制方法

单位土建工程施工图预算有三种编制方法,即:定额单价法、定额实物法和工程量清单法。前两种方法是根据传统的定额和单位估价表编制出来的,综合单价法是与国际接轨,符合市场经济体制的一种计价模式。

1. 定额单价法

所谓定额单价法编制施工图预算，就是利用各地区、部门颁发的预算定额，根据预算定额的规定计算出各分项工程量，分别乘以相应的预算定额单价，汇总后就是工程项目的直接工程费，再以直接工程费为基数，乘以相应的取费费率，计算出直接费、间接费、利润和税金，最终计算出建筑安装工程费。

2. 定额实物法

所谓定额实物法就是"量"、"价"分离，定额子目中只有人、材、机的消耗量，而无相应的单价。在编制单位工程施工图预算时，首先依据设计图纸计算各分部分项工程量，分别乘以预算定额的人工、材料、施工机械台班消耗量，从而分别计算出人工、各种材料、各种机械台班的总消耗量，预算人员根据人、材、机的市场价格，确定单价，然后用人、材、机的相应消耗量乘以相应的单价，计算出直接工程费，以直接工程费为基数，经过二次取费，计算出直接费、间接费、利润和税金，汇总工程造价。

3. 综合单价法

综合单价法是分部分项工程单价为全费用单价，全费用单价经综合计算后生成，其内容包括人工费、材料费、机械费、措施费、规费、企业管理费、利润和税金以及有关的风险金等所有的费用。

这种方法与前述方法相比较有着显著的区别，主要区别在于：间接费和利润是用一个综合管理费率分摊到分项工程单价中，从而组成分项工程完全单价，某分项工程单价乘以工程量即为该分项工程的合价，所有分项工程合价汇总后即为该工程的总价。

(三) 施工图预算的审查

1. 审查的主要内容

审查的重点是施工图预算的工程量(主要的分部分项工程量)计算是否准确、定额或单价套用是否合理、各项取费标准是否符合现行规定等方面。

2. 审查的方式

(1) 逐项审查法。又称全面审查法，即按照定额顺序或施工顺序，对各分项工程中的工程细目逐项全面详细审查的一种方法。

(2) 标准预算审查法。就是对利用标准图纸或通用图纸施工的工程，先集中力量编制标准预算，以此为准来审查工程预算的一种方法。

(3) 分组计算审查法。就是把预算中有关项目按类别划分若干组，利用同组中的一组数据审查分项工程量的一种方法。

(4) 对比审查法。是当工程条件相同时，用已完工程的预算或未完但已经过审查修正的工程预算对比审查拟建工程的一种方法。

(5) "筛选"审查法。是能较快发现问题的一种方法。建筑工程虽面积和高度不同，但其各分部分项工程的单位建筑面积指标变化却不大。将这样的分部分项工程加以汇集、优选,找出其单位建筑面积工程量、单价、用工的基本数值,归纳为工程量、单价、用工三个单方基本指标,并注明基本指标的试用范围。这些基本指标用来筛分各分部分项工程,对不符合条件的应进行详细审查。

(6)重点审查法。就是抓住工程预算中的重点进行审核的方法。审查的重点一般是工程量最大或者造价较高的各种工程、补充定额、计取的各项费用等。

三、限额设计

限额设计是在资金一定的情况下,尽可能提高工程功能水平的一种设计方法,也是优化设计方案的一个重要手段。

1. 限额设计的概念

就是按批准的投资估算控制初步设计,按批准的初步设计总概算控制施工图设计。即将上阶段设计审定的投资额和工程量先行分解到各专业,然后再分解到各单位工程和分部工程。各专业在保证使用功能的前提下,按分配的投资限额控制设计,严格控制技术设计和施工图设计的不合理变更,从而保证投资限额不被突破。它是建设工程投资控制系统中的一个重要环节,也是一项关键措施。

2. 限额设计的目标设置

将该项总体限额目标层层分解后确定各专业、各工种或各分部分项工程的分项目标。该项工作中,提高投资估算的合理性与准确性是进行限额设计目标设置的关键环节,特别是各专业、各单位工程或分部、分项工程如何合理划分,分解到的限额数量的多少,设计指标制定的高低等都约束项目投资目标的实现。总额度一般只下达直接工程费的90%,留有一定的调节指标。

3. 限额设计的全过程

限额设计的全过程实际上就是建设工程投资目标管理的过程,即目标分解与计划、目标实施、目标实施检查、信息反馈的控制循环过程。限额设计控制工作包括如下内容:

(1)投资分配。投资分解是实施限额设计的有效途径和主要方法。在设计任务书的总框架内将投资分解到各专业,然后再分配到各单项工程和单位工程,作为进行初步设计的造价控制目标。

(2)限额进行初步设计。在初步设计开始之前,应将投资限额向设计人员交底,将投资限额分专业下达到设计人员。对多个设计方案从技术经济等方面,综合分析比较,从中选出既能达到工程要求,又不超出投资限额的方案。

(3)严格控制施工图预算。施工图阶段限额设计的重点应放在初步设计工程量控制方面,控制工程量一经审定即作为施工图设计工程量的最高限额,不得突破。

(4)加强设计变更管理。在初步设计阶段,由于外部条件的制约和人们主观认识的局限,往往会造成施工图设计阶段,甚至施工过程中的局部修改和变更。由此对已经确定的概算产生影响,在一定范围内这种影响是可接受的,但是对于工程造价产生重大影响的设计变更,要采取先算账后变更的办法解决。

四、价值工程原理

价值工程(Value Engineering,简称 VE)是通过各相关领域的协作,对所研究对象的功能与成本进行系统分析,不断创新,旨在提高所研究对象价值的思想方法和管理技术。

(一)价值工程的概念

1. 价值

价值工程的"价值"定义可以用公式表示:

$$V = F/C$$

式中　V——价值(value);

　　　F——功能(function);

　　　C——成本或费用(cost)。

衡量价值的大小主要看功能(F)与成本(C)的比值如何。价值工程的主要特点是:以提高价值为目的,要求以最低的寿命周期成本实现产品的必要功能;以功能分析为核心;以有组织、有领导的活动为基础;以科学的技术方法为工具。提高价值的基础途径有 5 种,如表 3-3 所示。

表 3-3　提高价值的途径表

项目\类型	1	2	3	4	5
功能 F	不变	提高	大提高	提高	略降低
成本 C	降低	不变	略提高	降低	大降低
备注	节约型	改进型	投资型	双向型	牺牲型

2. 功能

价值功能的特点:

(1)以使用者的功能需求为出发点。

(2)对所研究对象进行功能分析并系统研究功能与成本之间的关系,既要辨别必要功能或不必要功能、过剩功能或不足功能,又要计算出不同方案的功能量化值。

(3)致力于提高价值的创造性活动,如要有技术创新。

(4)有组织、有计划、有步骤地开展工作。

3. 成本

价值工程中的成本是指寿命周期成本,它包括产品设计、制造和使用全过程的耗费。

(二)价值工程的主要工作内容

1. 价值工程对象的选择

(1)设计方面:选择结构复杂、体大量重、技术性能差、能源消耗高、原材料消耗大的产品;

(2)施工生产方面:选择产量大、工序繁琐、工艺复杂、返修率高、质量难保证的产品;

(3)成本方面:选择成本高、利润低的产品或在成本构成中比重大的产品。

2. 价值工程对象的选择方法

对象选择的方法有多种,每种方法有各自的优点和适应性。

(1)ABC 分析法。根据统计表明,项目或产品中 10%～20% 关键部分的投资或成本占整个项目或产品成本的 60%～80% 左右。所谓 ABC 法就是把项目或产品的所有部分的投资或成本按照从大到小的顺序排列起来,将排列靠前的 10%～20% 的部分作为价值工程的重点研究对象。

(2)比较法。该方法在选择价值工程对象、功能评价和方案评价中都可以使用。在对象选择中就是把构成项目或产品的所有子项目依次排列起来,再按照它们功能的重要程度,作"一对一"比较。重要的一方得 1 分,次要的一方记 0 分,即 01 法。然后把各子项目得分累计起来,再除以全部子项目的总得分,得到的商数叫该子项的功能评价系数,功能评价系数越大说明它的功能越重要。

$$功能评价系数\ F_i = 某子项目的功能/项目或产品的功能$$

功能评价系数求出后,再按照每个子项目目前成本,求出其在整个项目目前成本中所占的比例。这个比值叫做该子项目的成本系数。计算公式为:

$$成本系数\ C_i = 子项目的目前投资或成本/项目或产品目前投资或成本$$

产品中各子项目的功能系数同其成本系数之比,称为该子项目的价值系数。计算公式为:

$$价值系数\ V_i = 功能评价系数\ F_i/成本系数\ C_i$$

当 $V_i < 1$ 时,该子项目作为 VE 对象;当 $V_i = 1$ 时,该子项目不作为 VE 对象;当 $V_i > 1$ 时,视情况而定。

(3)百分比法。即按某种费用或资源在不同项目中所占的比重大小来选择价值工程对象的方法。

3. 功能系统分析

功能系统分析是价值工程活动的核心。具有明确用户的功能要求、转向对功能的研究、可靠实现必要的功能三个方面的作用。功能系统分析中的功能定义、功能整理、功能计量紧密衔接、有机结合一体运行。三者的关系如表 3-4 所示。

表3-4 功能系统分析步骤

分析步骤	分析目的	分析类别	回答问题
功能定义 ↓	部件的功能本质 ↓	功能单元的定性分析 ↓	它的功能是什么 ↓
功能整理 ↓	功能之间的相互关系 ↓	功能相互关系的定性分析 ↓	它的目的或手段是什么 ↓
功能计量	必要功能的价值标准	单元功能的量化	它的功能是多少

4. 功能评价

功能评价包括研究对象的价值评价和成本评价两方面内容。价值评价着重计算、分析、研究对象的成本与功能间的关系是否协调、平衡,评价功能价值的高低,评定需要改进的具体对象。功能价值的一般公式与对象选择时价值的基本公式相同,所不同的是功能价值计算所用的成本按功能统计,而不是按部件统计。

$$V_i = F_i / C_i$$

式中 V_i ——对象的功能评价值;

F_i ——对象 I 功能的目前成本;

C_i ——对象的价值。

成本评价是计算对象的目前成本和目标成本,分析、测算成本降低期望值,排列改进对象的优先顺序。计算公式如下:

$$\triangle C = C - C'$$

式中 $\triangle C$ ——成本降低期望值;

C ——对象的目前成本;

C' ——对象的目标成本。

(三)价值工程应用

【案例3-2】 某开发商对某小区项目的开发征集到若干设计方案,对其中4个较为出色的设计方案进一步作技术经济评价。有关专家决定从5个方面(分别以 $F_1 \sim F_5$ 表示)对不同方案的功能进行评价,对各功能的重要性达成以下共识:F_2 和 F_1 同样重要,F_4 和 F_3 同样重要,F_1 相对于 F_4 很重要,F_1 相对于 F_2 较重要。此后,各专家对该4个方案的功能满足程度分别打分,其结果见表3-5。

表 3-5 方案功能得分

功能	方案功能得分			
	A	B	C	D
F_1	9	10	9	8
F_2	10	10	8	9
F_3	9	9	10	9
F_4	8	8	8	7
F_5	9	7	9	6

问题：

（1）计算各功能的权重。

（2）用价值指数法选择最佳设计方案。

分析要点：

本案例主要考核 0~4 评分法的运用。按 0~4 评分法的规定，两个功能因素比较时，其相对重要程度有以下三种基本情况：

①很重要的功能因素得 4 分，另 1 很不重要的功能因素得 0 分；

②较重要的功能因素得 3 分，另 1 较不重要的功能因素得 1 分；

③同样重要或基本同样重要时，2 个功能因素各得 2 分。

解答：

1. 根据背景资料所给出的条件，各功能权重的计算结果见表 3-6。

表 3-6 各项功能权重计算表

	方案功能得分					得分	权重
	F_1	F_2	F_3	F_4	F_5		
F_1	×	3	3	4	4	14	14/40 = 0.350
F_2	1	×	2	3	3	9	9/40 = 0.225
F_3	1	2	×	3	3	9	9/40 = 0.225
F_4	0	1	1	×	2	4	4/40 = 0.100
F_5	0	1	1	2	×	4	4/40 = 0.100
合计						40	1.000

2. 分别计算各方案的功能指数、成本指数、价值指数如下：

(1) 计算功能指数

将各方案的各功能得分分别与该功能的权重相乘，然后汇总即为该方案的功能加权得分，各方案的功能加权得分为：

$W_A = 9 \times 0.350 + 10 \times 0.225 + 9 \times 0.225 + 80.100 + 9 \times 0.100 = 9.125$

$W_B = 10 \times 0.350 + 10 \times 0.225 + 9 \times 0.225 + 8 \times 0.100 + 7 \times 0.100 = 9.275$

$W_C = 9 \times 0.350 + 8 \times 0.225 + 10 \times 0.225 + 8 \times 0.100 + 9 \times 0.100 = 8.900$

$W_D = 8 \times 0.350 + 9 \times 0.225 + 9 \times 0.225 + 7 \times 0.100 + 6 \times 0.100 = 8.150$

各方案功能的总加权得分为：

$W = W_A + W_B + W_C + W_D = 9.125 + 9.275 + 8.900 + 8.150 = 35.45$

因此，各方案的功能指数为：

$F_A = 9.125/35.45 = 0.257$

$F_B = 9.275/35.45 = 0.262$

$F_C = 8.900/35.45 = 0.251$

$F_D = 8.150/35.45 = 0.230$

(2) 计算各方案的成本指数

$C_A = 1\,420/(1\,420 + 1\,230 + 1\,150 + 1\,360) = 1\,420/5\,160 = 0.275$

$C_B = 1\,230/5\,160 = 0.238$

$C_C = 1\,150/5\,160 = 0.223$

$C_D = 1\,360/5\,160 = 0.264$

(3) 计算各方案的价值指数

$V_A = 0.257/0.275 = 0.935$

$V_B = 0.262/0.238 = 1.101$

$V_C = 0.251/0.223 = 1.126$

$V_D = 0.230/0.264 = 0.871$

由于 C 方案的价值指数最大，所以 C 方案为最佳方案。

第四节 建设工程施工招投标阶段的投资控制

监理工程师在工程施工招标阶段的主要任务：准备与发送招标文件，编制工程量清单和招标工程标底；协助评审投标书，提出评标建议；协助业主与承包单位签订承包合同。在建设工程招投标阶段，掌握建设工程承包合同价格的分类，熟悉投标报价的计算方法以及标底的编制，了解投标报价的计算，监理工程师就能够更主动地开展工程招标工作。

一、建设工程承包合同价格的分类

《建筑工程施工发包与承包计价管理办法》规定,合同价可以采用三种方式:固定价、可调价和成本加酬金。按照国际通行做法,承包合同计价方式又可分为总价合同、单价合同和成本加酬金合同。

1. 固定价,是指合同总价或者单价在合同的实施期间不因资源价格等因素的变化而调整的价格。所以固定价又可以分为固定总价和固定单价。

固定总价合同一般适用于:

(1)招标时的设计深度已达到施工图设计要求,图纸完整,项目范围及工程量计算依据确切,合同履行过程中不会出现较大的设计变更。

(2)规模较小,技术不太复杂的中小型工程,承包商一般在报价时可以合理地预见到实施过程中可能遇到的各种风险。

(3)合同工期较短,一般为一年期之内的工程。

固定单价又可分为估算工程量单价和纯单价。

估算工程量单价是以工程量清单和工程单价表为基础和依据来计算合同价格的。这种合同计价方式较为合理地分担了合同履行过程中的风险,适用于工期长、技术复杂、实施过程中可能会发生各种不可预见因素较多的工程;或发包方为了缩短建设周期,如在初步设计完成后就进行施工招标的工程。

纯单价这种合同形式,发包方在招标文件中仅给出工程内各个分部分项工程一览表、工程范围和必要的说明,而不提供实物量。承包方在投标时只需要对这类给定范围的分部分项工程作出报价,合同实施过程中按实际完成的工程量进行结算。适用于没有施工图,工程量不明,却急需开工的紧迫工程。

2. 可调价,是指合同总价或者单价,在合同实施期内根据合同约定的办法调整,一般是由于资源价格因素变化而调整。可调价又可以分为可调总价和可调单价。

可调总价合同的合同总价不变,只是在合同条款中增加调价条款,如果出现通货膨胀这一不可预见的费用因素,合同总价就可按约定的调价条款作相应调整。可调总价适用于工程内容和技术经济指标规定很明确,工期在一年以上的工程项目。

可调单价合同,一般是在工程招标文件中规定。合同单价根据合同约定的条款,如在工程实施过程中物价发生变化等,可作调值。

3. 成本加酬金,是将工程项目的实际投资划分成直接成本和承包方完成工作后应得酬金两部分。工程实施中发生的直接成本费由发包方实报实销,再按合同约定的方式另外支付给承包方相应报酬。

主要适用于工程内容及技术经济指标尚未全面确定,投标报价依据尚不充分,发包方因工期要求紧迫,必须发包的工程;或者发包方与承包方之间有着高度信任,承包方有独特的技术、特长或经验。

按照酬金的计算方式不同,成本加酬金合同又分为:

(1)成本加固定百分比酬金;

(2)成本加固定金额酬金;

(3)成本加奖罚;

(4)最高限额成本加固定最大酬金。

二、建设工程招投标计价方法

《建筑工程施工发包与承包计价管理办法》(中华人民共和国建设部令第107号)第五条规定,施工图预算、招标标底和投标报价由成本、利润和税金构成。其编制可以采用工料单价法和综合单价法两种计价方法。

1. 工料单价法,采用的分部分项工程量的单价为直接工程费单价。直接工程费以人工、材料、机械的消耗量及其相应价格确定。措施费、间接费、利润、税金按照有关规定另行计算。

工料单价法根据其所含价格和费用标准的不同,又可以分为定额单价法和定额实物法。

2. 综合单价法,即分部分项工程量的单价为全费用单价,它综合了直接工程费、间接费、利润、税金等的费用,也就是工程量清单的单价。工程量乘以综合单价就直接得到分部分项工程的造价费用,再将各个分部分项工程的造价费用加以汇总就直接得到整个工程的总建造费用。

一般情况,综合单价法比工料单价法能更好地控制工程价格,同时也有利于降低工程投资。

三、工程量清单的编制

工程量清单是建设工程招标文件的重要组成部分,在工程建设中起着重要的作用,无论是招标人的目标管理、风险管理,还是项目监理的现场监督,很大程度上依赖于工程量清单。

工程量清单中工程量应反映拟建工程的全部内容及为实现这些工程内容而进行的其他工作。施工企业在工程建设过程中,要完成以下工程内容:设计图纸所要求的实体性工程,为形成实体工程而采取的措施性工作,以及招标人提出的一些与工程建设有关的特殊要求。与此相应,工程量清单由分部分项工程量清单、措施项目清单和其他项目清单三部分组成。

(一)分部分项工程量清单的编制

分部分项工程量清单的编制应满足两方面要求,一是要规范管理,便于管理,以形成全国统一的建筑市场;二是要便于计价,使施工企业能够在同一起跑线上竞争。

为此建设主管部门以国家标准的形式,强制性规定了招标人在编制工程量清单时必须遵守的"四统一"规则,即统一项目编码,统一项目名称,统一计量单位,统一工程量计算规则。

1. 遵守统一与灵活结合的项目编码体系

分部分项工程量清单编码以 12 位阿拉伯数字表示,前 9 位为项目名称编码,全国统一,不得变动,后 3 位是项目特征编码,由清单编制人自行编制,顺序按 001、002……排列。比如,某工程采用实心砖墙体构造,其中内墙 240 厚,M5.0 混合砂浆砌筑,外墙 360 厚,M10.0 混合砂浆砌筑,该项目清单如表 3-7 所示。这是一种统一与灵活相结合的编码方式,能够满足同一个分部分项工程由于采用不同工艺、不同材料时的编码要求。

表 3-7 某项目工程量清单

项目编码	项目名称	计量单位	工程数量
010302001001	外墙 360 厚,M10.0 混合砂浆砌筑	m^3	250.78
010302001002	内墙 240 厚,M5.0 混合砂浆砌筑	m^3	58.56

2. 遵守统一的项目名称

(1)工程量清单项目的划分:工程清单项目的划分与预算定额的项目划分有很大区别,前者是按一个"综合实体"考虑,一般由多个工序组成,后者是按施工工序进行设置的,包括的工程内容一般是单一的,如清单中钻灌注桩工程,其工作内容就包括成孔、灌注、深层次池建造、泥浆外运,相当于预算定额中各工序定额子目:成孔,灌混凝土,泥浆池建造泥浆外运。

(2)工程量清单项目名称设置因素:为方便施工企业计价的需要,工程量清单除了写出统一的项目名称外,还应按规定要求考虑项目规格、型号,材质等特征要求,结合拟建工程的实际情况,使工程量清单项目名称具体化,能够反映与工程造价有关因素,避免投标人产生歧义理解,而影响招标的公平性。

3. 统一计量单位

按照国际惯例,工程量的计量单位均采用基本单位计量。以往各省市定额中对于同一分项的计量单位有可能不一致,例如砖墙,有些是"m^3"计量单位,有些是"m^2"计量单位,工程量清单规范对此进行了统一规定,如表 3-8 所示。

表 3-8 统一计量单位表

计量单位	长度	面积	重量	体积与容积	自然计量单位
统一单位	m	m^2	t	m^3	台、套、个、组等
保留小数	2	2	3	2	取整

注:保留小数点数后四舍五入。

4. 统一工程量计算规则

每一个工程量清单项目都有一个对应的工程量计算规则,这个规则全国统一,各省、市、自治区的工程量清单,均要依据工程量清单规则计算。

(1)依据统一的工程量计算规则,计算出的工程量是实际量(或称净量),一般不包括采用施工措施而增加的量或各类损耗,该部分在综合单价中考虑,这与国际通用做法(FIDIC)是一致的。例如挖地槽、钢筋等分项,不包括由于放坡、工作面以及损耗而增加的量。

(2)工程量计算规则,不应含有施工企业施工方法的条款。例如挖土方项目,不应有人工挖土与机械挖土之分,至于采取哪种方法,企业应根据自身特点以及市场状况等分析确定。

(3)工程量计算规则,不应包括施工措施性内容。例如脚手架、垂直运输机械、施工排水等。

(二)措施项目清单的编制

措施项目清单的编制应考虑多种因素,除工程本身的因素外,还涉及水文、气象、环境、安全以及施工企业的实际情况。为此《建设工程工程量清单计价规范》提供"措施项目一览表",作为列项的参考。表中"通用项目"所列内容是指各专业工程的"措施项目清单"中均可列的措施项目。表中各专业所列的内容,是指相应专业的"措施项目清单"中可列的措施项目。措施项目清单以"项"为计量单位,相应数量为"1"。

措施项目清单应根据拟建工程的具体情况列项,如表3-9所示。

表3-9 措施项目一览表

1	环境保护
2	文明施工
3	安全施工
…	………

(三)其他项目清单的编制

其他项目清单应根据拟建工程的具体情况,参照下列内容列项:预留金、材料购置费、总承包服务费、零星工作项目费等。

由于工程建设标准的高低、工程的复杂程度、工程的工期长短、工程的组成内容等直接影响其他项目清单的具体内容,所以其他项目清单应当根据工程的实际情况,进行编制。不足部分,清单编制人可作补充,补充项目应列在清单项目最后,并在"序号"栏中以"补"字表示。

四、投标报价的计算

投标报价的编制工作是投标人进行投标的实质性工作,由投标人组织的专门机构来完成,主要工作内容包括复核或计算工程量、制定施工方案、材料询价、计算工程单价与合价、确定分包工程费、利润、风险费,最终确定投标价格。编制程序如图3-11所示。

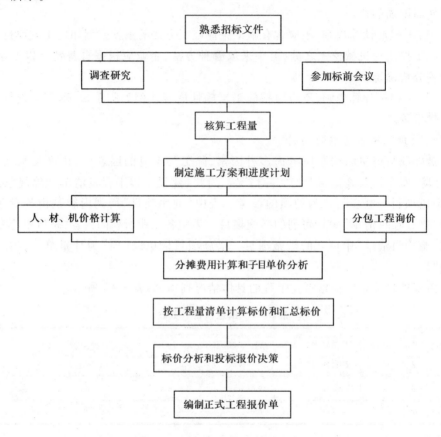

图 3-11 工程投标报价编制程序

当然投标报价时,投标人可能还运用一定的投标策略进行报价,有时会起到增大中标机会,获得更多利润的可能。如采用不平衡报价、多方案报价等方法。

第五节 建设工程施工阶段的投资控制

监理工程师在工程施工阶段的主要任务:依据施工合同有关条款、施工图对工程项目造价目标进行风险分析,并制定防范性对策。从造价、项目的功能要求、质量和工期方面审查工程变更的方案,并在工程变更实施前与建设单位、承包单位协商确定工程变更的价款。按施工合同约定的工程量计算规则和支付条款进行工程量计算和工程款支付。建立月完成工程量和工作量统计表,对实际完成量与计划完成量进行比较、分析,制定调整措施。收集、整理有关的施工和监理资料,为处理费用索赔提供证据。按施工合同的有关规定进行竣工结算,对竣工结算的价款总额与建设单位和承包单位进行协商。

一、施工阶段投资目标控制

监理工程师要完成好施工阶段投资控制工作,首要的工作就是建立目标控制措施,把计划投资额作为投资控制的目标值,在工程施工过程中运用动态控制原理,定期地进行投资实际值与目标值的比较。发现并找出实际支出额与投资目标值之间的偏差,分析产生偏差的原因,并采取有效措施加以控制以确保投资目标的实现。

(一)资金使用计划的编制

投资控制的目的是为了确保投资目标的实现。因此,监理工程师必须编制资金使用计划,合理确定投资控制目标值,包括投资的总目标值、分目标值、各详细目标值。只有这样,才能进行投资实际值与目标值的比较,从而发现并找到偏差,控制投资。

因此,投资控制的首要工作就是投资目标分解。根据投资控制目标和要求的不同,投资目标的分解可以分为按投资构成、按子项目、按时间分解3种类型。

1. 按投资构成分解的资金使用计划。工程项目的投资主要分为建筑安装工程投资、设备工器具购置投资以及工程建设其他投资,各个部分可以根据实际投资控制要求进一步分解。工程项目投资的总目标就可以按图3-12分解。

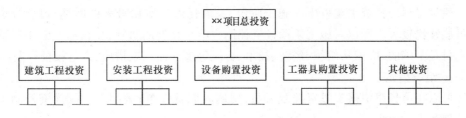

图 3-12　按投资构成分解目标

当然,实际工程监理过程中,可能仅仅按其中一部分或几部分进行投资构成分解,主要依据工程具体情况以及发包方委托合同的要求而定。

2. 按子项目分解的资金使用计划。大中型的项目通常是由若干单项工程构成的,而每个单项工程包括了多个单位工程,每个单位工程又是由若干分部分项工程构成,因此,项目总投资可以按照图3-13所示分解。

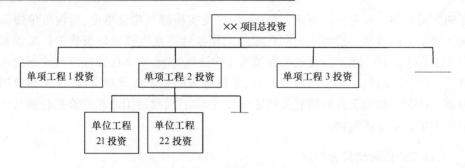

图 3-13 按子项目分解投资目标

需要注意的是,按照这种方法分解项目总投资,不能只是分解建筑工程投资、安装工程投资和设备工器具投资,还应该分解项目的其他投资。应该把项目的其他投资合理地分解到各个单项工程和单位工程中。

3. 按时间进度分解的资金使用计划

工程项目的投资总是分阶段、分期支出的,资金应用是否合理与资金的时间安排有密切的关系,所以有必要将项目总投资按其使用时间进行分解。通常可以利用控制项目进度的网络图进一步扩充而得到。即在建立网络图时,一方面确定完成各项工作所花费的时间,另一方面同时确定完成这一工作的合适的投资支出。当然,在编制网络计划时应在充分考虑进度控制对项目划分要求的同时,还要考虑确定投资支出预算对项目划分的要求,做到两者兼顾。

以上三种编制资金使用计划的方法并不是相互独立的,实践中,往往将这几种方法结合起来使用。

(二)施工阶段投资控制的措施

建设工程的投资主要发生在施工阶段,是消耗工程费用最多的时期,浪费投资的可能性比较大。所以对施工阶段投资控制应给予足够的重视,仅仅靠控制工程款的支付是不够的,应该从组织、经济、技术、合同等多方面采取措施,进行投资控制。

1. 组织措施

可以在项目组中落实投资控制人员,明确其职责任务;编制本阶段投资控制工作计划和工作流程。

2. 经济措施

编制资金使用计划;进行工程计量;复核工程付款账单,签发付款证书;进行投资跟踪,定期比较实际与计划投资并进行纠偏;协商工程变更价款;经常分析与预测投资支出情况。

3. 技术措施

对设计变更进行技术经济比较,严格控制设计变更;寻找设计挖潜节约投资的可能性;审核承包商的施工组织设计,对主要施工方案进行技术经济分析。

4. 合同措施

作好施工记录,为正确处理可能发生的索赔提供依据;参与合同修改与补充,着重考虑对投资控制的影响。

二、工程计量

工程计量是指根据设计文件及承包合同中关于工程量计算的规定,项目监理机构对承包商申报的已完工程量进行核验。经过项目监理机构计量所确定的数量是向承包商支付任何款项的凭证。所以工程计量是监理工程师进行投资控制的重要手段。

工程师一般只对工程量清单中的项目、合同文件中规定的项目以及工程变更项目进行计量。

(一)工程计量的程序

1. 施工合同(示范文本)约定的程序:承包人应按专用条款约定的时间,向工程师提交已完工程量的报告。工程师接到报告后 7 天内按设计图纸核实已完工程量,并在计量前 24 h 通知承包人,承包人为计量提供便利条件并派人参加。承包人收到通知后不参加计量,计量结果有效,作为工程价款支付的依据。工程师收到承包人报告 7 天内未进行计量,从第 8 天起,承包人报告中开列的工程量即视为已被确认,作为工程价款支付的依据。工程师不按约定时间通知承包人,使承包人不能参加计量,计量结果无效。对承包人超出设计图纸范围和因承包人原因造成返工的工程量,工程师不予计量。

2. 建设工程监理规范规定的程序

(1)承包单位统计经专业监理工程师质量验收合格的工程量,按施工合同的约定填报工程量清单和工程款支付申请表;

(2)专业监理工程师进行现场计量,按施工合同的约定审核工程量清单和工程款支付申请表,并报总监理工程师审定;

(3)总监理工程师签署工程款支付证书,并报建设单位。

(二)工程计量的依据

工程计量的依据一般有:

1. 质量合格证书

对于承包商已完的工程,并不是全部计量,而只是质量达到合同标准的已完工程才予以计量。

2. 工程量清单前言和技术规范

它们是确定计量方法的依据。因为其中的"计量支付"条款规定了清单中每一项工程的计量方法,同时还规定了按规定的计量方法确定的单价所包括的工作内容和范围。

3. 设计图纸

单价合同以实际完成的工程量进行结算,但工程师计量的工程数量,并不一定是承包商实际施工的数量。计量的几何尺寸要以设计图纸为依据,对承包人超出设计图纸范围和因承包人原因造成返工的工程量,工程师不予计量。

(三)工程计量的方法

根据 FIDIC 合同条件的规定,一般可按照下列方法进行计量:

1. 均摊法

就是对清单中某些项目的合同价款,按照合同工期平均计量。这类项目有一个特点是每月都发生。如:给监理工程师提供住宿,该项费用每月都发生,本项合同价款为 5 000 元,合同工期为 20 个月,则每月计量、支付的价款为:5 000 元/20 月 = 250 元/月。

2. 凭据法

就是按承包商提供的凭据进行计量支付。如各类保险费、保证金以及履约保证金等项目。

3. 断面法

主要用在挖土或填筑路堤土方的计量。采用该方法计量,在开工前承包商需测绘出原地形的断面,并经工程师检查,作为计量的依据。

4. 图纸法

工程量清单计价中,许多项目采取按照设计图纸所示的尺寸进行计量。如各种混凝土构件:桩、柱、梁、墙及板等。

5. 分解计量法

就是将一个项目,根据工序或部分分解为若干个子目,对完成的各子项进行计量支付。这种计量方法主要是为了解决一些包干项目或较大的工程项目的支付时间过程过长,影响承包商的资金流动等问题。

三、工程变更价款的确定

由于工程建设的周期长、涉及的经济关系和法律关系复杂、受自然条件和客观因素的影响大,导致工程的实际施工情况与招标投标时的工程情况相比往往会有一些变化,这种变化称为工程变更。由于工程变更所引起的工程量的变化、承包商的索赔等,都可能使项目投资超出原来的预算投资,监理工程师必须严格予以控制。

(一)工程变更的管理

在施工管理过程中,工程变更的情况非常常见,设计变更是工程变更的一种情况。由于设计变更一般会涉及工期与施工成本的较大调整,所以《监理规范》规定,项目监理机构应按下列程序处理工程变更:

(1)设计单位对原设计存在的缺陷提出的工程变更,应编制设计变更文件;发包人或承包人提出的工程变更,应提交总监工程师,由总监工程师组织专业监理工程师审查。审查同意后,应由发包人转交原设计单位编制设计变更文件。当工程变更涉及安全、环保、规划等内容时,应按规定经有关部门批准和审定。

(2)项目监理机构应了解实际情况并收集有关的资料。

(3)总监工程师根据实际情况、设计变更文件和其他有关资料,按照施工合同的有关条款,在指定专业监理工程师完成下列工作后,对工程变更的费用和工期作出评估:

1)确定工程变更项目与原工程项目之间的类似程度和难易程度;

2)确定工程变更项目的工程量;

3)确定工程变更的单价或总价。

(4)总监工程师就工程变更费用及工期的评估情况与承包人和发包人进行协调。

(5)总监工程师签发工程变更单。

在工程变更的处理中,总监工程师在工程变更的质量、费用和工期方面取得发包人的授权,可按施工合同规定与承包人进行协商,协商一致,总监工程师将协商结果向发包人通报,并由发包人在变更文件上签字认可;总监工程师未经发包人授权,应协助发包人与承包人就工程变更的质量、费用和工期进行协商并取得一致;若双方未能就工程变更的费用等方面达成协议,可由监理方提出一个暂定的价格,作为临时支付工程进度款的依据,工程最终结算时应以承发包双方达成的协议为准。

在总监工程师签发工程变更单之前,承包人不得实施工程变更。未经总监工程师审查同意而实施的工程变更,监理方不予以计量。

(二)工程变更价款的确定方法

《建设工程施工合同(示范文本)》约定的工程变更价款的确定办法如下:

1. 合同中已有适用于变更工程的价格,按合同已有的价格变更合同价款;

2. 合同中只有类似于变更工程的价格,可以参照类似价格变更合同价款;

3. 合同中没有适用或类似于变更工程的价格,由承包人提出适当的变更价格,经工程师确认后执行。

四、工程结算

(一)工程价款的结算

1. 工程价款的主要结算方式

按现行规定,工程价款的结算可以根据不同情况采用以下形式:

(1)按月结算;

(2)竣工后一次结算;

(3)分段结算;

(4) 结算双方约定的其他方式。

2. 工程预付款

工程预付款是建设工程施工合同订立后由发包人按照合同约定,在开工前预先支付给承包人的工程款。工程预付款的额度,主要是保证施工所需材料和构件的正常储备。可以采用公式法计算和在合同中约定的方法确定。

公式法是根据主要材料占年度承包工程总价的比重、材料储备定额天数和年度施工天数等因素,通过公式计算预付备料款额度的一种方法。

其计算公式是:

$$备料款限额 = \frac{年度承包工程总值 \times 主要材料所占比重}{年度施工日历天数} \times 材料储备天数$$

式中:年度施工天数按 365 天日历天计算;材料储备定额天数由当地材料供应的在途天数、加工天数、整理天数、供应间隔天数、保险天数等因素决定。

工程预付款的扣回方法有:

(1) 由发包人和承包人通过洽商用合同的形式予以确定,采用等比率或等额扣款的方式。

(2) 从未施工工程尚需的主要材料及构件的价值相当于工程预付款数额时扣起,从每次中间结算工程款中,按材料及构件比重扣抵工程价款,至竣工之前全部扣清。因此,确定起扣点是工程预付款起扣的关键。确定起扣点的依据是:未完施工工程所需主要材料和构件的费用,等于工程预付款的数额。

工程预付款起扣点可按下式计算:

$$T = P - M/N$$

式中 T——起扣点,即工程预付款开始扣回的累计完成工程金额;

P——承包工程合同总额;

M——工程预付款数额;

N——主要材料、构件所占比重。

【案例3-3】 某工程合同总额 250 万元,工程预付款为 30 万元,主要材料、构件所占比重为 60%。

问题:起扣点为多少万元?

解答:工程预付款起扣点可按下式计算:

$T = P - M/N = 250 - 30/60\% = 200(万元)$

则当工程完成 200 万元时,本项工程预付款开始起扣。

3. 工程进度款

《建设工程施工合同(示范文本)》中对工程进度款支付作了如下相应规定:

(1) 工程款(进度款)在双方确认计量结果后 14 天内,发包方应向承包方支付工程款(进度款)。按约定时间发包方应扣回的预付款,与工程款(进度款)同期结算。

（2）符合规定范围的合同价款的调整，工程变更调整的合同价款及其他条款中约定的追加合同价款，应与工程款（进度款）同期调整支付。

（3）发包方超过约定的支付时间不支付工程款（进度款），承包方可向发包方发出要求付款通知，发包方收到承包方通知后仍不能按要求付款，可与承包方协商签订延期付款协议，经承包方同意后可延期支付。协议须明确延期支付时间和从发包方计量结果确认后第15天起计算应付款的贷款利息。

（4）发包方不按合同约定支付工程款（进度款），双方又未达成延期付款协议，导致施工无法进行，承包方可停止施工，由发包方承担违约责任。

工程进度款的支付，一般按当月实际完成工程量进行结算，工程竣工后办理竣工结算。在工程竣工前，承包人收取的工程预付款和进度款的总额的95%，其余5%尾款，在工程竣工结算时除保修金外一并清算。

工程进度款的支付步骤，见图3-14。

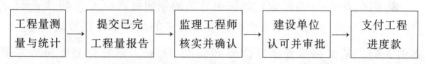

图3-14　工程进度款支付步骤

4. 竣工结算

工程竣工验收报告经发包人认可后28天内，承包人向发包人递交竣工结算报告及完整的结算资料，双方按照协议书约定的合同价款及专用条款约定的合同价调整内容，进行工程竣工结算。专业监理工程师审核承包人报送的竣工结算报表；总监理工程师审定竣工结算报表；与发包人、承包人协商一致后，签发竣工结算文件和最终的工程款支付证书。

竣工结算应进行严格的审查，一般要从几个方面着手：

（1）核对合同条款；

（2）检查隐蔽验收记录；

（3）落实设计变更签证；

（4）按图核实工程数量；

（5）执行定额单价或综合单价；

（6）防止各种计算误差。

5. 保修金的返还

工程保修金一般为施工合同价款的3%，在专用条款中具体规定。发包人在质量保修期后14天内，将剩余保修金和利息返还承包商。

（二）工程价款的动态结算

工程价款的动态结算就是在结算过程中，考虑各种动态因素，使结算更能反映实际消耗费用。一般常用的动态结算办法有:按实际价格结算法、主材按抽料计算价差、竣工调价系数法和调值公式法。

这里主要介绍调值公式法,国际上,一般采用此法。在大多情况下,发包方与承包方在签订合同时就明确规定了调值公式。

建筑安装工程费用的价格调值公式如下:

$$P = P_0(a_0 + a_1 \times A/A_0 + a_2 \times B/B_0 + a_3 \times C/C_0 + a_4 \times D/D_0)$$

式中
P ——调值后合同价款或工程实际结算款;
P_0 ——合同价款中工程预算进度款;
a_0 ——固定要素,代表合同支付中不能调整的部分;
a_1, a_2, a_3, a_4 ——代表有关成本要素,如:人工费、钢材费、水泥费、运输费等)在合同总价中所占的比重,$a_0 + a_1 + a_2 + a_3 + a_4 = 1$;
A_0, B_0, C_0, D_0 ——基准日期与 a_1, a_2, a_3, a_4 对应的各项费用的基期价格指数或价格;
A, B, C, D ——与特定付款证书有关的期间最后一天的 49 天前与 a_1、a_2、a_3、a_4 对应的各成本要素的现行价格指数或价格。

【案例3-4】 某工程项目合同价为1750万元,该工程签订的合同为可调值合同。合同报价日期为2003年3月,合同工期为12个月,每季度结算1次。工程开工日期为2003年4月1日。施工单位2003年第四季度完成产值是710万元。工程人工费、材料费构成比例以及相关季度造价指数如表3-10所示。

表 3-10 价格指数表

项目	人工费	材料费						不可调费用
		钢材	水泥	集料	砖	砂	木材	
比例%	28	18	13	7	9	4	6	15
2003年第1季度造价指数	100	100.8	102.0	93.6	100.02	95.4	93.4	
2003年第4季度造价指数	116.8	100.6	110.5	95.6	98.9	93.7	95.5	

问题:计算监理工程师2003年第4季度确定的工程结算款额。

解答:

$P = P_0(a_0 + a_1 \times A/A_0 + a_2 \times B/B_0 + a_3 \times C/C_0 + a_4 \times D/D_0)$

$= 710(0.15 + 0.28 \times 116.8/100.0 + 0.18 \times 100.6/100.8 + 0.13 \times 110.5/102.0 + 0.07 \times 95.6/93.6 + 0.09 \times 98.9/100.0 + 0.04 \times 93.7/95.4 + 0.06 \times 95.5/93.4) = 710 \times 1.0588 \approx 751.75(万元)$

【案例3-5】 某道路工程,开竣工时间分别为4月1日、9月30日。合同价为4150万元,其中预制构件业主提供(直接委托构件厂生产)。某监理公司承担了该工程的监理任务,为了做好该项目的投资控制工作,监理工程师明确了以下投资控制的措施:

(1)编制资金使用计划,确定投资控制目标;
(2)进行工程计量;
(3)审核工程付款申请,签发付款证书;
(4)审核施工单位编制的施工组织设计,并对主要施工方案进行技术经济分析;
(5)对施工单位报送的单位工程质量资料进行审核和现场检查,并予以签认;
(6)审查施工单位现场项目管理机构的技术管理体系和质量保证体系。

业主与施工单位在施工合同中约定:

开工前业主应向施工单位支付合同价25%的预付款,预付款从第3个月开始等额扣还,4个月扣完;业主根据施工单位完成的工程量(经监理工程师签认后)按月支付工程款,保留金额为合同总额5%,保留金按每月产值的10%扣除,直至扣完为止;监理工程师签发的月付款凭证最低金额为300万元。

各月完成产值见表3-11。

表3-11 各月完成产值表

月份 产值	4	5	6	7	8	9
施工单位	480	685	560	430	620	580
构件厂			275	340	180	

问题:

1. 对监理工程师采取的措施中,哪些不属于投资控制措施?
2. 支付给施工单位的工程预付款是多少?监理工程师在4、6、7、8月底分别给施工单位签发的付款凭证金额是多少?

解答:

1. 第(5)、(6)两项不是投资控制的措施。
2. 根据给定的条件,施工单位所承担部分的合同额为:4 150 - (275 + 340 + 180) = 3 355万元

施工单位应得到的工程预付款为:3 355 × 25% = 838.75万元

工程保留金为:3 355 × 5% = 167.75万元

监理工程师给施工单位实际签发的付款签证金额为:

4月底:480.00 − 480.00 × 10% = 432.00 万元

4月底实际签发的付款签证金额为:432.00 万元

5月支付时应扣保留金为:685 × 10% = 68.50 万元

6月底工程保留金应扣:167.75 − 48.00 − 68.50 = 51.25 万元

所以应签发的付款签证金额为:560 − 51.25 − 838.75/4 = 299.06 万元

由于6月底应签发的付款签证金额低于合同规定的最低支付限额,故本月不支付。

7月底:430 − 838.75/4 = 220.31 万元

7月底实际应签发的付款签证金额为:299.06 + 220.31 = 519.37 万元

8月底:620 − 838.75/4 = 410.31 万元

思 考 题

1. 简述我国现行建设投资构成。
2. 简述建筑安装工程费的构成。
3. 建设投资估算有哪些方法?其适用条件各是什么?
4. 设计概算包括哪些类别和内容?编制方法及各自的适用范围有哪些?
5. 简述建设工程承包合同价格的分类。
6. 工程计量的依据和方法有哪些?
7. 某建设工程施工合同总价5 000万元,合同工期为6个月,合同签订日期为2月初,从当年3月开始施工。合同规定:

(1)预付款按合同价20%支付,支付预付款及进度款累计达总合同价40%时开始抵扣,在下月起各月平均扣回。

(2)保修金按5%扣留,从第1个月开始按月结工程款的10%扣留,扣完为止。

(3)当物价比签订合同时上涨大于或等于5%时,依据当月应结价款的实际上涨幅度,按下式进行调整:

$$P = P_0(0.25 + 0.15 \times A/A_0 + 0.60 \times B/B_0)$$

注:上式中0.15为人工费在合同总价中的比重,0.60为材料费在合同总价中的比重。

(4)该工程实际完成产值见表3−12(不包括索赔费用)。

表3−12 实际完成产值

月份	3	4	5	6	7	8
实际产值	800	1 000	1 000	1 000	800	400

(5) 实际造价指数见图表 3-13。

表 3-13 实际造价指数

月份	1	2	3	4	5	6	7	8
人工	110	110	110	115	115	120	130	130
材料	130	130	135	135	130	140	140	140

问题:1. 该工程预付款为多少？
     2. 每月监理工程师实际应签发的结算工程款为多少？

第四章 建设工程进度控制

建设工程进度控制是监理工程师重要的职能之一,其目标就是通过有效的进度控制工作和具体的进度控制措施,在满足投资和质量要求的前提下,力求使建设工程实际工期不超过计划工期。本章在介绍建设工程进度控制基本理论的基础上,阐述建设工程决策、设计、招投标以及施工阶段进度控制的具体工作内容、程序及方法。

第一节 建设工程进度控制概述

控制建设工程进度,不仅能够确保工程项目按预期的时间交付使用,而且可以及时发挥投资的经济效益。因此监理工程师应采取科学的控制方法和手段来达到有效控制进度的目的。

一、进度控制概念

(一)进度控制的概念

建设工程进度控制是指对工程项目各建设阶段的工作内容、工作程序、持续时间和衔接关系编制计划,在执行该计划的过程中,经常检查实际进度是否按计划要求进行,若出现偏差,则分析其原因,采取必要的补救措施或调整、修改原计划,不断地如此循环,直至工程竣工,交付使用。建设工程进度控制的最终目的是确保项目按预定的时间或提前交付使用,总目标是建设工期。

(二)影响进度的因素分析

由于建设项目具有体积庞大、结构复杂、周期长、涉及单位多以及受工程环境影响大等特点,决定了工程进度的受影响因素很多。这些因素中,有些是人为因素,有些可能是技术因素,也可能是资金因素,也可能是材料、设备因素或其他没有预料的因素等,其中人为因素影响最多。从产生的根源看,有来源于业主及监理单位的,有来源于设计、施工及供货单位的,有来源于政府、建设主管部门、有关协作单位和社会的,有来源于各种自然条件的。编制计划和执行控制进度计划时必须充分认识和估计这些因素,进行全面分析,才可促进对有利因素的充分利用和对不利因素的妥善预防和克服,使进度目标制定得更加符合实际,实现对进度的主动控制和动态控制的目的。

常见的影响进度的因素有以下几种:

1. 业主因素。

例如业主使用要求的改变;由业主负责提供的材料、设备出现延误;业主没有按合同约定及时向施工单位或供应商拨付资金等。

2. 勘察设计因素。如勘察资料不准确,特别是地质资料错误或遗漏而引起的未能预料的技术障碍;设计存在缺陷或错误;不能及时交付有关设计图纸等。

3. 承包商的因素。承包商错误地估计了项目特点及项目实现的条件,制定的计划脱离实际,工程无法正常进行,出现工程延误;承包商采用技术措施不当,施工中发生技术事故;承包商管理过程中出现失误,例如施工组织不合理,劳动力和施工机械调配不当,施工平面图布置不合理等因素使工程进度受阻;承包商缺乏基本的风险意识,盲目施工而导致施工被迫中断等。

4. 自然条件因素。如恶劣天气、地震、暴雨、洪水,不良地质、地下障碍物的影响等。

5. 社会条件因素。如施工过程中所受外界社会干扰,外单位邻近工程的施工干扰,交通、市容整顿的限制等。

6. 组织管理因素。如各种申请审批手续的延误;计划安排不周密,导致窝工、停工;指挥协调不当,导致各方配合出现矛盾,延误工期。

7. 资金因素。如有关方拖欠资金,资金短缺或不到位。

(三)进度控制的主要措施

进度控制的措施主要包括组织措施、技术措施、合同措施、经济措施和信息管理措施。

1. 组织措施。

进度控制的组织措施主要包括:

(1)建立进度控制目标体系,明确监理组织机构中进度控制人员及其职责分工;

(2)建立进度计划审核制度和进度计划实施中的检查分析制度;

(3)建立进度报告制度及信息沟通网络;

(4)建立进度协调会议制度;

(5)建立图纸审查、工程变更和设计变更管理制度。

2. 技术措施

进度控制的技术措施主要包括:

(1)审查承包商提交的进度计划;

(2)编制指导监理人员实施进度控制的工作细则;

(3)采用网络计划技术,对工程进度实施动态控制。

3. 合同措施

进度控制的合同措施主要包括:

(1)推行CM承发包模式,缩短工程建设周期;

(2)加强合同管理,协调合同工期与进度计划之间的关系,确保进度目标的实现;

(3)严格控制合同变更;

(4)加强风险管理,在合同中应充分考虑风险因素及其对进度的影响。

4. 经济措施

进度控制的经济措施主要包括:

(1)及时办理工程预付款及进度款支付手续;

(2)约定奖惩措施;

(3)加强索赔管理,公正处理索赔。

5. 信息管理措施。

进度控制的信息措施主要包括:建立进度信息、收集和报告制度,通过计划进度与实际进度的动态比较,为决策者提供进度决策依据。

二、进度控制计划体系

一项工程建设从项目的构思、项目的定义和可行性研究,直至项目设计、施工、投产运转,整个过程中需要编制众多的涉及进度管理的计划,这些计划是针对同一项目不同阶段、不同层次、不同范围,由不同单位进行编制,因此,形成工程项目进度控制计划体系。

(一)建设单位(业主)进度控制计划系统

1. 项目前期工作计划

项目前期工作计划是对可行性研究、设计任务书及初步设计的工作进度安排,它可使项目前期决策阶段各项工作的时间得到控制。其格式如表4-1所示。

表4-1 项目前期工作计划

项目名称	建设性质	建设规模	可行性研究		项目评估		初步设计	
			进度要求	负责单位负责人	进度要求	负责单位负责人	进度要求	

2. 工程项目建设总进度计划

工程项目建设总进度计划是在初步设计批准后,编制上报年度计划以前,根据初步设计,对工程项目从开始建设至竣工投产全过程的统一部署,以安排各单项工程和单位工程的建设进度,合理分配年度投资,组织各方面的协作,保证初步设计确定的各项建设任务的完成。

该进度计划由工程项目一览表(表4-2),工程项目总进度计划表(表4-3,一般用横道图表示),投资计划年度分配表(表4-4),工程项目进度平衡表等多种表格组成。

表4-2 工程项目一览表

单位工程名称	工程编号	工程内容	内容概算额(万元)					
			合计	建筑工程费	安装工程费	设备工程费	工器具购置费	工程建设其他费

表4-3 工程项目总进度计划表

工程编号	单位工程名称	工程量		××年				××年				…
		单位	数量	一季	二季	三季	四季	一季	二季	三季	四季	…
	××											
	××											

表4-4 投资计划年度分配表

工程编号	单位工程名称	投资额	投资分配(万元)					…
			×年	×年	×年	×年	×年	…
	××							
	××							

3. 工程项目年度计划

工程项目年度计划是依据工程项目总进度计划编制,反映年度内可获得的资金、设备、材料,年度内投产交付的项目等。主要包括年度竣工交付使用计划表(表4-5)、年度建设资金平衡表(表4-6)、年度设备平衡表等。

表4-5 年度竣工交付使用计划表

工程编号	单位工程名称	总规模				本年计划完成…				
		建筑面积	投资	新增固定资产	新增生产能力	竣工日期	建筑面积	投资	新增固定资产	新增生产能力
	××									

表 4-6 年度建设资金平衡表

工程编号	单位工程名称	本年计划投资	动用内部资金	储备资金	本年计划需要资金	资金来源				
						预算拨款	自筹资金	基建贷款	国外贷款	…

(二)设计单位进度控制计划系统

设计进度控制的最终目标就是按质、按量、按时间要求提供施工图设计文件。工程设计主要包括:设计准备工作、初步设计、技术设计、施工图设计等阶段,为了确保设计进度控制目标的实现,每一阶段都应有明确的进度控制目标。因此,设计单位进度控制计划系统应包括:设计总进度控制计划、阶段性设计进度计划及设计进度作业计划。

1. 设计总进度控制计划

设计总进度控制计划主要用来控制自设计准备开始至施工图设计完成的总设计时间,从而确保设计进度控制总目标的实现。设计总进度计划表见表 4-7。

表 4-7 设计总进度计划表

阶段名称	进度(月)											
	1	2	3	4	5	6	7	8	9	10	11	12	…
设计阶段													
方案阶段													
初步设计													
技术设计													
施工图设计													

2. 阶段性设计进度计划

阶段性设计进度计划包括设计准备工作进度计划、初步设计(技术设计)工作进度计划和施工图设计工作进度计划。这些计划是用来控制各阶段的设计进度,从而实现阶段性设计进度目标,也都可以用进度计划表的形式表示。设计准备工作进度计划表见表 4-8。

表 4-8　计设准备工作进度计划表

工作内容	进度(周)										
	2	4	6	8	10	12	14	16	18	20	22
确定设计规划条件											
提供设计基础条件											
委托设计											

3. 设计进度作业计划

为了控制各专业设计进度,并作为设计人员承包设计任务的依据,应根据施工图设计工作进度计划、单项工程建筑设计工日定额及所投入的设计人员数,编制设计进度作业计划。设计进度作业计划可用横道图的形式表达,也可用网络图表达。设计进度作业计划表见表 4-9。

表 4-9　设计进度作业计划表

工作内容	工日定额	设计人数	进度(天)										
			2	4	6	8	10	12	14	16	18	20	22
工艺设计													
建筑设计													
结构设计													
给排水设计													
通风设计													
电气设计													
审查设计													

(三)施工单位的进度计划系统

施工单位的进度计划系统主要包括施工准备工作计划、施工总进度计划、单位工程施工进度计划及分部分项进度计划。

1. 施工准备工作计划

施工准备工作计划主要任务是为建设工程的施工创造必要的技术和物资条件,统筹安排施工力量和施工现场。其内容见表 4-10。

表 4-10 施工准备工作计划表

序号	施工准备项目	简要内容	负责单位	负责人	开始日期	完成日期	备注
	技术准备						
	物资准备						
	劳动组织准备						
	施工现场准备						
	施工场外准备						

2. 施工总进度计划

施工总进度计划是根据施工部署中施工方案和工程项目的开展程序,对全工地所有单位工程作出时间上的安排。其目的在于确定各单位工程及全工地性工程的施工期限及开竣工日期,进而确定施工现场劳动力、材料、成品、半成品、施工机械的需要数量和调配情况,以及现场临时设施的数量、水电供应量和能源、交通需求量。

3. 单位工程施工进度计划

单位工程施工进度计划是在既定施工方案的基础上,根据规定的工期和各种资源供应条件,遵循各施工过程的合理顺序,对单位工程中的各施工过程作出时间和空间上的安排,并以此为依据,确定施工作业所必须的劳动力、施工机械和材料供应计划。

4. 分部分项进度计划

分部分项进度计划是针对工程量较大或施工技术比较复杂的分部分项工程,在依据工程具体情况所制定的施工方案基础上,对其各施工过程所做出的时间安排。如:复杂的基础工程,大量预制构件的吊装工程等。

(四)监理单位的进度计划系统

监理单位除对被监理单位的进度计划进行监控外,自己也应编制有关进度计划,以便更有效地控制工程实施进度。进度计划系统包括监理总进度计划及监理总进度分解计划。

1. 监理总进度计划

监理总进度计划是依据工程项目可行性研究报告、工程项目前期工作计划和工程项目总进度计划编制的,其目的是对建设工程进度控制总目标进行规划,明确建设工程前期准备、设计、施工、动用前准备及项目动用等各阶段的进度安排。如表4-11所示。

表 4-11　投资计划年度分配表

建设阶段	各阶段进度												
	××年				××年				××年				…
	1	2	3	4	1	2	3	4	1	2	3	4	
前期准备													
设计													
施工													
动用前准备													
项目动用													

2. 监理总进度分解计划

(1)按工程进展阶段分解。包括设计准备阶段进度计划、设计阶段进度计划、施工阶段进度计划、动用前准备阶段进度计划。

(2)按时间分解。包括年度进度计划、季度进度计划、月度进度计划。

三、进度计划表示方法及编制程序

(一)横道图

横道计划以横向线条结合时间坐标来表示工程各工作的施工起讫时间和先后顺序,整个计划由一系列的横道组成。如图 4-1 就是用横道图表示的某钢筋混凝土工程进度的安排。

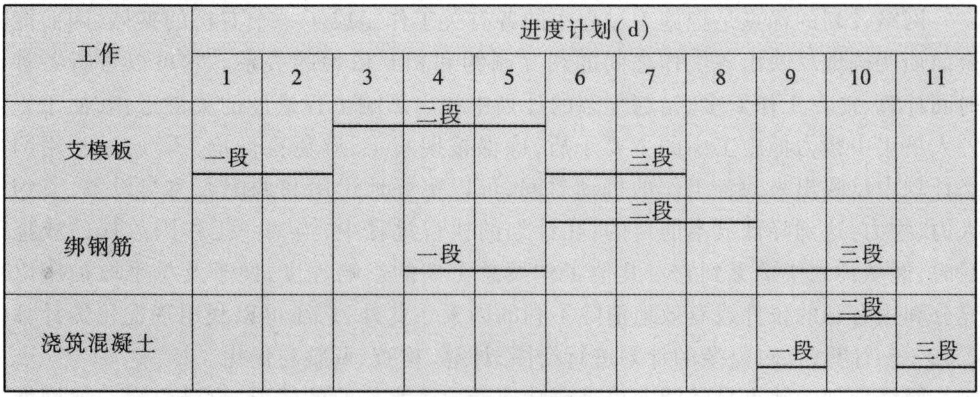

工作	进度计划(d)										
	1	2	3	4	5	6	7	8	9	10	11
支模板	一段		二段			三段					
绑钢筋			一段			二段			三段		
浇筑混凝土							一段			二段	三段

图 4-1　横道图计划

横道计划的优点是较易编制,简单、明了、直观、易懂。因为有时间坐标,各项工作的施工起讫时间、作业持续时间、工作进度、总工期,以及流水作业的情况等都表示得清楚明确,一目了然。对人力和资源的计算也便于据图叠加。

横道计划的缺点主要是不能全面地反映出各工作相互之间的关系和影响,不便进行各种时间计算,不能客观地突出工作的重点(影响工期的关键工作),也不能从图中看出计划中的潜力所在,这些缺点的存在,对改进和加强施工管理工作是不利的。

(二)网络图

网络计划则是以箭线和节点组成的网状图形来表示工程施工的进度。图4-1如若用网络计划方法表达出来,内容虽完全一样,但形式却各不相同。如图4-2所示。

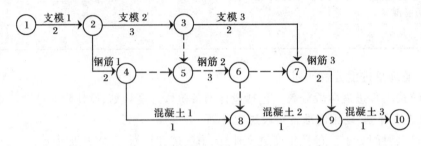

图4-2 网络计划

1. 网络计划的种类

网络计划除了普通的双代号网络计划和单代号网络计划以外,还根据工程实际的需要,派生出以下几种网络计划:时标网络计划,搭接网络计划,有时限的网络计划,多级网络计划。

2. 网络计划的特点

网络计划的优点是把施工过程中的各有关工作组成了一个有机的整体,因而能全面而明确地反映出各工作之间的相互制约和相互依赖的关系。它可以进行各种时间计算,能在工作繁多、错综复杂的计划中找出影响工程进度的关键工作,便于管理人员集中精力抓施工中的主要矛盾,确保按期竣工,避免盲目抢工。通过利用网络计划中反映出来的各工作的机动时间,可以更好地运用和调配人力与设备,节约人力、物力,达到降低成本的目的;在计划的执行过程中,当某一工作因故提前或拖后时,能从计划中预见到它对其他工作及总工期的影响程度,便于及早采取措施以充分利用有利的条件或有效地消除不利的因素。此外,它还可以利用现代化的计算工具——计算机,对复杂的计划进行绘图、计算、检查、调整与优化。

网络计划的缺点是从图上很难清晰地看出流水作业的情况,也难以据一般网络图算出人力及资源需要量的变化情况。

网络计划技术的最大特点就在于它能够提供施工管理所需的多种信息,有利于加强工程管理。所以,网络计划技术已不仅仅是一种编制计划的方法,而且还是一种科学的工程管理方法。它有助于管理人员合理地组织生产,使他们做到心中有数,知道管理的重点应放在何处,怎样缩短工期,在哪里挖掘潜力,如何降低成本。在工程管理中提高应用网络计划技术的水平,必能进一步提高工程管理的水平。

(三)网络计划技术编制程序

编制工程施工网络计划,有它自身的规律,编制程序来自工程管理过程的客观要求。按合理的程序编制网络计划,就可以不走或少走弯路,又能保证计划的质量。

工程施工网络计划的编制程序可以用图4-3表示。

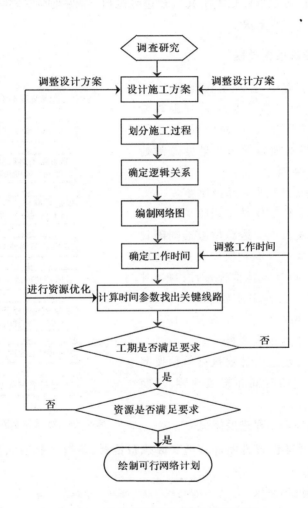

图4-3 网络计划技术的编制程序框图

第二节 建设工程实施中的进度监测与调整

工程实施过程中,由于外部环境和条件的变化,以及不可预见事件的发生都会对工程进度计划的实施产生影响,从而造成实际进度偏离计划进度,如果偏差得不到及时纠正,势必影响进度总目标的实现。为此,在进度计划的执行过程中,必须采取有效的监测手段对进度计划的实施过程进行监控,以便及时发现问题,并运用有效的调整进度的方法来解决。

一、进度监测的系统过程

在工程实施过程中,监理工程师应经常、定期地对进度计划的执行情况进行跟踪检查,并对资料加以整理、统计和分析,发现问题后,及时采取措施加以解决。进度监测的系统过程如图4-4所示。

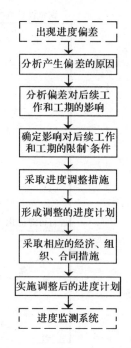

图4-4 进度监测的系统过程

(一)进度计划执行中的跟踪检查

跟踪检查的主要工作是定期收集反映工程实际进度的有关数据。跟踪检查的间隔日期与工程项目类型、结构、规模以及对进度执行要求程度有关,可视具体情况每月、每半月或每周进行一次。为了保证数据的全面、准确,监理工程师应做好以下三方面的工作。

1. 定期收集进度报表资料

进度报表资料是进度计划执行单位按照进度监理制度规定的时间和报表内容,定期填写的资料。

2. 现场实地检查工程进展情况

派监理人员经常检查进度计划的实际执行情况,掌握工程实际进度的第一手资料。

3. 定期召开现场会议

定期召开现场会议,监理工程师通过与进度计划执行单位的有关人员的交谈,既可以了解工程的实际进度状况,同时也可以协调有关方面的进度关系。

(二)整理统计和分析收集的数据

收集到的项目实际进度数据,要进行必要的整理、统计和分析,形成与计划进度具有可比性的数据,得出项目形象进度。一般可以按实物工程量、工作量和劳动消耗以及累计百分比等数据资料,与计划完成量相对比。

(三)对比实际进度与计划进度

利用特定的方法将经过整理的实际进度数据与计划进度相对比,比较实际进度与计划进度之间的差距。通常比较的方法有横道图比较法、S型曲线比较法、"香蕉"型曲线比较法和前锋线比较法等。

二、进度计划调整的系统过程

在实施进度计划监测过程中,一旦发现进度偏差时,必须认真分析产生偏差的原因以及偏差对总工期和后续工作的影响,并采取必要的措施加以调整,确保进度总目标的实现。进度计划调整的系统过程如图4-5所示。

(一)分析产生进度偏差的原因

经过进度比较发现偏差后,进度控制人员应深入现场,进行调查,分析偏差产生的原因,便于有针对性地改进和调整。

(二)分析进度偏差对后续工作和总工期的影响

若出现偏差的工作为关键工作,则对后续工作及工期必然产生影响,因此必须采取相应的调整措施。若出现偏差的工作不是关键工作,则需要根据偏差值与总时差及自由时差的大小,确定对后续工作和总工期的影响程度。

(三)确定影响后续工作和总工期的限制条件

当进度偏差对后续工作或总工期产生影响后,需要采取一定的调整措施时,应当首先确定进度可调整的范围,主要指关键节点、后续工作的限制条件以及总工期允许变化的范围。它往往与签订的合同条件有关,要认真分析。

图4-5 进度计划调整的过程

(四)采取进度调整措施

采取进度调整措施,应以后续工作和总工期的限制条件为依据,对原进度计划调整,以保证要求的进度目标实现。一般可采取改变某些工作间的逻辑关系或缩短某些工作的持续时间的方法加以调整。

(五)实施调整后的进度计划

在工程继续实施中,将执行调整后的进度计划,并及时协调有关单位的关系,采取相应的经济、组织与合同措施。

三、实际进度与计划进度的比较方法

实际进度与计划进度的比较是建设工程进度监测的主要环节。常用的进度比较方法有横道图、S曲线、香蕉曲线、前锋线和列表比较法。

（一）横道图比较法

横道图比较法是将在项目实施中检查实际进度收集的信息，经整理后直接用横道线并列标于原计划的横道线外，进行直观比较的方法。例如某基础工程的施工实际进度与计划进度比较，如图4-6所示。其中粗实线表示计划进度，涂黑部分则表示工程施工的实际进度。

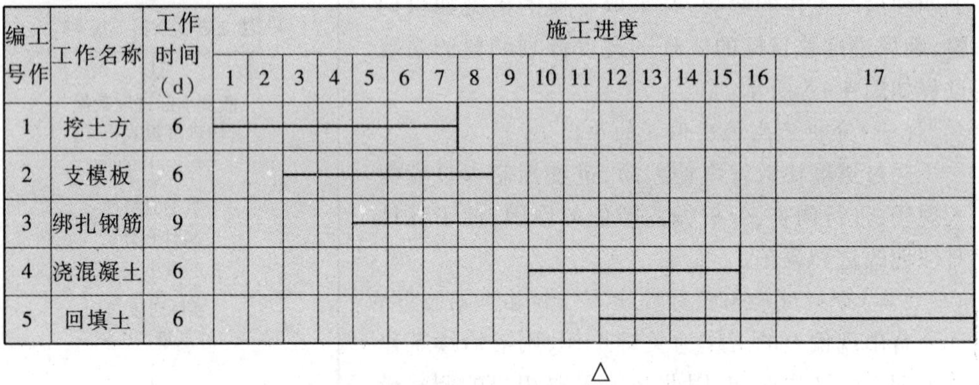

编号	工作名称	工作时间(d)	施工进度 1 2 3 4 5 6 7 8 9 10 11 12 13 14 15 16 17
1	挖土方	6	
2	支模板	6	
3	绑扎钢筋	9	
4	浇混凝土	6	
5	回填土	6	

图4-6 某基础工程实际进度与计划进度比较图

从比较中可以看出，在第8天末进行检查时，挖土方工作已经完成；支模板的工作按计划进度应当完成，而实际施工进度只完成了83%的任务，已经拖后了17%；绑扎钢筋工作已完成了44%的任务，施工实际进度与计划进度一致。

通过上述记录与比较，为进度控制者提供了实际施工进度与计划进度之间的偏差，为采取调整措施提供了明确的任务。这是施工中进行施工项目进度控制经常用的一种最简单、熟悉的方法。但是它仅适用于施工中的各项工作都是按均匀的速度进行，即每项工作在单位时间里完成的任务量都是相等的。

如若工作在不同的单位时间里的进展速度不同，一般可在横道图上标出完成任务的累计的百分比，利用实际完成量的累计百分比与计划的应完成量的累计百分比相比较，得出进度比较结论。

横道图比较法具有以下优点：记录和比较方法都简单，形象直观，容易掌握，应用方便，被广泛采用于简单的进度监测工作中。但是它以横道图进度计划为基础，因此带有其不可克服的局限性。如各工作之间的逻辑关系不明显，关键工作和关键线路无法确定，一旦某些工作进度产生偏差时，难以预测对后续工作和整个工期的影响以及确定调整方法。

(二)S 型曲线比较法

S 型曲线比较法,是用横坐标表示进度时间,纵坐标表示累计完成任务量,绘制一条按计划完成任务量的 S 型曲线,然后将工程项目各检查时间实际完成的累计任务量绘在坐标系中,比较实际进度曲线与计划进度曲线的一种方法。

从整个工程项目的进展全过程看,单位时间投入的资源量一般是开始和结尾时较少,中间阶段单位时间投入的资源量较多。与其相对应,单位时间完成的任务量也是呈同样变化规律,如图 4-7(a)所示。而随时间进展累计完成的任务量,则应该呈 S 型变化,如图 4-7(b)所示。

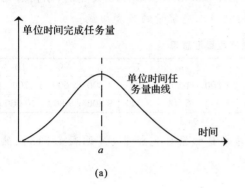
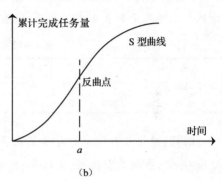

图 4-7 时间与完成任务量关系曲线

1. S 型曲线的绘制步骤

(1)根据单位时间内完成的实物工程量、投入的劳动力或费用,计算出计划单位时间内的完成值 q_i,如图 4-8(a)所示。

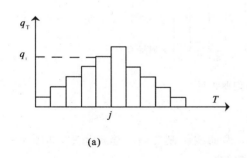
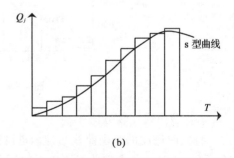

图 4-8 实际工程中时间与完成任务量关系曲线

(2)计算规定时间 j 累计完成的任务量

其计算方法是将各单位时间完成的任务量累加求和,可以按下式计算:

$$Q_j = \sum_{j=1}^{j} q_j$$

式中:Q_j 为 j 时刻的计划累计完成任务量;q_j 为单位时间计划完成任务量。

(3)绘制 S 型曲线

按各规定的时间 j 及其对应的累计完成任务量 Q_j 绘制 S 型曲线,如图 4-8(b)所示。

下面以一个简单的例子来说明 S 型曲线的具体作法。

【案例4-1】 某混凝土工程的浇筑量为 10 000 m³,要求在 10 天完成,不同时间的混凝土浇筑量如表 4-12 所示,试绘制该混凝土浇筑量的 S 型曲线。

表 4-12 完成工程量汇总表

时间(d)	1	2	3	4	5	6	7	8	9	10
每日完成量(m³)	200	600	1 000	1 400	1 800	1 800	1 400	1 000	600	200
累计完成量(m³)	200	800	1 800	3 200	5 000	6 800	8 200	9 200	9 800	10 000

解答:根据题目给出的每日完成量计算每日的累计完成量 Q_j(见表 4-12),然后按 Q_j 值,绘制 S 型曲线,如图 4-9 所示。

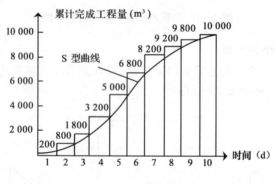

图 4-9 S 型曲线图

2. S 型曲线比较方法

将实际进度的 S 型曲线与计划进度的 S 型曲线绘制在同一坐标系中,如图 4-10 所示,比较两条 S 型曲线可以得如下进度信息。

(1)工程项目实际进度与计划进度比较情况

当实际进展点落在计划 S 型曲线左侧,则表示此时进度比计划进度超前;若落在其右侧,则表示拖后;若刚好落在其上,则表示二者一致。

(2)工程项目实际进度比计划进度超前或拖后的时间

图 4-10 中,ΔT_a 表示 T_a 时刻实际进度超前的时间,ΔT_b 表示 T_b 时刻实际进度

拖后的时间。

(3)工程项目实际进度比计划进度超额或拖欠的任务量

图 4-10 中,ΔQ_a 表示 T_a 时刻超额完成的任务量,ΔQ_b 表示在 T_b 时刻拖欠的任务量。

(4)后期工程进度预测

图 4-10 中,后期工程按原计划速度进行,则工期拖延预测值为 ΔT_c。

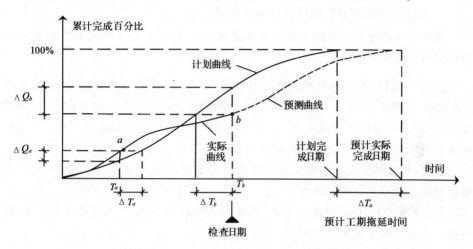

图 4-10　S 型曲线比较图

(三)前锋线比较法

前锋线比较法主要适用于时标网络计划。它是通过工程项目实际进度前锋线,比较工程实际进度与计划进度偏差的方法。前锋线是指在原时标网络计划上,从检查时刻的时标点出发,用点划线依次将各项工作实际进展位置点连接而成的折线。前锋线比较法就是通过实际进度前锋线与计划进度中各工作箭线交点的位置来判断工作实际进度与计划进度的偏差,从而判断该偏差对后续工作及总工期影响程度的一种方法。其具体比较步骤如下。

1. 绘制早时标网络计划图

工程实际进度的前锋线是在早时标网络计划图上标志。为了反映清楚,需要在图面上方和下方各设一时间坐标。

2. 绘制实际进度前锋线

一般从上方时间坐标的检查日开始绘制,依次连接相邻工作箭线的实际进度点,最后与下方时间坐标的检查日连接。

3. 比较实际进度与计划进度

前锋线明显地反映出检查日有关工作实际进度与计划进度的关系有以下三种情况:

(1) 工作实际进度点位置与检查日时间坐标相同，则该工作实际进度与计划进度一致；

(2) 工作实际进度点位置在检查日时间坐标右侧，则该工作实际进度超前，超前天数为二者之差；

(3) 工作实际进度点位置在检查日时间坐标左侧，则该工作实际进展拖后，拖后天数为二者之差。

4. 预测进度偏差对后续工作及总工期的影响

通过实际进度与计划进度的比较确定偏差后，还可根据工作的自由时差和总时差预测该进度偏差对后续工作及总工期的影响。

【案例 4-2】 某工程时标网络计划如图 4-11 所示，在第 2 天检查时，发现工作 A 已完成，工作 C 已进行 1 天，工作 D 也已进行 1 天；在第 4 天检查时，发现工作 B 已进行 1 天，工作 C 已进行 2 天，工作 D 已进行 3 天，工作 E 已进行 3 天。试用前锋线法判断第 2 天和第 4 天的实际进度状况。

解答： 根据第 2 天和第 5 天实际检查的进度情况绘制前锋线，如图 4-11 中点划线所示。通过比较可以看出：

(1) 在第 2 天，C 工作拖延 1 天，将使 G 工作拖延 1 天，A 工作与计划一致，D 工作拖延 1 天。对总工期没有影响。

(2) 在第 4 天，C 工作已拖延 2 天，将使 G 工作拖延 2 天，使总工期延长 0.5 天，E 工作超前计划 1 天，B 工作拖延 1 天，使总工期延长 1 天，D 工作拖延 1 天。综上所述，第 4 天时，如果不采取措施加快进度，该工程总工期将延长 1 天。

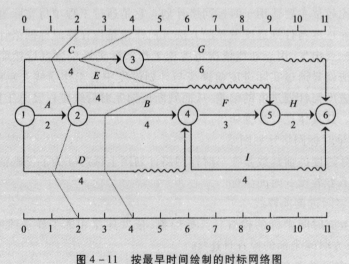

图 4-11 按最早时间绘制的时标网络图

（四）"香蕉"型曲线比较法

"香蕉"曲线是由两条 S 型曲线组成,其中一条是按各工作最早开始时间绘制的计划进度曲线,称为 ES 曲线;另一条是按各工作最迟开始时间绘制的计划进度曲线,称为 LS 曲线。两条 S 型曲线都具有相同的起点和终点,因此形成一条类似香蕉形状的闭合曲线,故称为"香蕉"型曲线。如图 4-12 所示。

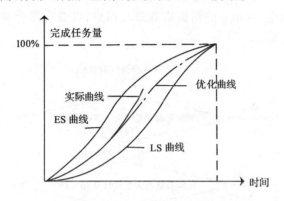

图 4-12　香蕉曲线比较图

一般情况,ES 曲线各点均落在 LS 曲线相应点的左侧,即同一时刻两条曲线所对应的计划完成量形成了一个允许实际进度变动的弹性区间,只要实际进度曲线落在 ES、LS 曲线之间,就表示项目进度的控制在合理的理想状态,用香蕉型曲线进行进度检查的方法可类比 S 型曲线比较法。

四、进度计划实施中的调整方法

（一）分析进度偏差对后续工作及总工期的影响

在工程项目实施过程中,当出现进度偏差时,就需要分析进度偏差对后续工作及总工期的影响。进度偏差的大小及所处的位置不同,对后续工作及总工期的影响程度是不同的,分析时就需要利用总时差和自由时差的概念来判断。分析步骤如下:

1. 分析出现进度偏差的工作是否为关键工作

如果该工作为关键工作,则无论其偏差大小,都将对后续工作及总工期产生影响;如果该工作为非关键工作,则须根据其偏差值与总时差和自由时差的关系进一步分析。

2. 分析进度偏差是否超过总时差

如果工作的进度偏差超过该工作的总时差,则此进度偏差必将对后续工作及总工期产生影响;如果工作的进度偏差未超过该工作的总时差,则此进度偏差不影响总工期。至于对后续工作的影响程度,则须根据其偏差值与自由时差的关系进一步分析。

3. 分析进度偏差是否超过自由时差

如果工作的进度偏差超过该工作的自由时差，则此进度偏差将对后续工作产生影响，否则不产生影响。

进度偏差分析的判断过程如图 4-13 所示。通过分析，进度控制人员可以根据进度偏差的影响程度，对相应的纠偏措施进行调整，以获得符合实际进度情况和计划目标的新进度计划。

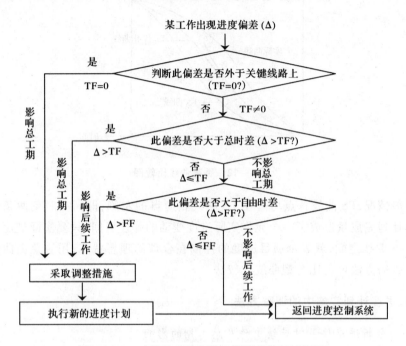

图 4-13 对后续工作和总工期影响分析过程图

(二)进度计划的调整方法

当实际进度偏差影响到后续工作和总工期而需要调整进度计划时，其调整方法主要有两种。

1. 改变某些工作间的逻辑关系

当实际进度偏差影响到总工期，且有关工作的逻辑关系准许改变时，可以改变关键线路和超过计划工期的非关键线路上的有关工作之间的逻辑关系，达到缩短工期的目的。例如，将依次作业改为平行作业、搭接作业以及分段组织流水作业等，都可以有效地缩短工期。

【案例 4-3】 某工程项目楼面工程包括支模板、绑扎钢筋、浇筑混凝土 3 个施工过程,各施工过程的持续时间分别为 9 天、12 天和 6 天,如果采取依次作业方式,总工期为 27 天。为了缩短工期,如果工作面及资源供给准许的条件下,将楼面工程分为工程量大致相等的 3 个施工段组织流水施工,试绘制流水作业网络计划,并确定其计算工期。

解答: 该楼面工程流水作业网络计划如图 4-14 所示。通过组织流水作业,使得该楼面工程的计算工期由 27 天缩短为 17 天。

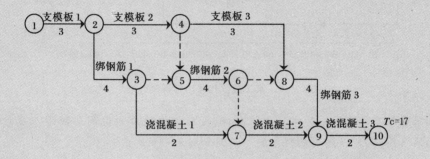

图 4-14 楼面工程流水作业网络计划

2. 缩短某些工作的持续时间

这种方法通过采用增加资源投入、提高劳动效率等措施来缩短某些工作的持续时间,这些工作是位于关键线路和超过计划工期的非关键线路上的工作。同时这些工作又是其持续时间可被压缩的工作。这种调整方法针对限制条件及对其后续工作的影响程度的不同而有所区别,一般可分为以下三种情况。

(1) 工作进度拖延的时间已超过其自由时差但未超过其总时差。此时该工作的实际进度只会影响后续工作,所以在进行调整前,需要确定其后续工作准许拖延的时间限制,并以此作为进度调整的限制条件。后续工作的拖延可能使合同不能正常履行,从而导致受损失一方提出索赔。因此,寻求合理的调整方案,把进度拖延对后续工作的影响减少到最低程度,是监理工程师的一项重要工作。

【案例 4-4】 某工程项目双代号时标网络计划如图 4-15 所示,在工程进展到第 40 天时刻检查,检查结果如图中前锋线所示。试分析当前实际进度对后续工作和总工期的影响,并提出相应的进度调整措施。

解答: 从网络图中可以看出,当前只有 D 工作的开始时间拖后 20 天,从而影响其后续工作 G 的最早开始时间,其他工作的实际进度均正常。由于工作 G 的总时差为 30 天,所以此时工作 D 的实际进度不影响总工期。

该工程计划是否需要调整,取决于 D 与 G 工作的限制条件:
1)后续工作拖延的时间无限制

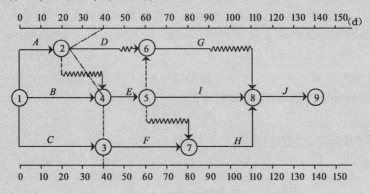

图 4-15 某工程双代号时标网络计划

如果后续工作拖延的时间完全被准许,可以把拖延后的时间参数带入原计划,并简化网络图,就可以得到调整方案。本例如图 4-16 所示。

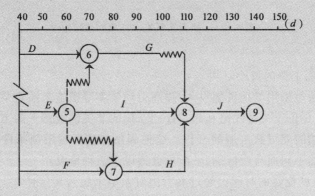

图 4-16 后续工作拖延时间无限制的网络计划

2)后续工作拖延的时间有限制

如果后续工作不准许拖延或拖延的时间有限制时,需要依据限制条件对网络计划进行调整,寻求最优方案。例如在本例中,如果工作 G 的最早开始时间不能超过第 60 天,则只能将 D 工作的持续时间压缩为 20 天,调整后的网络计划如图 4-17 所示。

(2)工作进度拖延的时间已超过其总时差。那么无论该工作是否为关键工作,其实际进度都将对后续工作和总工期产生影响。此时,进度计划的调整方法又可以分为三种情况:

1)项目总工期不准许拖延。这种情况只能采取工期优化的方法。

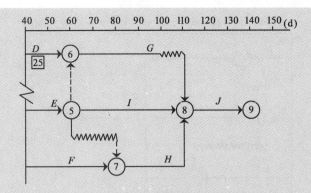

图4-17 后续工作拖延时间有限制的网络计划

【案例4-5】 仍以图4-15所示网络计划为例,如果在工程进展到第50天检查时,其实际进度如图4-18中前锋线所示,试分析当前实际进度对后续工作和总工期的影响,并提出相应的进度调整措施。

解答:从图中可以看出,D工作实际进度拖后20天,从而推迟后续G工作10天,但不影响总工期;E工作实际进度正常;F工作实际进度拖后10天,由于其为关键工作,故其将使总工期延长10天,并使其后续H、J工作的开始时间推迟10天。

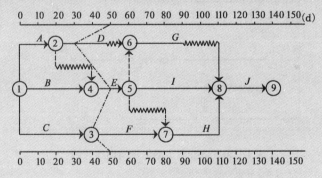

图4-18 某工程实际进度前锋线

如果该工程总工期不准许拖延,则为了保证其按照原计划工期140天完成,必须采取工期优化的方法,缩短关键线路上后续工作的持续时间。现假设F工作后的H、J工作均可以压缩10天,通过比较压缩H的持续时间所需支付的费用小,所以将H工作的持续时间压缩10天。调整后网络计划如图4-19所示。

2)项目总工期准许拖延。则此时只需以实际数据取代原计划数据,并重新绘制检查日期后的网络计划即可。

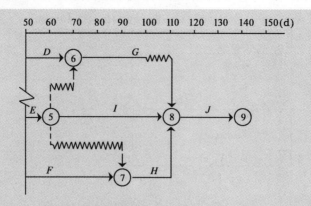

图 4-19 调整后工期不拖延的网络计划

【案例 4-6】 以图 4-18 所示前锋线为例,如果总工期准许拖延,只需以检查日期为起点,用后续各项工作的尚需作业时间取代相应的原计划数据,绘制出网络计划如图 4-20 所示。

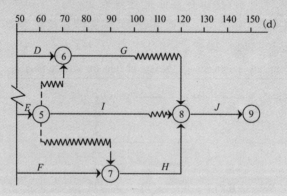

图 4-20 调整后工期拖延的网络计划

③项目总工期准许拖延的时间有限。具体的调整方法是以总工期的限制时间为规定工期,对检查日期之后尚未实施的网络计划进行工期优化,即通过缩短关键线路上后续工作持续时间的方法,使总工期满足规定工期的要求。

【案例 4-7】 仍以图 4-18 所示前锋线为例,如果总工期只准许拖延至 145 天,则需要压缩 5 天,对网络计划进行优化,此时关键线路上的工作有 F、H 和 J。现假设通过比较,压缩 H 的持续时间所需支付的费用最小,所以将 H 工作的持续时间压缩 5 天。调整后网络计划如图 4-21 所示。

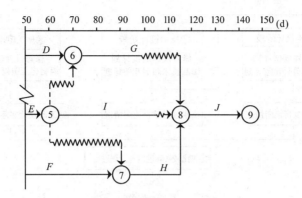

图 4-21　总工期拖延的时间有限时的网络计划

以上三种情况均是以总工期为限制条件调整进度计划的。实际上,当某项工作实际进度拖延的时间超过其总时差而需要对进度计划进行调整时,除需要考虑总工期的限制条件外,还应当考虑网络计划中后续工作的限制条件,因为也许后续工作可能就是一些独立的合同段。因此,时间上的任何变化都会带来协调的麻烦或索赔。

第三节　建设工程设计阶段的进度控制

建设工程设计阶段是工程项目建设程序中的一个重要阶段,同时也是影响总工期的关键阶段之一。监理工程师必须采取有效措施对建设工程设计进度进行控制,以确保总进度目标的实现。

一、设计阶段进度控制工作程序

建设工程设计阶段进度控制的主要任务是出图控制,也就是通过采取有效措施使工程设计者如期完成初步设计、技术设计、施工图设计等各阶段的设计工作,并提交相应的设计图纸及其他文件。为此,监理工程师要审核设计单位的进度计划和各专业的出图计划,并在设计实施过程中,跟踪检查这些计划的执行情况,定期将实际进度与计划进度进行比较,从而纠正或修订进度计划。图 4-22 是考虑三阶段设计的进度控制工作流程图。

二、设计阶段进度控制目标体系

建设工程设计阶段进度控制的最终目标是保质、保量、按照时间要求提供设计文件。确定设计总目标时,其主要依据有:建设工程总进度目标对设计周期的要求、

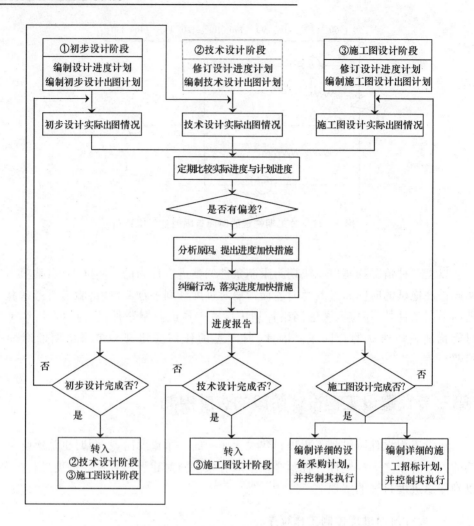

图 4-22 设计的进度控制工作流程图

设计周期定额、类似工程项目的设计进度等。

为了有效地控制设计进度,还需要将建设工程设计进度控制总目标按照设计进展阶段和专业进行分解,从而形成设计阶段进度控制目标体系。设计阶段进度目标体系包括:

(一)设计进度控制分阶段目标

1. 设计准备工作时间目标

设计准备工作阶段主要包括:规划设计条件的确定,设计基础资料的提供以及选定设计单位、商签设计合同。

2. 初步设计、技术设计工作时间目标

为了确保工程建设进度总目标的实现,并保证工程设计质量,应根据建设工程的具体情况,确定出合理的初步设计和技术设计周期。该时间目标中,还要考虑进行设计分析和评审所花的时间以及设计文件报批的时间。

3. 施工图设计工作时间目标

施工图设计是工程设计的最后一个阶段,其工作进度将直接影响建设工程的施工进度。因此,必须确定合理的施工图设计交付时间,确保建设工程设计进度总目标的实现,从而为工程施工的正常进行创造良好的条件。

(二)设计进度控制分专业目标

为了有效地控制建设工程设计进度,还可以将各阶段设计进度目标具体化,进一步分解。例如:可将初步设计工作的时间目标分解为方案设计时间目标和初步设计时间目标;将施工图设计工作的时间目标分解为基础设计时间、结构设计时间、装饰设计时间目标及安装设计时间目标等。这样,设计进度控制目标便构成了一个从总目标到分目标的完整的目标体系。

三、设计进度控制措施

(一)影响设计进度的因素

工程设计是创造性的脑力工作,在设计过程中,影响其进度的因素很多,归纳起来,主要有以下几方面:

1. 业主建设意图及要求的影响。
2. 设计审批时间的影响。
3. 设计各专业配合的影响。
4. 工程变更的影响。
5. 材料代用、设备选用失误的影响。

(二)监理单位的进度监控

监理单位应落实项目监理机构中负责设计进度控制的人员,按合同要求对设计工作进度进行动态的监控。

在设计之前,监理工程师应审查设计单位编制的进度计划的合理性和可行性。设计过程中,监理工程师应定期检查设计工作的实际进展情况,并与计划进度进行比较分析。如果出现偏差,则在分析的基础上立即提出纠偏措施,加快设计进度。

(三)建筑工程管理方法

建筑工程管理(CM)方法是近年在国际上推行的一种系统管理方法,它在采用快速路径法时,从建设的开始阶段就雇用具有施工经验的 CM 单位参与到建设工程实施过程中,以便为设计人员提供施工方面的建议随后负责管理施工过程。这样可以将建设工程作为一个完整的过程对待,同时考虑设计和施工因素,力求使建设工程在尽可能短的时间内,保质保量的完成工程。快速路径法见图 4-23 所示。

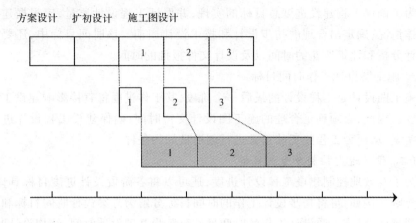

图 4-23 快速路径法

CM 的基本指导思想是缩短工程项目的建设周期,采用快速路径的生产组织方式,特别适合于那些建设周期长、工期要求紧迫的大型复杂建设工程。

第四节 建设工程施工阶段的进度控制

施工阶段是工程建设实体形成阶段,情况复杂、进展时间长、不可预测因素多,都会对进度产生影响,因此是建设工程进度控制的重点。

监理工程师在施工阶段进度控制的总任务就是在满足工程项目建设总进度计划要求的基础上,编制或审核施工进度计划,并对其执行情况加以动态控制,以保证工程项目按期竣工交付使用。

一、施工阶段进度控制目标

(一)施工进度控制目标体系

建设工程施工阶段进度控制的最终目的是保证工程项目按期建成交付使用。为了有效地控制施工进度,首先应将施工总进度目标从不同角度进行层层分解,形成施工进度控制目标体系,从而作为实施进度控制的依据。

建设工程施工进度控制目标体系如图 4-24 所示。

从图中可以看出,建设工程不但要有项目建成交付使用的确切日期总目标,还应有各单位工程交工动用的分目标以及按照承包单位、施工阶段和不同计划期划分的分目标。各个目标之间相互联系,共同构成建设工程施工进度控制目标体系。其中,下级目标受上级目标的制约,下级目标保证上级目标,从而最终保证施工进度总目标的实现。

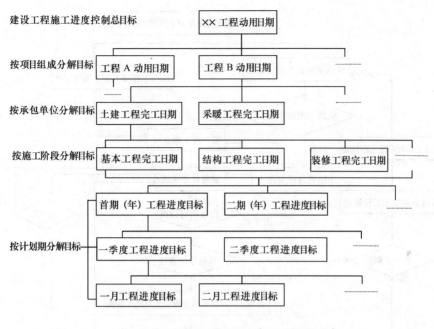

图 4-24 建设工程施工进度目标分解图

(二)施工进度控制目标的确定

要制定一个科学、合理的进度控制目标,就应当提高进度计划的预见性和进度控制的主动性,全面细致地分析与建设工程进度有关的各种有利和不利因素,统筹考虑,不断优化调整,才能最终建立。

确定施工进度控制目标的主要依据有:建设工程总进度目标对施工工期的要求;工期定额;类似工程项目的实际进度;工程的难易程度和工程条件的落实情况等。

总之,要想对工程项目的施工进度实施有效的控制,就必须有明确、合理的进度目标(进度总目标和进度分解目标),否则,控制便失去了意义。

二、施工阶段进度控制的内容

(一)施工进度控制流程

施工进度控制工作流程如图 4-25 所示。

(二)建设工程施工进度工作内容

建设工程施工进度工作内容主要有:

1. 编制施工进度控制工作细则;

2. 编制或审核施工进度计划;

3. 按年、季、月编制工程综合计划;

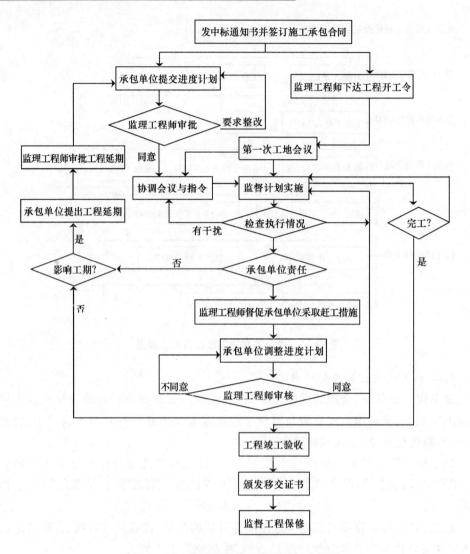

图 4-25 建设工程施工进度目标分解图

4. 下达工程开工令;
5. 协助承包单位实施进度计划;
6. 监督施工进度计划的实施;
7. 组织现场协调会;
8. 签发工程进度款支付凭证;
9. 审批工程延期;
10. 向业主提供进度报告;
11. 监督承包单位整理技术资料;

12. 签署工程竣工报验单,提交质量评估报告;
13. 整理工程进度资料;
14. 工程移交。

三、施工进度计划的编制

施工进度计划通常是按工程对象编制的。它既是承包单位进行现场施工管理的核心指导文件,也是监理工程师实施进度控制的依据。

(一)施工总进度计划的编制

施工总进度计划一般是建设工程项目的施工进度计划。它是用来确定建设工程项目中所包含的各单位工程的施工顺序、施工时间以及衔接关系的计划。正确编制施工总计划,不仅是保证各工程项目能成套地交付使用的重要条件,而且在很大程度上直接影响投资的综合经济效益。

施工总进度计划的编制依据有:施工总方案,资源供应条件,各类定额资料,合同文件,工程建设总进度计划,工程动用时间目标,建设地区自然条件及有关技术经济资料等。

施工总进度计划编制方法如下:

1. 计算工程量

根据工程项目一览表,分别计算主要实物工程量,以便选择施工方案和施工机械;规划主要施工过程的流水施工;计算劳动力以及物资的需要量。

工程量的计算可按初步设计图纸,采用有关定额、资料,万元、十万元投资工程量,劳动力及材料消耗扩大指标,概算指标和扩大结构定额,类似工程的资料等进行粗略的计算。

2. 确定各单位工程的施工期限

影响单位工程的工期因素有:建筑类型、施工方法、结构特征、施工管理水平、现场自然条件等。所以在确定各单位工程的施工期限时,应综合考虑有关工期定额及上述因素。

3. 确定各单位工程的开竣工时间和相互搭接关系

确定各单位工程的开竣工时间和相互搭接关系时,既要保证在规定工期内能配套投产使用,又要避免人力、物力过于分散;既要考虑冬雨季施工的影响,又要做到全年均衡施工;应使准备工作和全场性工程先行,充分利用永久性建筑和设施为施工服务;应使主要工种工程能流水施工,充分发挥大型机械的效能。

4. 编制施工总进度计划

施工总进度计划应安排全工地性的流水作业。既可以用横道图的形式表示,也可以用网络图形式表示,主要起控制总工期的作用,项目划分不宜过细。

施工总进度计划确定后,可以据此编制劳动力、材料、大型机械等资源的需用量计划,以便组织供应,保证施工总进度计划的实现。

(二)单位工程施工进度计划的编制

单位工程施工进度计划是施工方案在时间上的具体安排,是对单位工程中的各分部分项工程的施工顺序、起止时间及衔接关系进行合理安排的计划。

1. 单位工程施工进度计划的依据

单位工程施工进度计划编制的主要依据有:

(1)施工总进度计划;

(2)单位工程施工方案;

(3)建设单位要求的开工、竣工日期;

(4)施工定额、施工图和施工预算;

(5)施工现场条件;

(6)资源供应情况;

(7)当地的气象、水文、气象资料等。

2. 单位工程施工进度计划的编制程序

单位工程施工进度计划的编制程序如图4-26所示。

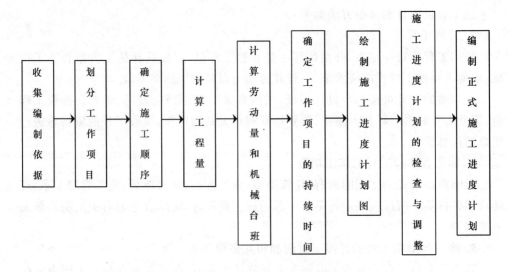

图4-26 单位工程施工进度计划编制程序

四、施工进度计划实施中的检查与调整

承包单位编制完成施工进度计划以后,应提交给监理工程师审查,待监理工程师确认后即可进行实施。承包单位应接受监理工程师的监督与检查。

(一)影响建设工程施工进度的因素

为了实现对工程施工进度实施有效控制,监理工程师应当对影响工程施工进度的因素进行分析,事先提出保证施工进度计划顺利进行的措施,以实现对工程施工进度的主动控制。影响建设工程施工进度的因素主要有:

(1)工程建设相关单位的影响;

(2)物资供应进度的影响;

(3)资金的影响;

(4)设计变更的影响;

(5)施工条件的影响;

(6)各种风险因素的影响;

(7)承包单位自身管理水平的影响。

(二)施工进度的动态检查

在工程进展过程中,经常发生各种影响施工实际进度的事件,造成进度偏差。因此,监理工程师必须经常对施工进度计划的实际执行情况进行动态检查,分析进度偏差产生的原因。

监理工程师对施工进度通常采用的检查方式有:定期、经常地收集由承包单位提交的有关报表资料;驻地监理人员现场跟踪检查工程的实际进展情况。

监理工程师对施工进度检查的主要方法是对比法。即运用本章第二节所述的方法将实际进度与计划进度进行比较,从而发现是否出现进度偏差以及偏差大小。

(三)施工进度计划的调整

施工进度计划调整的内容包括施工内容、工程量、起止时间、持续时间、工作关系、资源供应等。调整的方法主要有两种:

1. 压缩关键工作的持续时间

这种方法的特点是不改变工作之间的先后顺序关系,而通过缩短网络计划中关键线路上工作的持续时间来缩短工期。这时通常需要采取一定的措施来达到目的。

具体措施包括:组织措施,技术措施,经济措施。

一般来说,不管采取哪种措施,都会增加费用。因此,在调整施工进度计划时,应利用费用优化的原理选择费用增加最少的关键工作作为压缩对象。

2. 组织搭接作业或平行作业

这种方法的特点是不改变工作的持续时间,而只改变工作的开始时间和完成时间。对于大型工程项目,由于其单位工程较多且相互间的制约比较小,可调整的幅度比较大,所以容易采用平行作业的方法来调整施工进度计划。而对于单位工程项目,由于受工作之间工艺关系的限制,可调整的幅度比较小,所以通常采用搭接作业的方法来调整施工进度计划。

五、工程延期

在建设工程施工过程中,工期的延长分为工程延误和工程延期两种。如果是属于工程延误,则由此造成的损失由承包单位承担。同时,业主有权对承包单位进行违约罚款。而如果属于工程延期,则承包单位不仅有权要求延长工期,而且还有权向业主提出费用索赔。因此,监理工程师处理工期拖延事件,对业主与承包商都十分重要。

(一)工程延期的申报与审批

1. 申报工程延期的条件

承包单位在以下情况下,有权提出延长工期的申请,监理工程师应按合同规定,批准工程延期时间。

(1)监理工程师发出工程变更指令而导致工程量增加;

(2)合同所涉及的任何可能造成工程延期的原因,如工程暂停、延期交图及不利的外界条件等;

(3)异常恶劣的气候条件;

(4)由业主造成的任何延误、干扰或障碍,如未及时提供施工场地、未及时付款等;

(5)除承包商自身以外的其他任何原因。

2. 工程延期的审批程序

工程延期的审批程序如图 4-27 所示。当工程延期事件发生后,承包商应在合同规定的有效期内以书面形式通知监理工程师,以便监理工程师尽早了解所发生的事件,及时作出减少延期损失的决定。随后,承包商应在合同规定的有效期内向监理工程师提交详细的申诉报告。监理工程师收到该报告后应及时进行调查核实,准确地确定出工程延期时间。

监理工程师在做出临时工程延期批准或最终工程延期批准之前,均应与业主和承包商进行协商。

3. 工程延期的审批原则

监理工程师在审批工程延期时应遵循以下原则:

(1)合同条件。即监理工程师批准工程延期的原因,必须符合合同条件规定的属于承包商自身之外的事件导致。这是监理工程师在审批工程延期的一条根本原则。

(2)影响工期。只有发生延期事件的工作是关键工作或延长时间超过其相应总时差时,才能批准为工程延期。监理工程师应以承包商提交的、经自己审核后的施工进度计划为依据来决定是否批准工程延期。

(3)实际情况。批准的工程延期必须符合实际情况。一方面承包商要进行详细记录所发生事件。同时,监理工程师也应对施工现场进行详细考察和分析,以便作出准确的工程延期判定。

(二)工期延误的处理

如果承包商自身的原因造成工期拖延,而承包商又未按照监理工程师的指令改

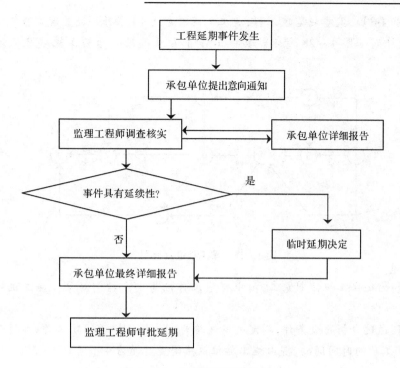

图 4-27 工程延期的审批程序

变延期状态时,通常可以采用下列方式进行处理:

1. 停止付款

当承包商的行为不能使监理工程师满意时,监理工程师有权拒绝承包商的支付申请。所以,当承包商的施工进度拖延又不采取积极措施时,监理工程师可以采取停止支付工程款的方式制约承包商。

2. 误期损失赔偿

如果承包商未能按合同规定的工期和条件完成整个工程,则应向业主支付投标书附件中规定的金额,作为该项违约的损失赔偿费。

3. 取消承包资格

如果承包商严重违反合同,又不采取补救措施,则业主为了保证合同工期,有权取消其承包资格。例如:承包商施工缓慢,又无视监理工程师书面警告,无正当理由推迟开工时间等,都可能受到取消承包资格的处罚。

【案例4-8】 某委托监理工程,施工合同工期为20个月。经监理工程师批准的施工进度计划如图4-28所示。其中工作A、E、J共用一台施工机械且必须顺序施工。

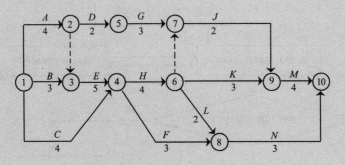

图4-28 某工程进度计划

问题:为确保工程按期完工,图中哪些工作应为重点控制对象?施工机械闲置的时间是多少?

解答:通过分析题设条件,判定关键线路为:A-K-H-K-M工作;通过计算工作A、E、J工作的时间间隔,得出施工单位机械闲置时间为4个月。

思 考 题

1. 建设工程进度控制的措施有哪些?
2. 建设工程实际进度与计划进度的比较方法有哪些?各有何特点?
3. 进度计划的调整方法有哪些?如何进行调整?
4. 影响建设工程施工进度的因素主要有哪些?
5. 承包商申报工程延期的条件是什么?
6. 施工单位对某工程所编的双代号早时标施工网络计划如图4-29所示。

问题:

(1)为确保本工程的工期目标的实现,你认为施工进度计划中哪些工作应为重点控制对象?为什么?

(2)在10月底检查发现,工作K拖后2.5个月,工作H和F各拖后1个月,请用前锋线法表示第10月底时工作K、H和F的实际进展情况,并分析进度偏差对后续工作的影响。

(3)工作K的拖延是业主原因造成的,工作F和H是因施工单位原因造成的。若施工单位提出顺延2.5个月的要求,总监理工程师应批准工程延期多少天?为什么?

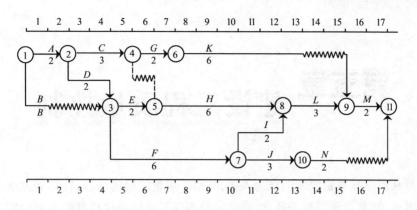

图 4-29

第五章 建设工程质量控制

本章从质量和质量控制的概念入手,介绍了质量控制的内容、程序和方法,影响质量的因素,质量监理的相关概念,设计阶段和施工阶段质量控制的主要内容,以及用于质量控制的各种数理统计方法。

第一节 建设工程质量控制概述

一、质量及工程项目质量

(一)质量

我国国家标准 GB/T19000—2000 对质量的定义是:一组固有特性满足要求的程度。

其可从以下几方面去理解:

1. 质量不仅指产品,质量也可以是某项活动或过程的工作质量,还可以是质量管理体系运行的质量。

2. 质量的关注点是一组固有的特性,而不是赋予的特性。对产品来说,例如水泥的化学成分、细度、凝结时间、强度是固有特性,而价格和交货期是赋予特性;对过程来说,固有特性是过程将输入转化为输出的能力;对质量管理体系来说,固有特性是实现质量方针和质量目标的能力。

3. 满足要求就是应满足明示的、隐含的和必须履行的需求和期望。其中,"明示要求",一般指在合同环境中,用户明确提出的需求或要求,通常是通过合同、标准、规范、图纸、技术文件等所作出的明文规定,由供方保证实现;"隐含要求",一般指非合同环境中,用户未提出或未明确提出要求,而由生产企业通过市场调研进行识别或探明的要求或需要。

4.顾客和其他相关方对产品、过程或体系的质量要求是动态的、发展的和相对的。

(二)工程项目质量

工程项目的质量是指通过工程建设过程所形成的工程符合有关规范、标准、法规的程度和满足业主要求的程度。工程项目质量的内涵包括工程项目的质量、功能和使用价值的质量以及工作质量三个方面。

工程项目是一种涉及面广、建设周期长、影响因素多的建设产品。由于其自身具备的群体性、固定性、协作性、复杂性和预约性等特点,决定了工程项目质量难以控制的特点,其主要表现为:

1. 影响质量的因素多。凡与决策、设计、施工和竣工验收各环节有关的各种因素都将影响到工程质量,如人、机械、设备、材料、测量器具和环境等。

2. 容易产生质量波动。由于工程多以露天作业为主,受气候和地质的影响较大,无稳定的生产设备和生产环境,具有产品固定、人员流动的生产特点,与有固定的自动生产线和流水线的一般工业产品相比,工程项目更容易产生质量波动。

3. 容易产生系统因素变异。诸如施工方法不当、不按操作规程操作、机械故障、材料有误、设计计算错误等原因都会引起系统因素变异。

4. 容易产生第二判断错误。工程项目建设过程中,由于各道工序需要交接,或隐蔽工程部位后道工序将覆盖前道工序的成果,若不及时进行工序交接的检查,往往会由于后道工序的覆盖,将前道工序的不合格误认为合格,即容易产生第二判断错误。

5. 质量检查时不能解体、拆卸。由于工程项目的位置固定和结构上的建设特点,对于建成的产品不可能拆卸检查其内部质量。正是以上这些工程项目质量的特点,决定了工程项目质量控制方法和措施有其相应的特点。

二、质量控制和工程质量控制

(一) 质量控制

我国国家标准 GB/T19000—2000 对质量控制的定义是:质量控制是质量管理的一部分,致力于满足质量要求。

其可从以下几个方面去理解:

1. 质量控制是质量管理的重要组成部分,其目的是为了使产品、体系或过程的固有特性达到规定的要求,即满足顾客、法律、法规等方面所提出的质量要求(如适用性、安全性等)。所以,质量控制是通过采取一系列的作业技术和活动对各个过程实施控制的。

2. 质量控制的工作内容包括了作业技术和活动也就是包括专业技术和管理技术两个方面。围绕产品形成全过程每一个阶段的工作如何能保证做好,应对影响其质量的人、机、料、法、环(4M1E)因素进行控制,并对质量活动的成果进行分阶段验证,以便及时发现问题,查明原因,采取相应纠正措施,防止不合格的发生。因此,质量控制应贯彻预防为主与检验把关相结合的原则。

3. 质量控制应贯穿在产品形成和体系运行的全过程。每一过程都有输入、转换和输出等三个环节,通过对每一个过程三个环节实施有效控制,使得对产品质量有影响的各个过程处于受控状态,持续提供符合规定要求的产品才能得到保障。

(二)工程质量控制

工程质量控制是指致力于满足工程质量要求,也就是为了保证工程质量满足工程承包合同、规范标准所采取的一系列措施、方法和手段。工程质量要求主要表现为工程承包合同、设计文件、技术规范标准规定的质量标准。

工程质量控制按其实施主体不同,分为自控主体和监控主体。前者是指直接从事质量职能的活动者,后者指对他人质量能力和效果的监控者,主要包括以下四个方面:

1. 政府的工程质量控制。政府属于监控主体,它主要以法律法规为依据,通过抓工程报建、施工图设计文件审查、施工许可、材料和设备准用、工程质量监督、重大工程竣工验收备案等主要环节进行的。

2. 工程监理单位的质量控制。工程监理单位属于监控主体,它主要是受建设单位的委托,代表建设单位对工程实施全过程进行的质量监督和控制,包括勘察设计阶段质量控制、施工阶段质量控制,以满足建设单位对工程质量的要求。

3. 勘察设计单位的质量控制。勘察设计单位属于自控主体,它是以法律、法规及合同为依据,对勘察设计的整个过程进行控制,包括工作程序、工作进度、费用及成果文件所包括的功能和使用价值,以满足建设单位对勘察设计质量的要求。

4. 施工单位的质量控制。施工单位属于自控主体,它是以工程承包合同、设计图纸和技术规范为依据,对施工准备阶段、施工阶段、竣工验收交付阶段等施工全过程的工作质量和工程质量进行的控制,以达到合同文件规定的质量要求。

(三)工程质量控制的原则

监理工程师在工程质量控制过程中,应遵循以下几项原则:

1. 坚持质量第一原则

建设工程质量不仅关系到工程的适应性和建设项目投资效果,而且关系到人民群众生命财产的安全。所以,监理工程师在进行投资、进度、质量三大目标控制时,应坚持"百年大计,质量第一",在工程建设中自始至终把"质量第一"作为对工程质量控制的基本原则。任何事物都是质和量的统一,有质才有量。在产品的形成和服务的过程中,不存在没有质量的数量,也不存在没有数量的质量。质量是反映事物的本质,数量则是事物存在和发展的规模、程度、速度等的标志。没有质量就没有数量、品种和效益,也就没有工期、成本和效益。

2. 坚持以人为核心的原则

人是工程建设的决策者、组织者、管理者和操作者。工程建设中各单位、各部门、各岗位的人员的工作质量水平和完善程度,都直接和间接地影响工程质量。所以在工程质量控制中,要以人为核心,重点控制人的素质和人的行为,充分发挥人的积极性和创造性,以人的工作质量保证工程质量。

3. 坚持预防为主的原则

工程质量控制应该是积极主动的,应先对影响质量的各种因素加以控制,而不能是消极被动的,等出现质量问题再进行处理,已造成不必要的损失。所以,要重点作好质量的事先控制和事中控制,以预防为主,加强过程和中间产品的质量检查和控制。

4. 坚持质量标准的原则

质量标准是评价产品质量的尺度,工程质量是否符合合同规定的质量标准要求,应通过质量检验并和质量标准对照,符合质量标准要求的才是合格,不符合质量标准要求的就是不合格,必须返工处理。

5. 坚持科学、公正、守法的职业道德规范

在工程质量控制中,监理人员必须坚持科学、公正、守法的职业道德规范,要尊重科学,尊重事实,以数据资料为依据,客观、公正地进行处理质量问题。要坚持原则,遵纪守法、秉公监理。

(四)工程质量控制的基本程序

工程项目的质量控制应按科学的程序运转,质量控制运转的基本程序是采用PMRC循环。其中:

1. 第一阶段为计划阶段,在这一阶段主要制定质量目标、实施方案和活动计划。

2. 第二阶段为监督检查阶段,在按计划实施的过程中进行监督检查。

3. 第三阶段为报告偏差阶段,根据监督检查的结果发出偏差信息。例如监理单位向施工单位发出的违规通知、现场通知和指令等。

4. 第四阶段为采取纠正行动阶段,监理单位检查纠正措施的落实情况及其效果,并进行信息的反馈。

监理单位在质量控制中,应按照这个循环程序制定质量控制的措施,按合同和有关法规规定的要求和标准进行质量的控制。

(五)工程项目质量责任

在工程项目建设中,参与工程项目建设的各方,要根据国家有关的法规、规定、协议、合同等文件承担相应的质量责任。

1. 建设单位

建设单位要根据工程项目的特点和技术要求,按有关规定选择相应资格(资质)等级的勘察设计单位和施工单位,签订承包合同,其中应有相应的质量条款,并明确质量责任。建设单位应对其所选的设计、施工单位发生的质量问题承担相应的责任。

在工程项目开工前,建设单位应办理有关工程质量监督手续,组织设计单位和施工单位进行设计交底和图纸会审;在工程项目施工过程中,应按有关法规、技术标

准和合同的规定和要求,对工程质量进行检查;工程项目竣工后应及时组织有关部门进行竣工验收。建设单位按合同规定供应的设备等产品的质量,应符合有关法律、法规和技术标准的要求,对发生的质量问题,应承担相应的责任。

2. 勘察设计单位

勘测设计单位所承担的勘察设计任务应符合其资格(资质)等级,不能承接超越其资格等级业务范围以外的任务。应建立健全质量保证体系,加强设计过程的质量控制,按国家现行的有关法律、法规、工程设计技术标准和合同的规定进行勘察设计工作,健全设计文件的审核会签制度,并对所编制的勘察设计文件的质量负责。设计文件应当符合国家规定的设计深度要求,注明工程合理使用年限。设计单位应当参与建设工程质量事故分析,并对因设计造成的质量事故,提出相应的技术处理方案。

3. 施工单位

施工单位应按其资格(资质)等级承担相应的工程任务,不能承接超越其资格等级业务范围以外的任务,并对所承包的工程项目的施工质量负责。施工单位要建立健全质量保证体系,落实质量责任制,加强施工现场的质量管理,对竣工交付使用的工程实行质量回访和保修制度,并提供有关使用、维修和保养的说明。

对于实行总包的工程,总承包单位应对工程质量或采购设备的质量和竣工交付使用的工程项目的保修工作负责。实行分包的工程,分包单位要对其分包的工程质量和竣工交付使用的工程的保修工作负责。总承包单位与分包单位对分包工程的质量承担连带责任。

所完成的工程项目的质量应符合现行的有关法律、法规、技术标准、设计文件、图纸和合同规定的要求,具有完整的工程技术档案和竣工图纸。

4. 建筑材料、构配件生产和设备供应单位

建筑材料、构配件生产和设备供应单位必须具备相应的生产条件、技术装备和质量保证体系,对其生产和供应的产品质量负责。所生产或供应的建筑材料、构配件及设备的质量应符合国家和行业现行的技术规定的合格标准和设计要求,并与其包装和说明书上的质量标准符合,同时符合实物样品的质量状况,而且应有相应的产品质量检验合格证,设备应有详细的使用说明,电器设备还应附有线路图。

5. 建设工程监理单位

建设工程监理单位应按其资格等级和批准的监理业务范围承接监理业务,并与建设单位签订监理合同,明确监理单位的权利和责任。监理单位应编制所监理工程的监理规划,并按工程建设进度,分专业编制工程项目的监理细则,按规定的作业程序和形式进行监理。按照监理合同的约定,根据国家现行法律、法规、技术标准,对工程项目的质量进行监督检查。对工程项目设计中不符合质量标准和合同要求的,应要求设计单位更正;对于工程项目施工中不符合设计、施工技术标准和合同要求,

或可能产生工程质量隐患的,应要求施工单位改正。工程项目所采用的建筑材料、构配件和设备均应经监理人员签证后才能使用,对上述不合格的产品,应要求施工单位停止使用。

监理单位对其监理的工程项目质量严格检查把关,对于把关不严、明显失职、决策和指挥失误、违规乱纪等原因造成的质量问题承担监理责任,并对施工质量承担监理责任。

三、影响工程质量的因素

影响工程的因素很多,主要有五大因素,通常称为4M1E,即人(Man)、材料(Material)、机械(Machine)、方法(Method)、环境(Environment)。

(一)人员素质

人是生产过程的活动主体,其总体素质和个体能力决定着一切质量活动的成果。因此,既要把人作为质量控制对象,又要作为其他质量活动的控制动力。建筑行业实行经营资质管理和各类专业从业人员持证上岗制度是保证人员素质的重要管理措施。

(二)材料

材料包括对施工所需要的原材料、成品、半成品、构配件等。材料质量是工程质量形成的物质基础,所以,加强材料的质量控制是提高工程质量的重要保证。材料质量控制包括以下几个环节。

1. 材料的采购

施工所需采购的材料应根据工程特点、施工合同、材料性能、施工具体要求等因素综合考虑;保证适时、适地、优质、保量、全套齐备地供应施工生产所需要的各种材料;优选供应厂家、中间商和专业供方;建立收货检验的质量认定和质量跟踪档案制度;健全材料采购质量责任制;建立必要的采购质量审核制度,进行采购人员的技术培训等。

2. 材料的试验和检验

材料的检验方法有书面检验、外观检验、理化检验和无损检验。根据材料质量信息和保证资料的具体情况,材料的检验程度分为免检、抽检和全检验。

3. 材料的存储和使用

加强材料进场后的存储和使用管理,避免材料因变质和使用规格、性能不符合要求而造成质量事故,如水泥的受潮结块、钢筋的锈蚀等。为此,承包商既要对材料合理调度,避免现场材料大量积压,又要对材料合理堆放,正确使用各种材料,同时还要在使用材料时及时地检查和监督。

(三)机械设备

机械设备包括施工机械设备和工程项目设备。机械设备的产品性能、质量优劣,影响设备的选型、组合及其使用功能质量。因此,应结合工程施工的具体特点对机械设备进行合理选择。

（四）施工方法的控制

施工方法指工艺方法、操作方法和施工方案。在工程施工过程中,施工方案是否合理,施工工艺是否先进,施工操作是否正确,都将对工程质量产生重大影响。大力推进采用新技术、新工艺、新方法,不断提高工艺技术水平,是保证工程质量稳定提高的重要因素。

（五）环境的控制

施工环境主要包括工程技术环境、工程管理环境和劳动环境等。

1. 工程技术环境的控制

工程技术环境包括工程地质、水文地质、气象等。工程施工前需要对工程技术环境进行调查研究。

工程地质方面要摸清建设地区的钻孔布置图、工程地质剖面图及土壤试验报告;水文地质方面要摸清建设地区全年不同季节的地下水位变化、流向及水的化学成分,以及附近河流及洪水情况等;气象方面要了解建设地区的气温、风速、风向、降雨量、冬雨季月份等。

2. 工程管理环境的控制

工程管理环境包括质量管理体系、环境管理体系、安全管理体系、财务管理体系等。上述各管理体系的建立与正常运行,能够保证项目各项活动的正常、有序进行,也是搞好工程质量的必要条件。

3. 劳动环境的控制

劳动环境包括劳动组织、劳动工具、劳动保护与安全施工等。

劳动组织的基础是分工和协作,分工得当既有利于提高工人的熟练程度,又便于劳动力的组织与运用。协作最基本的问题是配套,即各工种和不同等级工人之间互相匹配,从而避免停工窝工,获得最高的劳动生产率。劳动工具的数量、质量、种类应便于操作、使用。劳动保护与安全施工,是指在施工过程中,以改善劳动条件,保证员工的生产安全,保护劳动者的健康而采取的一些管理活动,这些活动有利于发挥员工的积极性。

第二节 建设工程质量监理概述

一、建设工程质量监理的依据

在质量保证体系中,建设工程质量监理属于社会监理。工程质量监理的依据为:

1. 合同条件。各项工程质量保障责任、处理程序、费用支付等均应符合合同条件的规定。

2. 合同图纸。全部工程应与合同图纸符合,并符合监理工程师批准的变更与修改要求。

3. 技术规范。所有用于工程的材料、设施、设备及施工工艺,应符合合同文件所列技术规范或监理工程师同意使用的其他的技术规范及监理工程师批准的工程技术要求。

4. 质量标准。所有工程质量均应符合合同文件中列明的质量标准或监理工程师同意使用的其他标准。

二、建设工程质量监理的特点

实行工程施工监理是建设管理体制改革的重要内容,是强化质量管理、控制工程造价、提高投资效益及施工管理水平的有效方法。那么与以往的内部管理体制相比,实行质量监理有以下特点。

1. 监理工程师对工程质量的监理权受法律保护。这与过去的内部质量管理和行政监督是根本不同的。在承包商和业主签订的承包合同中详细、明确地规定了监理工程师在质量控制中的作用和权力。这就以合同形式赋予了监理工程师采取各种手段进行工程质量控制的权力,使质量管理变得有法可依和依法办事,减少了过去内部管理中的扯皮现象。

2. 建设工程质量监理是监理工程师对一项工程实行全过程、全方位和全天候的全面质量管理。这与内部管理和质量监督部门的抽查是完全不一样的。这样能使工程的所有部分的质量得到有效、全面的控制。

3. 建设工程质量监理强调事前监理和主动监理。监理的重点放在施工前的准备阶段和施工阶段,包括对原材料、施工机械和施工技术方案的检验和审查,以及施工过程中各环节的质量监理,以便及早发现问题。这与过去等工程结束后再进行检查验收的事后监督办法是完全不同的。

4. 质量好坏直接关系到承包商的经济效益。质量监理与工程支付挂钩是建设工程监理制度的最大特点。按合同条件规定,未经监理工程师验收并签字认可的工程项目,一律不支付费用。监理工程师有了这个权力,就能运用经济杠杆的作用有效地保证工程质量。

由上述可以看出,工程质量监理不是单一的技术管理,而是集技术、经济与法律于一身的一种综合性管理。

三、建设工程质量监理的任务

监理工程师运用委托而来的权力,通过组织、技术、合同、经济等四大措施,对工程的质量、进度、费用进行全方位的监督和管理。不论处于哪一层次的监理人员,他们的任务就是对施工全过程进行检查、监督和管理,制止影响工程质量的各种不利因素,使承包商提交的工程项目符合合同图纸、技术规范、使用要求和验收标准。

监理工程师在工程质量监理方面的主要任务如下:

1. 向承包人书面提供图纸中的原始基准点、基准线和基准标高等资料,进行现场交验并验收承包人的恢复测量和施工放样工作。

2. 在开工前和施工过程中,检查用于工程的材料、设备,对于不符合合同要求的,有权拒绝使用。

3. 签发各项工程的开工通知单,必要时通知施工单位暂时停止整个工程或任何部分工程的施工。

4. 对承包人的检验、测试工作进行全面的监理;有权使用施工单位或自备的测试仪器设备,对工程质量进行检验,凭数据对工程质量进行监理。

5. 对工地进行巡视,按施工程序进行验收,对工序进行旁站。对每道工序、每个部位进行现场检查和现场监督,对重要工程进行跟班检查,对质量符合施工合同规定的部分和全部工程予以签认;对不符合质量要求的工程,有权要求承包人返工或采取其他补救措施,以达到合同规定的技术要求。

四、建设工程质量监理的基本程序

在开工前,监理工程师应向承包商提出适用所有工程项目质量控制的程序及说明,以供所有监理人员、承包商的自检人员和施工人员共同遵循,使质量控制工作程序化。建设工程质量控制一般应按以下程序进行。

1. 开工报告

在各单位工程、分部工程或分项工程开工之前,总监理工程师应要求承包商提交工程开工报告并进行审批。

2. 工序自捡

监理工程师应要求承包商的自检人员按照监理工程师批准的工艺流程,在每道工序完工之后首先进行自检,自检合格后报监理工程师进行捡查认可。

3. 工序检查认可

监理工程师应紧接承包商的自检,每道工序完工后对其进行检查验收并签字认可,对不合格的工序指示承包商进行缺陷修补或返工。前道工序未经检查认可,后道工序不得进行。

4. 中间交工报告

当工程的单位、分部或分项工程完工后,承包商的自检人员应再进行一次系统的自检,汇总各道工序的检查记录及测量和抽样试验的结果,提出交工报告。自检资料不全的交工报告,监理工程师应拒绝验收。

5. 中间交工证书

专业监理工程师应对按工程量清单的分项完工的单项工程进行一次系统的检查验收,必要时应做测量或抽样试验。检查合格后,提请总监理工程师签发《中间交工证书》。未经中间交工检验或检验不合格的工程,不得进行下道工程项目的施工。

6. 中间计量

对填发了"中间交工证书"的工程,方可进行计量并由总监理工程师签发"中间计量表"。完工项目的竣工资料不全可暂不计量支付。为了保证工程质量,监理工程师在工程施工监理过程中应做到四不准:人力、材料、机械设备准备不足不准开工;未经检查认可的材料不准使用;施工工艺未经批准施工中不准采用;前道工序未经验收,后道工序不准进行。

建设工程质量监理的质量控制程序流程如图表 5-1 所示。

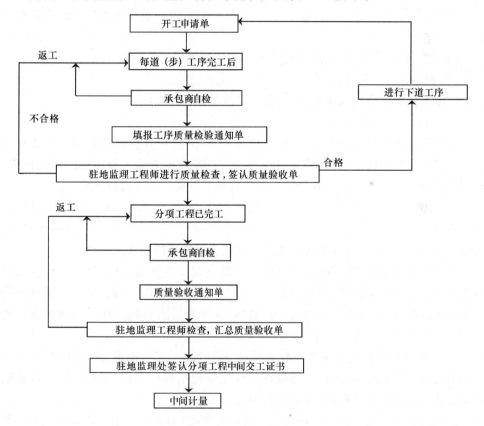

图 5-1 质量控制流程图

从质量控制流程图可以看出,分项工程开工前,承包商必须向监理工程师提出开工申请并说明施工材料、设备、人员的准备及施工方案。开工申请得到监理工程师批准后才能开工。同时在施工过程中承包商必须要有自己的内部质量管理系统,对施工质量进行检查,发现不合格的工程,自己进行修补或返工,到达到规范标准后填写"质量检验通知单",报请监理工程师验收。监理人员对报请验收的工程再进行质量检查,不合格的工程仍要进行修补或返工,直到达到规范标准为止。对合格的工程,监理工程师签发"中间交工证书",进入中间计量。

第三节 建设工程设计阶段的质量控制

我国目前大量开展的是施工阶段的监理工作,设计阶段的监理工作尚未普遍展开。因此,本节仅介绍其质量监理的一些具体过程。

一、设计准备阶段的质量控制

主要设计准备工作在项目立项之后就可以开始,建设单位在委托设计之前要做好以下工作:

(1)起草设计任务书,提出设计技术要求和推荐设计方案;

(2)起草设计招标文件。

这些工作可以委托监理来完成,也可以由业主自己完成。

(一)设定质量目标

工程项目的质量目标,是提出设计质量要求,通过设计使其具体化。质量目标是编写设计任务书的主要内容。设计质量的优劣,直接影响工程项目的功能价值、使用价值和社会价值,因此,质量目标的设定至关重要。应注意以下几点:

1. 工程项目的质量目标是一个质量标准体系,既有项目总的目标(如项目等级),也有项目具体的分目标(如项目功能等)。项目任务书中的质量目标要具体、明确、详细、周到,使设计者能清楚地了解到业主对质量的要求。

2. 工程项目的质量目标应与投资目标相一致。质量高,投资就大。在投资控制之下,确定与其相适应的质量目标,根据需要在其功能和使用价值上尽量做到符合业主的需要,但不能无节制地追求高目标,而突破投资目标。在需要和可能之间只能选一个适当的标准。

3. 质量目标的设定必须遵守城市规划、环境保护、工程质量、防火防灾、安全等一系列技术标准和技术规程,这是保证设计质量的基础。因此,质量目标的设定应在规范之内,否则会造成更大的危害和损失。

4.质量目标的设定随着工作的深入会有所变动(如资金问题),需要时可做适当调整,但确定后质量总目标不能变,否则,初始确定的质量目标就没有意义了。

(二)选择设计总体方案

设计总体方案在可行性研究阶段就开始了,经反复多次筛选才能确定下来。在初步设计之前,业主应对设计总体方案有一个倾向性的意见,从多方案中选定一两个方案,供初步设计使用。

为了确定一个好的设计总体方案,首先要清楚质量目标的要求,可以通过委托设计单位做多个设计方案,组织评选,或组织设计竞赛等方法优选方案,确保质量目标。具体程序如下:

1. 编制好设计任务书。明确质量目标,提出参加设计方案竞赛(或竞标)工作的具体要求和深度。

2. 选择和邀请竞赛参加者。参加竞赛的人可以是监理工程师邀请,也可以是登报公开征求。设计任务书应送达每一个参加竞赛的人,并组织答疑会,回答设计者提出的问题。

3. 组织方案评选。在规定时间内,组织有关专业人员进行评审,对各方案的各项指标打分,分出名次,推荐设计方案,其推荐的方案可以是设计方案之一,也可以是综合几个方案的优点,再重新设计一个方案。

4. 组织设计招标。完成了质量目标的设定和总体方案的评选之后,关键的工作就是确定设计单位,监理工程师此时应协助业主进行设计招标工作,编写招标文件,参与投标单位的审核和评选工作,最后选定设计单位并签订委托设计合同。

二、初步设计阶段的质量监理

1. 设计方案优化

初步设计的第一个任务是根据设计准备阶段的推荐方案,进行完善和充实之后确定一个设计方案,作为设计方案的优选。监理工程师应参与方案的比较和筛选工作,要求设计承包人保证方案比较的深度,保证确定的设计方案具有高的质量。

2. 保证质量总目标的实现

监理工程师要求设计承包人严格按设计任务书的要求进行,监理工程师要审查和了解设计过程中各种质量指标是否满足设计任务书的要求,监理工程师有权了解和调阅设计计算资料。由于投资或其他原因需改变设计任务书中某项的局部质量目标,应征得监理工程师的同意,并报业主批准。

3. 设计的挖潜工作

初步设计阶段,可以对设计方案讨论研究,在保证质量总目标不变的情况下,尽量降低造价,提高投资效益,保证其经济合理,充分发挥设计工作的潜能是十分必要的,也是可行的。监理工程师应认真审查工程勘察设计、勘察工作的深度、设计任务书、工程量估算等项目,保证实现质量的总目标。

4. 初步设计审查

初步设计成果要由业主组织审查,监理工程师应做好以下工作:

(1)保证设计文件齐全、准确、符合设计业务书提出的要求;

(2)保证设计工作的充分性,能够解答工程项目中应考虑到的各种问题;

(3)提前交送各部门预审查(包括:业主上级主管、政府部门、有关专家、施工单位、监理单位等);

(4)征求完各部门的意见后,应要求设计单位根据审查意见进行修改、补充、加深,完成后再组织审查。

初步设计审查一旦批准通过,则应报主管部门批准立项,并开始准备进行施工图设计、筹集资金、组织施工。

三、施工图阶段的质量监理

(一)设计图纸的审核

设计图纸是设计工作的最终成果,是工程施工的直接依据,所以,设计阶段质量控制任务最终体现在设计图纸的质量上。

1. 监理工程师对设计图纸的审核

监理工程师在施工图阶段必须逐张对图纸进行审查,并签字认可。审图工作应分专业进行,必要时可查阅计算书等其他设计资料。对施工图的审查,应注重反映使用功能及质量要求是否得到满足。

(1)建筑施工图,主要审核平面尺寸、使用功能、门窗及装饰材料的选用等是否满足设计任务书的要求。

(2)结构施工图,主要审核结构布置、材料选用、施工质量等。

(3)供水施工图,主要审核工艺、设备、管道布置走向、材料的选用及加工安装质量等。

(4)供暖施工图,主要审核供热、采暖、空调等设备的布置,管网走向,材料选用及安装质量等。

(5)供电施工图,主要审核供、配电设备,灯具及电气设备的布置,材料选用及安装质量等。

2. 政府机关对设计图纸的审核

(1)是否符合城市规划的要求(如:占地、红线、高度、立面等)。

(2)工程建设项目是否符合法规、技术标准要求(如:安全、防火、卫生、环境等)。

(3)有关专业工程设计是否与当地的公共基础设施相协调(如:排水、供水、供电、供暖、煤气、交通、通信等)。

(二)设计交底与图纸会审

为了使施工单位熟悉设计图纸,了解工程特点和设计意图以及对关键部位的质量要求,同时也为了减少图纸的差错,将图纸中的质量隐患消灭在施工前,监理工程师应组织设计单位和施工单位进行设计交底,组织施工单位对施工图进行会审,这是保证实现质量目标的一个不可缺少的环节。

图纸会审的内容包括：

1. 是否无证设计或越级设计，图纸是否正常签署；

2. 地质勘探资料是否齐全；

3. 设计图纸与设计说明是否齐全；

4. 设计地震烈度是否符合当地要求；

5. 几个单位设计的图纸之间、专业之间、平立面图之间有无相互矛盾的地方，标注有无漏项；

6. 总平面与施工图的几何尺寸、平面位置、标高是否一致；

7. 安全、消防是否满足要求；

8. 建筑、结构与各专业图纸本身是否有差错和矛盾，平面尺寸是否一致，表示是否清楚；

9. 施工图中采用的标准图是否具备；

10. 建筑材料是否有来源保证，施工技术、条件是否能满足设计要求；

11. 地基处理问题是否得以解决，设计与施工是否有矛盾的地方；

12. 管道、线路、道路、设备等布置是否合理，是否影响施工；

13. 图纸是否符合监理要求；

14. 周围环境有无保证。

设计交底就是由设计单位介绍设计意图、结构特点、施工要求、技术措施和有关注意事项，然后由施工单位根据图纸会审中存在的问题和需要解决的技术难题，提交交底会议，通过设计、监理、施工三方研究解决，写出会议纪要。

(三) 设计变更

当施工单位和业主方面提出变更要求时，监理工程师应审查这些要求是否合理及有没有可能，在不影响质量标准的前提下，可以会同设计做出设计变更。因进度和投资上的困难，需要做设计变更并对质量目标有影响时，应征得业主的同意，并考虑好今后的补救措施。

监理工程师处理变更的程序：

1. 设计单位对原设计存在的缺陷提出的工程变更，应编制设计变更文件；建设单位或承包单位提出的工程变更，应提交监理工程师审查，同意后由建设单位转交设计单位编制设计变更文件；当工程变更涉及安全、环保等内容时应提交有关部门审定。

2. 监理机构应了解实际情况，收集与工程变更有关的资料。

3. 监理工程师应对变更的费用和工期做出评估。

4. 工程变更经各方同意后达成一致，监理工程师应向建设单位通报，并由建设单位与承包单位在变更上签字，由总监理工程师签发实施。

(四) 设计转包

监理工程师应对设计合同的转包、分包进行控制。承担设计的单位应完成设计工作的主要部分,小部分工作(如勘察工作、计算工作等)可以分包出去,但需要经过监理工程师的批准。监理工程师在批准之前,应对分包单位的资质技术能力进行调查、审核,并作出评价,决定是否能胜任设计任务。

第四节 建设工程施工阶段的质量控制

施工阶段是将业主的想法及工程设计意图最终实现并形成工程实体的阶段,也是最终形成产品质量和工程项目使用价值的重要阶段。因此,施工阶段的质量控制是监理工作的重要核心内容,也是工程项目质量控制的重点。

目前我国工程监理工作主要在施工阶段,质量监理在施工过程中占重要地位,是工作量最大的一部分工作。

一、施工阶段质量控制的内容

根据施工阶段工程实体、质量形成过程的时间和对监理工作的不同要求,施工监理可分为三个阶段:施工准备阶段的质量控制(事前控制),施工过程的质量控制(事中控制),交工及缺陷期阶段的质量控制(事后控制)。

(一)施工准备阶段

监理合同签订后,即进入施工准备阶段监理。

监理工程师应熟悉合同文件,参加施工招标,复核图纸和放样定线数据,督促承包人提交施工组织设计,准备第一次工地会议,准备发布开工通知等。

1. 发布开工令

监理工程师应依据施工合同具体规定的日期,按时向承包人发出开工令并报业主备案。如无特殊原因,开工令发出的日期不应提前或推后。

2. 召开第一次工地会议

第一次工地会议应由监理工程师主持,业主、承包人的授权代表必须出席会议,各方将要在工程项目中担任主要职务的部门(项目)负责人及指定分包人也应参加会议。会议的内容:介绍人员及组织机构、介绍施工进度计划、承包人陈述施工准备、业主说明开工条件、明确施工监理例行程序。

3. 审批承包人的工程进度计划(含施工组织设计)

监理工程师应组织有关人员对承包人提交的各项进度计划进行审查,并在合同规定或满足施工需要的合理时间内审查完毕。

4. 审批承包人的质量保证体系

监理工程师应按合同要求承包人建立一个完整的以自检为主的质量保证组织体系。各级自检人员应由有施工经验、具有专业技术职称、熟悉规范和图纸,并且工作作风优良的技术人员担任。

5. 检验承包人的进场材料

在材料或商品构件订货之前,应要求承包人提供生产厂家的产品合格证书及试验报告。必要时监理人员还应对生产厂家生产设备、工艺及产品的合格率进行现场调查了解,或由承包人提供样品进行试验,以决定是否同意采购。材料或商品构件运入现场后,应按规定的批量和频率进行抽样试验,不合格的材料或商品构件不准用于工程,并应由承包人运出场外。

6. 审批承包人的标准试验

标准试验是对各项工程的内在品质进行施工前的数据采集,它是控制和指导施工的科学依据,包括各种标准击实试验、集料的级配试验、混合料的配合比试验、结构的强度试验等。

7. 检查承包人的保险及担保,支付动员预付款

8. 审查承包人的施工机械设备

监理工程师应按其批准的承包人工程进度计划分期审查承包人在实施工程时所使用的施工机械设备。

9. 验收承包人的施工定线

监理工程师应在合同规定的时间内或在承包人的施工定线进行之前的合理时间内,向承包人书面提供原始基准点、基准线、基准高程的方位和数据,并对承包人的施工定线进行检查验收。

10. 验收承包人测定的地面线

监理工程师应要求承包人对全部工程或开工段落的原始地面线进行实际测定,并对测定工作进行检查验收,以作为路基横断面施工图和土石方工程计量的依据。

11. 审批承包人提交的施工图

在各项工程开工前合同规定或合理的时间内,监理工程师应对承包人依据合同规定完成并提交的各种施工图进行审核批准。

12. 检查承包人占用工程场地

在合同规定的开工令发出之前及各项工程开工前合理的时间里,监理工程师应督促业主将全部工程或施工段落的工程场地移交给承包人使用。

13. 监理其他与保证按期开工有关的施工准备工作

对上述各项内容,如果没有达到有关规定的要求,则通知承包人进行补充和修正,直到符合合同要求或使得监理工程师满意为止,否则不允许进入正式施工阶段。

(二)施工过程阶段

这个阶段是工程的主体开始实施的阶段。承包人按规范规定的施工方法和监理工程师批准的施工方案及进度计划实施工程,以达到设计文件的要求。这个阶段的质量监理工作主要有:

1. 检查承包人的施工工艺是否符合技术规范的规定,是否按开工前监理工程

师批准的施工方案进行施工；

2. 检查施工中所使用的原材料、混合料是否符合所批准的原材料的质量标准和混合料配合比要求；

3. 对每道工序完工后进行严格的质量验收，合格后才能允许承包人进行下一道施工工序；

4. 对施工中产生的工程缺陷或质量事故进行调查、处理，达到设计要求后才准许承包人继续施工。

在施工阶段，监理人员主要应抓住"检查"这个环节，尽可能增加检查时间，加密检查点，使检查工作达到足够的广度和深度。这样做的目的就是要通过检查发现问题，做到"防患于未然"，对已出现的质量问题，要及时责令承包人处理改正。

（三）交工及缺陷责任期阶段

1. 监理工程师收到承包人递交的交工申请，确认工程满足：

（1）承包人书面申请；

（2）工程确实完成；

（3）工程检验合格；

（4）现场清理完毕；

（5）交工资料齐备。

确认工程满足上述5个条件后应指派专人全面负责交工检查工作，并成立有监理工程师、业主参加的交工检查小组。需要时，建议业主邀请设计部门和质量监督部门参加。

监理工程师还应提示承包人列席参加并负责提供分组检查工程时所需要的情况、资料、人力和设备，为交工检查活动提供服务。

2. 交工检查小组的任务

（1）进一步审查交工申请报告；

（2）现场检查申请交工的工程；

（3）审查承包人的缺陷责任期的剩余工程计划；

（4）根据以上情况写出交工检查报告；

（5）决定是否签发交工证书。

工程交工的日期以检查小组决定的签发交工证书的日期为准。其中工程交工证书必须包括：获得交工证书的工程范围；工程获得交工证书的日期；审查交工工程的单位；交工证书的签字人（业主、监理工程师、承包人各方代表）。

3. 监理工程师应根据合同，规定交工工程的缺陷责任期（一般为一年），起算日期必须以签发的工程交接证书日期为准。缺陷责任期监理的工作内容包括：

（1）检查承包人剩余工程计划；

（2）检查已完工程；

(3)确定缺陷责任及修复费用;
(4)督促承包人按合同规定完成交工资料。

监理工程师收到缺陷责任期工作检查小组的报告,并确认缺陷责任期工作已达到合同规定标准,应向承包人签发缺陷责任终止证书。签发日期应以工程通过最终检验的日期为准。

4. 工程缺陷责任终止证书

《工程缺陷责任终止证书》签发的必要条件:

(1)监理工程师确认承包人已按合同规定及监理工程师指示完成全部剩余工程,并对全部剩余工程的质量检查认可;

(2)监理工程师收到承包人含有如下内容的终止缺陷责任申请:

1)剩余工作计划执行情况;

2)缺陷责任期内监理工程师发现并指示承包人进行修复的工程完成情况;

3)上交资料的完成情况。

《工程缺陷责任终止证书》应包括以下主要内容:

(1)获得证书的工程范围;

(2)审查缺陷责任期工作的单位;

(3)工程交工日期及合同缺陷责任期终止日期;

(4)《工程缺陷责任终止证书》的签字人(业主、监理工程师、承包人各方的代表)。

二、监理试验室

监理工程师在对工程实施监理过程中,为了保证对施工全过程实行质量监控,必须建立一套科学、完善的质量检测系统,必须具备必要的试验、测量设备,同时监督、检查和批准承包商的工地试验室,确保工程各项试验的需要。

(一)监理试验室检查监督的任务

试验监督检查的任务,是对各个工程项目的材料、配合比和强度进行有效的控制,以确保各项工程的物理、化学性能达到规定要求。试验的监督检查工作应由试验(材料)监理工程师及其领导下的试验室专门负责,并按以下要求进行工作:

1. 监理试验室应当是对整个工程项目进行数据控制和检验测定的中心。试验室的规模、试验设备的种类及数量应能满足实施工程中各项试验的要求,应有各项专业试验工程师及经过专门培训的试验人员,应有健全的规章制度,实行明确的责任分工。

2. 监理试验室除应承担独立进行的试验项目外,还应对承包商的工地试验室和流动试验室的设备功能、人员资质、操作方法、资料管理等项工作进行有效的监督、检查和管理。

3. 监理试验室及承包商工地试验室(流动试验室)的各种试验工作,均应统一按合同列明的或正式颁布的国家标准及部级行业标准进行;对经监理工程师审查并经业主批准承包商采用新材料、新技术或新工艺的特殊项目,合同未曾列明或无现成标准可循时,试验监理工程师应要求承包商提供相关的科技资料及鉴定报告,拟定出符合工程实际的暂行标准或规程,经审查批准后执行。

4. 监理工程师应定期或不定期地对承包商的试验仪器进行检验,并监督承包商定期交由政府监督部门对仪器进行标定。

5. 当监理试验室试验结果与承包商的试验结果出现允许误差以外的差异时,一般应以监理试验室的试验结果为准。如果承包商拒绝接纳监理试验室的结果时,试验工程师可与承包商在有资格的政府监督部门的试验室进行校核试验,并依此作为批准或认定的依据,其试验费用按合同条款规定处理。

6. 各种试验均应采用统一的表格进行记录和报告,并用统一的方法进行整理、保存。

(二)监理试验室一般进行的试验种类

1. 验证试验

验证试验是指对材料或外购半成品进行预先鉴定,以决定是否可以用以本工程。应按以下要求进行:

(1)在材料或商品构件订货之前,应要求承包商提供生产厂家的产品合格证书及试验报告。必要时监理人员还应对生产厂家设备、工艺及产品的合格率进行现场调查了解,或对承包商提供的样品进行试验,以决定是否同意采购。

(2)材料或商品构件运入现场后,应按规定的批量和频率进行抽样试验,不合格的材料或商品构件不准用于工程,并应由承包商运出场外。

(3)在施工进行中,应随机对用于工程的材料或商品构件进行符合性的抽样试验检查。

(4)随时监督检查各种材料的存储、堆放、保管及防护措施。

2. 标准试验

标准试验是对各项工程的内在品质进行施工前的数据采集,它是控制和指导施工的科学依据,包括各种标准击实试验、集料的级配试验、混合料的配合比试验、结构的强度试验等。应按以下要求进行:

(1)在各项工程开工前合同规定或合理的时间内,应由承包商先完成标准试验,并将试验报告及试验材料提交监理工程师审查批准。试验工程师应派出试验监理人员参加承包商试验的全过程,并进行有效的现场监督检查。

(2)监理试验室应在承包商进行标准试验的同时或以后,平行进行复核试验,以肯定、否定或调整承包商标准试验的参数或指标。

3. 工艺试验

工艺试验是依据技术规范的规定,在动工之前,对需要通过预先试验方能正式施工的分项工程预先进行工艺试验,然后依其试验结果全面指导施工。应按下列要求进行:

(1)监理工程师应要求承包商提出工艺试验的施工方案和实施细则并提交审查批准。

(2)工艺试验的机械组合、人员配额、材料、施工程序、预埋观测以及操作方法等应有两组以上方案,以便通过试验作出选定。

(3)监理工程师应对承包商的工艺试验进行全过程的旁站监理,并应作出详细记录。

(4)试验结束后由承包商提出试验报告,并经监理工程师审查批准。

4. 抽样试验

抽样试验是监理试验室实现质量控制的一个关键环节。抽样试验是对各项工程实施中的实际内在品质进行符合性的检查,内容包括各种材料的物理性能、土方及其他填筑施工的密实度、混凝土及沥青混凝土的强度等的测定和试验。应按以下要求进行:

(1)监理工程师应随时派出试验监理人员,对承包商的各种抽样频率、取样方法及试验过程进行检查。

(2)在承包商的工地试验室按技术规范规定进行全频率抽样试验的基础上,监理试验室应按 10%～20% 的频率独立进行抽样试验,以鉴定承包商的抽样试验结果是否真实可靠。

(3)当施工现场的旁站监理人员对施工质量或材料产生疑问并提出要求时,监理试验室应随时进行抽样试验,必要时还应要求承包商增加抽样频率。

5. 验收试验

验收试验是对各项已完工程的实际内在品质作出评定,应按以下要求进行:

(1)监理工程师应派出试验监理人员,对承包商进行的钻芯抽样试验的频率、抽样方法和试验过程进行有效的监督。

(2)监理工程师应对承包商按技术规范要求进行的加载试验或其他检测试验项目的试验方案、设备及方法进行审批,对试验的实施进行现场检查监督,对试验结果进行评定。

三、建设工程质量监理的主要方法

建设工程质量监理的方法就是指监理工程师及其助理通过现场旁站、检测、指令性文件等一系列手段,然后运用动态控制原理,结合一整套监理报表,对工程质量进行全方位的监督和管理。

一般常用的方法有以下几种。

1. 旁站

旁站，就是在工程施工过程中监理人员对工程的重要环节或关键部位实施全过程的现场察看监理。这是驻地监理人员的一种主要现场检查方式。对承包商施工的隐蔽工程、重要工程部位、重要工序及工艺，应由监理工程师或其助理人员实行全过程的旁站监督，及时清除影响工程质量的不利因素。

2. 测量

测量是监理人员监理中对几何尺寸控制和检查的重要手段。开工前，监理人员要对施工放线进行检查，测量不合格不准开工。施工中，要对控制工程线形、位置、标高、尺寸等环节进行监督、检查和认定。验收时，要对验收部位各项几何尺寸进行测量和检查，不符合要求不予验收。

3. 试验

试验是监理工程师确认各种材料和工程质量的主要依据。工程施工过程中的每道工序，包括材料的性能、各种混合料的配合比、成品的强度等都要有试验数据。试验一般分为验证试验、标准试验、抽样试验、验收试验。

4. 指令性文件

监理过程中，监理工程师的各种指令都有文字记载，并作为主要技术资料存档，从而使各项事情处理有依据。这是按照 FIDIC 合同条件进行监理的一个特点，也是监理人员对工程施工过程实施控制和管理不可缺少的手段。指令性条件有质量问题通知单、工作指令、工程变更令等，用以指出施工中各种问题，提请承包商注意，以达到控制质量之目的。

5. 抽查

抽查是指工程项目的高层监理机构为支付所完成工程的费用对工程质量进行复核的一种方式。为保证重点工程和关键工程的质量，通常会根据对各种报表、申请等分析结果，决定抽查密度。这种随机的抽查形式，也是工程施工质量得以保证的措施之一。

6. 工序控制

工序控制是监理工程师对施工质量进行有效控制的重要手段之一，必须按"质量控制程序流程"和质量控制的"四不准"原则进行严格控制，以确保工程质量达到要求。

四、质量缺陷与质量事故的处理

（一）质量缺陷的现场处理

在各项工程的施工过程中或完工以后，现场监理人员如发现工程项目存在技术规范所不容许的质量缺陷，应根据质量缺陷的性质和严重程度，按如下方式处理：

1. 当因施工而引起的质量缺陷处在萌芽状态时，应及时制止，并要求承成包人立即更换不合格的材料、设备或不称职的施工人员,或要求立即改变不正确的施工方法及操作工艺。

2. 当因施工而引起的质量缺陷已出现时,应立即向承包人发出暂停施工的指令(先口头后书面),待承包人采取了足以保证施工质量的有效措施,并对质量缺陷进行了正确的补救处理后,再书面通知恢复施工。

3. 当质量缺陷发生在某道工序或单项工程完工以后,而且质量缺陷的存在将对下道工序或分项工程产生质量影响时,监理工程师应在对质量缺陷产生的原因及责任作出了判定并确定了补救方案后,再进行质量缺陷的处理或下道工序或分项的施工。

4. 在交工使用后的缺陷责任期内发现施工质量缺陷时,监理工程师应及时指令承包人进行修补、加固或返工处理。

(二)质量缺陷的修补与加固

1. 对因施工原因而产生的质量缺陷的修补和加固,应先由承包人提出修补方案及方法,经监理工程师批准后方可进行;对因设计原因而产生的质量缺陷,应通过业主提出处理方案及方法,由承包人进行修补。

2. 修补措施及方法应不降低质量控制指标和验收标准,并应是技术规范允许的或是行业公认的良好工程技术。

3. 如果已完工程的缺陷,并不构成对工程安全的危害并且满足设计和使用要求时,经征得业主同意,可不进行加固或变更处理。如工程的缺陷属于承包人的责任,应通过与业主及承包人的协商,降低对此项工程的支付费用。

(三)质量事故的处理

当某项工程在施工期间(包括缺陷责任期间)出现了技术规范所不允许的断层、裂缝、倾斜、倒塌、沉降、强度不足等情况时,应视为质量事故,可按如下程序处理:

1. 监理工程师应立即指令承包人暂停该项工程的施工,并采取有效的安全措施。

2. 监理工程师应要求承包人尽快提出质量事故报告并报告业主,质量事故报告应详实反应该项工程名称、部位、事故原因、应急措施、处理方案以及损失的费用等。

3. 监理工程师应组织有关人员在对质量事故现场进行审查、分析、诊断、测试或验算的基础上,对承包人提出的处理方案予以审查、修正、批准,并指令恢复该项工程施工。

4. 监理工程师应对承包人提出的有争议的质量事故责任予以判定。判定时应全面审查有关施工记录、设计资料及水文地质现状,必要时还要实际检验测试。在分清技术责任时,应明确事故处理的费用数额、承担比例及支付方式。

应当注意的是,无论是质量缺陷的补救或质量事故的处理,不应以降低质量标准或使用要求为前提,而且还要考虑对造形及美观的影响。当别无选择且不影响使用要求的情况下而降低标准时,应特别注意征得业主的同意,并应在竣工报告及竣工资料中特别提出。

【案例 5-1】 某项钢筋混凝土高层框剪结构工程,设计图纸齐全,采用玻璃幕墙,暗设水、电管线。主体结构正在施工,监理公司受业主委托实施监理。

问题:
1. 监理工程师在质量控制方面的监理工作内容有哪些?
2. 监理工程师应对进场原材料的哪些报告、凭证资料进行确认?
3. 在检查钢筋施工过程中,发现有些部位不符合设计和规范要求,监理工程师应如何处理?

考点:施工过程质量控制。

案例分析:本案例中背景材料与解答本题问题没有太大关系,所以解题时要根据有关质量管理方面的法律、法规性文件和有关质量检验与控制的专门技术法规性文件去处理。

解答:
1. 监理工程师在质量控制方面的监理工作内容主要包括:进行质量跟踪监理检查,如预检(模块、轴线、标高等)、隐蔽工程检查(钢筋、管线、预埋线等)、旁站监理等。监理工程师还应签证质量检验凭证,如预检、隐蔽检查申报表,抽检试验报告、试件、试块试压报告等。
2. 监理工程师对进场的原材料应检查确认的报告、凭证资料,主要有材料出厂证明、质量保证书、技术合格证(原材料三证)、材料抽检资料、试验报告等。
3. 监理工程师对发现的工程质量问题应向承包单位提出整改(如要求返工),并监督检查整改过程,对整改后的工程进行检查验收与办理签证。

【案例 5-2】 某工程项目,于 2003 年 4 月 2 日开工。在开工后约定的时间内,承包单位将编制好的施工组织设计报送建设单位,建设单位在约定的时间内,委派总监理工程师负责审核,总监理工程师组织专业监理工程师审查,将审定满足要求的施工组织设计报送当地建设行政主管部门备案。在施工过程中,承包单位提出施工组织设计改进方案,经建设单位技术负责人批准后,进行实施改进方案。

问题:
1. 上述内容中有哪些不妥之处?该如何进行?
2. 审查施工单位组织设计时应掌握的原则有哪些?
3. 对规模大、结构复杂的工程,项目监理结构对施工组织设计审查后,还应怎么办?

考点:施工组织设计的审查程序。

案例分析：施工组织设计应在施工前由承包单位完成，报请总监理工程师审核后，承包单位应按审定后的施工组织设计文件组织施工。

解答：

1. 不妥之处和正确做法如下：

（1）不妥之处：在开工后约定的时间内，报送施工组织设计；

　　正确做法：在开工前报送施工组织设计。

（2）不妥之处：承包单位将编制好的施工组织设计报送建设单位；

　　正确做法：应报送项目监理机构。

（3）不妥之处：建设单位委派总监理工程师进行审核；

　　正确做法：不需建设单位委派。

（4）不妥之处：将审定后的施工组织设计报送当地建设行政主管部门备案；

　　正确做法：将审定后的施工组织设计由项目监理机构报送建设单位。

（5）不妥之处：施工组织设计改进方案经建设单位技术负责人审查批准后实施；

　　正确做法：施工组织设计改进方案应由项目监理机构负责审查。

2. 审查施工组织设计时应掌握的原则是：

（1）施工组织设计的编制、审查和批准应符合规定的程序；

（2）施工组织设计应符合国家的技术政策，突出"质量第一、安全第一"的原则；

（3）施工组织设计的针对性；

（4）施工组织设计的可操作性；

（5）技术方案的先进性；

（6）质量保证措施切实可行；

（7）安全、环保、消防和文明施工措施切实可行；

（8）满足公司和法规要求，尊重承包单位的自主决策和管理决策。

3. 对规模大、结构复杂的工程，项目监理机构对施工组织设计审查后，应报送监理单位技术负责人审查，提出审查意见后由总监理工程师签发，必要时与建设单位协商，组织有关专业部门和有关专家会审。

【案例5-3】 某监理单位对某施工单位承包的工程进行监理，施工单位与外地某水泥厂签订了水泥供应合同，在工程开工前，施工单位通知水泥厂将水泥运到施工现场，水泥厂于通知后第3天将按施工单位要求的数量和质量将水泥运到施工现场，同时提交了《工程材料申报表》，并只附了一份水泥技术说明书。施工单位通知监理工程师对水泥进行检验，检验后出具了检验报告，检验报告经项目经理审查并确认合格后，水泥卸到了施工单位指定的位置。

问题：

1. 该批水泥是否可以进场？为什么？

2. 不可进场的材料是指哪些？

3. 监理工程师对水泥进行检验并出具检验报告是否合适？为什么？

4. 检验报告经项目经理审查是否妥当？如不妥当,应由谁审查？

考点:进场材料的质量控制。

案例分析:凡是运到施工现场的材料、半成品或构配件进场前应向项目监理机构提交《工程材料/构配件/设备报审表》,同时应附有产品出厂合格证及说明书,由施工单位进行检验。经监理工程师审查并确认质量合格后,方准进场。凡是没有产品出厂合格证及检验不合格的材料不得进场。

解答:

1. 该批水泥不可进场。

原因:凡是没有产品出厂合格证明及检验不合格的材料不得进场。本案例中,因为提交《工程材料报审表》时只附了水泥技术说明书,未附水泥出厂合格证明,所以不可进场。

2. 不可进场的材料是指凡是没有产品出厂合格证明及检验不合格的材料。

3. 监理工程师对水泥进行检验并出具检验报告不合适。

原因:监理工程师只对材料的检验报告进行审查确认,而检验应由施工承包单位进行。

4. 检验报告由项目经理审查不妥。检验报告应由项目监理工程师审核确认。

第五节 质量控制的统计分析方法

一、质量统计基本知识

(一)质量数据及分类

数据是进行质量控制的基础,"一切用数据说话"是质量控制的原则之一。为了将收集的数据变为有用的质量信息,就必须把收集来的数据进行整理,经过统计分析,找出规律,发现存在的问题,进一步分析影响的原因,以便采取相应的对策与措施,使工程质量处于受控状态。

1. 应用数理统计方法进行质量控制的步骤

(1)收集质量数据;

(2)数据的整理;

(3)数据的统计分析;

(4)质量状况的判断;

(5)分析影响质量问题的原因;

(6)拟定改进质量的对策和措施。

2. 质量数据的分类

根据质量数据的特点,数据可分为计量值数据和计数值数据两类。这两类数据的分布规律不同,分析时采用的方法不同。

计量值数据是可以连续取值的数据,属于连续型变量,其特点是在任意两个数值之间都可以取精度较高一级的数值。它通常由测量得到,如重量、强度、几何尺寸、标高、位移等数据。一般来说,计量值数据都是可以用检测工具或仪器等测量的,一般都带有小数,如某点标高为+47.246 m,某断面尺寸为 225 cm×225 cm。此外一些属于定性的质量特性,可由专家主观评分、划分等级而使之数量化,得到的数据也属于计量值数据。

计数值数据是只能按 0,1,2,……数列取值计数的数据,属于离散型变量。它一般由计数得到。计数值数据又可分为计件值数据和计点值数据。区别如下:

(1)计件值数据,表示具有某一质量标准的产品个数。如总体中合格品数、一级品数。

(2)计点值数据,表示个体(单件产品、单位长度、单位面积、单位体积)上的缺陷数、质量问题点数等。如检验钢结构构件涂料涂装质量时,构件表面的焊渣、焊疤、油污、毛刺的数量等。

3. 数据的取舍

当检测所得的数据位数超过所需要保留的精确位数时,应对数据进行取舍,使其符合所需保留的位数。通常的做法是:四舍六入五考虑;五后皆零看奇偶;奇进偶舍不连续。具体修约规则如下:

(1)拟舍去的数字中,其最左面的第一位数字小于 5 时,则舍去,留下的数字不变。例如,18.2432 修约只留一位小数时,其拟舍去的数字中最左边的第一位数字是 4,则可舍去,成为 18.2。

(2)拟舍去的数字中,其最左面的第一位数字大于 5 时,则进 1,即所留下的末尾数字加 1。例如,将 26.4843 修约只留一位小数时,其拟舍去的数字中最左面的第一位数字是 8,则应进 1,结果位 26.5。

(3)拟舍去的数字中,其最左面的第一位数字等于 5,而后面的数字并非全部为 0 时,则进 1,即所留下的末尾数字加 1。例如,1.0501 修约只留一位小数时,其拟舍去的数字中最左面的第一位数字是 5,5 后面的数字还有 01,故应进 1,结果为 1.1。

(4)拟舍去的数字中,其最左面的第一位数字等于 5,而后面无数自或全部为 0 时,所保留的数字末尾数为奇数(1,3,5,7,9)则进 1,如为偶数(0,2,4,6,8)则舍去。例如,将下列各数修约只留一位小数时,其拟舍去的数字中最左面的第一位数字是 5,5 后面无数字,根据所留末位数的奇偶关系,结果为 0.05→0.0(因为"0"是偶数);0.15→0.2(因为"1"是奇数);0.25→0.2(因为"2"是偶数);0.45→0.4(因为"4"是偶数)。

(5)拟舍去的数字并非单独的一个数字时,不得对该数值连续进行修约,应按拟舍去的数字中最左面的第一位数字的大小,照上述各条一次修约完成。例如将 15.4546 修约成整数时,不应按 15.4546→15.455→15.46→15.5→16 进行,而应按 15.4546→15 进行修约。

用上述修约规则,进舍的状况具有平衡性,进舍误差也具有平衡性,若干数值经过这种修约后,修约值之和变大的可能性与变小的可能性是一样的。

(二)数据特性与统计推断的关系

1. 总体与样本

总体又称母体,是统计分析中所要研究对象的全体。组成总体的每个单元称为个体。例如,在某路基土方工程中需要确定回填土方是否符合设计要求的密实度,则这些土方就是总体。

从总体中随机抽取一部分个体就是样本(又称子样)。被抽中的个体称为样品,样品的数目称为样本容量,用 n 表示。样本容量的大小,直接关系到判断结果的可靠性。一般来说,样本容量愈大,可靠性愈好,但检测所耗费的工作量亦愈大,成本也就愈高。

所谓的统计推断就是根据抽检样本的数据去判断总体的质量分布情况。

2. 数据的差异性与规律性

(1)统计数据的差异性(也叫分散性)

这种特性是由于产品质量和工程质量本身都存在各种不同程度的差异所决定的。即使是同一批产品,质量总不会完全相同、完全一样,总会存在着程度不同的差别。

(2)统计数据的规律性

不论任何时候和任何条件下,测得一组产品质量和工程质量的数据都必然会存在着差异。但是,这种差异也具有一定的规律性,也就是在一定范围内变化。对于这种规律性的变化,在数学上称为分布状态。一般常见的分布状态有正态分布、t 分布等。

(三)数据的收集

1. 单纯随机法

这种方法是用随机数表、随机数生成器或随机数骰子来进行抽样,其中,简便易行的方法是采用随机数骰子来进行。

随机数骰子是一个正 20 面体,每个面上一个数字,0~9 每个数字出现两次,掷骰子前需将产品编号。骰子有 6 种不同的颜色,产品总数是几位数就可用几个不同颜色的骰子,预先决定不同颜色骰子代表的位数。也可只用一个骰子抽样,如第一次掷的为个位数,第二次掷的为百位数……所掷骰子顶面的数,即为所掷的数。这种抽样方法广泛用于原材料、购配件的进货检验和分项工程、分部工程、单位工程完工后的检验。

2. 系统抽样法

这种方法是每隔一定的时间或空间抽取一个样本,其第一个样本是随机的,所以,又称为机械随机抽样法。这种方法主要用于工序间的检验。

3. 二次抽样法

又称二次随机抽样。当总体很大时,先将总体分成若干批,从中随机抽几批,再随机从抽中的几批中抽取所需的样品。如对批量很大的砖的抽样就可按二次抽样进行。

4. 分层抽样法

这是先将每批分为若干层,然后从每层中抽取样本的方法。这种方法是为了使样本具有较好的代表性。如砂、石、水泥等散料的检验和分层码放整齐的构配件的检验,都可用这种方法抽取样品。

系统抽样、二次抽样和分层抽样时,通常通过随机数骰子进行。

(四)质量数据的特征值

样本数据特征值是由样本数据计算的描述样本质量的数据波动规律的指标。统计推断就是根据这些样本数据特征值来分析、判断总体的质量状况。常用的有描述数据分布集中趋势的算术平均数、中位数和描述数据分布离中趋势的极差、标准偏差、变异系数等。

1. 描述数据集中趋势的特征值

(1) 算术平均数

算术平均数又称均值,是消除了个体之间个别偶然的差异,显示出所有个体共性和数据一般水平的统计指标,它由所有数据计算得到,是数据的分布中心,对数据的代表性好。其计算公式为:

1) 总体算术平均数 μ

$$\mu = \frac{1}{N}(X_1 + X_2 + \cdots + X_N) = \frac{1}{N}\sum_{i=1}^{N} X_i$$

式中 N——总体中个体数;

X_i——总体中第 i 个个体质量特性值。

2) 样本算术平均数

$$\bar{x} = \frac{1}{n}(x_1 + x_2 + \cdots + x_n) = \frac{1}{n}\sum_{i=1}^{n} x_i$$

式中 n——样本容量;

x_i——样本中第 i 个样品的质量特性值。

(2) 样本中位数 $\tilde{x}$

样本中位数是将样本数据按数值大小有序排列后,位置居中的数值。当样本数 n 为奇数时,数列居中的一位数即为中位数;当样本数 n 为偶数时,取居中两个数的平均值作为中位数。

2. 描述数据离散趋势的特征值

（1）极差 R

极差是数据中最大值与最小值之差，是用数据变动的幅度来反映其分散状况的特征值。极差计算简便、使用方便，但粗略，数值仅受两个极端值的影响，损失的质量信息多，不能反映中间数据的分布和波动规律，仅适用于小样本。其计算公式为：

$$R = X_{max} - X_{min}$$

（2）标准偏差

标准偏差简称标准差或均方差，是个体数据与均值离差平方和的算术平均数的算术根，是大于 0 的正数。总体的标准差用 σ 表示；样本的标准差用 S 表示。标准差值小说明分布集中程度高，离散程度小，均值对总体（样本）的代表性好。标准差的平方是方差，有鲜明的数理统特征，能确切说明数据分布的离散程度和波动规律，是最常用的反映数据变异程度的特征值。标准偏差的计算公式为：

1）总体的标准偏差 σ

$$\sigma = \sqrt{\frac{\sum_{i=1}^{n}(x_i - \mu)^2}{N}}$$

2）样本的标准偏差 S

$$S = \sqrt{\frac{\sum_{i=1}^{n}(x_i - \bar{x})^2}{n-1}}$$

样本的标准偏差 S 是总体标准差 σ 的无偏估计。在样本容量较大（$n \geq 50$）时，上式中的分母（$n-1$）可简化为 n。

（3）变异系数 C_V

变异系数又称离散系数，是用标准差除以算术平均值得到的相对数。它表示数据的相对离散波动程度。变异系数小，说明分布集中程度高，离散程度小，均值对总体（样本）的代表性好。由于消除了数据平均水平不同的影响，变异系数适用于均值有较大差异的总体之间离散程度的比较，应用更为广泛。其计算公式为：

$$C_V = \sigma/\mu（总体） \qquad C_V = S/\bar{x}（样本）$$

（五）质量数据的分布特征

1. 质量数据的特性

质量数据有个体数值的波动性和总体（样本）分布的规律性。在实际质量检测中,我们发现即使在生产过程是稳定正常的情况下,同一总体(样本)的个体产品的质量特性值也是互不相同的。这种个体间表现形式上的差异性,反映在质量数据上即为个体数值的波动性、随机性,然而当运用统计方法对这些大量丰富的个体质量数据进行加工、整理和分析后,我们又会发现这些产品质量特性值(以计量值数据为例)大多都分布在数值变动范围的中部区域,即有向分布中心靠拢的倾向,表现为数值的集中趋势;还有一部分质量特性值在中心的两侧分布,随着逐渐远离中心,数值的个数变少,表现为数值的离中趋势。质量数据的集中趋势和离中趋势反映了总体(样本)质量变化的内在规律性。

2. 质量数据波动的原因

众所周知,影响产品质量主要有五方面因素,即人,包括质量意识、技术水平、精神状态等;材料,包括材质均匀度、理化性能等;机械设备,包括其先进性、精度、维护保养状况等;方法,包括生产工艺、操作方法等;环境,包括时间、季节、现场温度、噪声干扰等。同时这些因素自身也在不断变化中。个体产品质量的表现形式的千差万别就是这些因素综合作用的结果,质量数据也因此具有了波动性。

质量特性值的变化在质量标准允许范围内波动称之为正常波动,是由偶然性原因引起的;若是超越了质量标准允许范围的波动则称之为异常波动,是由系统性原因引起的。

(1)偶然性原因

在实际生产中,影响因素的微小变化具有随机发生的特点,是不可避免的、难以测量和控制的,或者在经济上不值得消除,它们大量存在但对质量的影响很小,属于允许偏差、允许位移范畴,引起的是正常波动,一般不会因此造成废品,生产过程正常稳定。通常把4M1E因素的这类微小变化归为影响质量的偶然性原因、不可避免原因或正常原因。

(2)系统性原因

当影响质量的4M1E因素发生了较大变化,如工人未遵守操作规程、机械设备发生故障或过度磨损、原材料质量规格有显著差异等情况发生时,没有及时排除,生产过程则不正常,产品质量数据就会离散过大或与质量标准有较大偏离,表现为异常波动,产生次品、废品,这就是质量问题的系统性原因或异常原因。由于异常波动特征明显,容易识别和避免,特别是对质量的负面影响不可忽视,生产中应该随时监控,及时识别和处理。

3. 质量数据分布的规律性

对于每件产品来说,在产品质量的形成的过程中,单个影响因素对其影响的程度和方向是不同的,也是在不断改变的。众多因素交织在一起,共同起作用的结果,使各因素引起的差异大多互相抵消,最终表现出来的误差具有随机性。对于在正常生产条件下的大量产品,误差接近零的产品数量要多些,具有较大正负误差的产品要相对少,偏离很大的产品就更少了,同时正负误差绝对值相等的产品数目非常接近。于是,就形成了一个能反映质量数据规律性的分布,即以质量标准为中心的质量数据分布,它可用一个"中间高、两端低、左右对称"的几何图形表示,即一般服从正态分布。见图5-2。

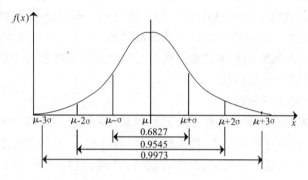

图5-2 正态分布概率密度曲线

概率数理统计在对大量统计数据研究中,归纳总结出许多分布类型,如一般计量值数据服从正态分布,计件值数据服从二项分布,计点值数据服从泊松分布等。实践中只要是受许多起微小作用的因素影响的质量数据,都可认为是近似服从正态分布的,如构件的几何尺寸、混凝土强度等;如果是随机抽取的样本,无论它来自的总体是何种分布,在样本容量较大时,其样本均值也将服从或近似服从正态分布。因此,正态分布最重要、最常见,应用也最广泛。

二、调查分析法和分层法

(一)调查分析法

调查分析法又称调查表法,是利用表格进行数据收集和统计的一种方法。表格形式根据需要自行设计,应便于统计、分析。

(二)分层法

分层法又叫分类法,是将调查收集的原始数据,根据不同目的和要求,按某一性质进行分组、整理的分析方法。分层的结果使数据各层间的差异突出地显示出来,层内的数据差异减少了。在此基础上再进行层间、层内的比较分析,可以更深入地发现和认识质量问题的原因。由于产品质量是多方面因素共同作用的结果,因而对同一批数据,可以按不同性质分层,使我们能从不同角度来考虑、分析产品存在的质量问题和影响因素。

常用的分层标志有:操作班组、操作者、机械设备型号、操作方法、原材料供应单位、供应时间、等级、施工时间、检查手段、工作环境等。

现举例说明分层法的应用。

【案例5-4】 钢筋焊接质量的调查分析,共检查了50个焊接点,其中不合格19个,不合格率为38%。存在严重的质量问题,试用分层法分析质量问题的原因。

现已查明这批钢筋的焊接是由A、B、C三个师傅操作的,而焊条是由甲、乙两个厂家提供的。因此,分别按操作者和生产厂家进行分层分析,即考虑一种因素单独的影响,见表5-1、表5-2。

表5-2 按操作者分层

操作者	不合格	合格	不合格率(%)
A	6	13	32
B	3	9	25
C	10	9	53
合计	19	31	38

表5-3 按焊条生产厂家分层

工厂	不合格	合格	不合格率(%)
甲	9	14	39
乙	10	17	37
合计	19	31	38

可见,操作者B的质量较好,而不论是采用甲厂还是乙厂的焊条,不合格率都很低且相差不大。为了找出问题之所在,再进一步采用综合分层进行分析,即考虑两种因素共同影响的结果,见表5-3。

表5-3 综合分层分析焊接质量

操作者	焊接质量	甲厂		乙厂		合计	
		焊接点	不合格率(%)	焊接点	不合格率(%)	焊接点	不合格率(%)
A	不合格 合格	6 2	75	0 11	0	6 13	32
B	不合格 合格	0 5	0	3 4	43	3 9	25
C	不合格 合格	3 7	30	7 2	78	10 9	53
合计	不合格 合格	9 14	39	10 17	37	19 31	38

经过综合分层分析可知,在使用甲厂的焊条时,应采用 B 师傅的操作方法为好;在使用乙厂的焊条时,应采用 A 师傅的操作方法为好。

调查分析表法和分层法是质量控制统计分析方法中最基本的方法,其他统计方法常常是首先利用这两种方法将原始资料进行调查、统计和分类,然后再进行分析的。

三、排列图法和因果分析图法

(一)排列图法

排列图法又叫巴氏图法或巴特雷图法,也叫主次因素分析图法,是分析影响质量主要问题的方法。

排列图(图 5-3)由两个纵坐标、一个横坐标、几个长方形和一条曲线组成。左侧的纵坐标是频数或件数,右侧的纵坐标是累计频率,横轴则是项目(或因素),按项目频数大小顺序在横轴上自左而右画长方形,其高度为频数,并根据右侧纵坐标,画出累计频率曲线,又称巴雷特曲线。

【案例 5-5】

某工程项目在施工阶段的管理中,监理工程师对承包商在施工现场制作的水泥预制板进行质量检查,抽查了 500 块,发现其中存在问题的如表 5-4 所示。

表 5-4 水泥预制板质量检查结果

序号	存在问题项目	数量
1	蜂窝麻面	23
2	局部露筋	10
3	强度不足	4
4	横向裂缝	2
5	纵向裂缝	1
合计		40

问题:

1. 试说明质量统计推断过程。
2. 请用排列图法分析影响质量的主要因素,监理工程师应如何处理?

解答:

1. 质量统计推断过程,就是运用质量统计方法,在生产过程中或一批产品中随机抽取样本,通过对样品进行检测和整理加工,从中获得样本质量数据信息,并以此为依据,以概率数理统计为理论基础,对总体的质量状况做出分析和判断。

应用数理统计方法控制质量的步骤:第一,收集质量数据;第二,数据整理;第三,进行统计分析,找出质量波动规律;第四,判断质量状况,找出质量问题;第五,分析影响质量的原因;第六,拟定改进质量的对策、措施。

2. 排列图法分析影响质量的主要因素及处理

(1) 统计出各项频率和累计频率

表 5-5　频率统计表

序号	项目	存在问题数量	频率(%)	累计频率(%)
1	蜂窝麻面	23	57.5	57.5
2	局部露筋	10	25.0	82.5
3	强度不足	4	10.0	92.5
4	横向裂缝	2	5.0	97.5
5	纵向裂缝	1	2.5	100
合计		40		

(2) 画出排列图

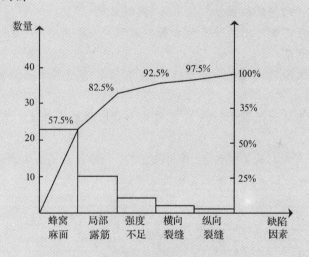

图 5-3　水泥预制板质量检查排列图

(3) 分析

通过以上排列图分析,影响质量的主要因素(0~80%,A类)是水泥预制板的表面出现蜂窝麻面和局部露筋问题;次要因素(80%~90%,B类)是混凝土强度不足;一般因素(90%~100%,C类)是横向裂缝和纵向裂缝。

画排列图时应注意的几个问题:

(1) 左侧的纵坐标可以是件数、频数,也可以是金额,也就是说,可以从不同的角度去分析问题;

(2) 要注意分层,主要因素不应超过3个,否则没有抓住主要矛盾;

(3) 频数很少的项目归入"其他项",以免横轴过长,"其他项"一定放在最后;

(4)效果检验,重画排列图。针对A类因素采取措施后,为检查其效果,经过一段时间,需收集数据重画排列图,若新画的排列图与原排列图主次换位,总的废品率(或损失)下降,说明措施得当,否则,说明措施不力,未取得预期的效果。

排列图广泛地应用于生产的第一线,如车间、班组或工地。项目的内容、数据、绘图时间和绘图人等资料都应在图上写清楚,使人一目了然。

(二)因果分析图法

因果分析图又叫特性要因图、鱼刺图、树枝图,这是一种逐步深入研究和讨论质量问题的图示方法。在工程实践中,任何一种质量问题的产生,往往是多种原因造成的。这些原因有大有小,把这些原因依照大小次序分别用主干、大枝、中枝和小枝图形表示出来,便可一目了然地观察出产生质量问题的原因。运用因果分析图可以帮助我们制定对策,解决工程质量上存在的问题,从而达到控制质量的目的。

【案例5-6】 绘制混凝土裂缝的因果分析图。

(1)明确质量问题的结果。本例中为"混凝土裂缝"。

(2)分析确定影响质量特性大的方面的原因。一般可在人、材料、机械、施工方法、环境等方面考虑。

(3)将每种大原因进一步分解为中原因、小原因,直至分解的原因可以采取具体措施加以解决为止。

(4)检查图中所列原因是否齐全,可以对初步分析结果广泛征求意见,并作必要的补充及修改。

(5)选择出影响大的关键因素,作出标记"○",以便重点采取措施。

图表5-4即为本例的混凝土裂缝因果分析图。

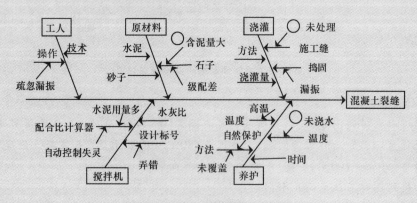

图5-4 混凝土裂缝因果分析图

四、直方图法

直方图又称质量分布图、矩形图、频数分布直方图。它是将产品质量频数的分布状态用直方图来表示,根据直方图分布形状和与公差界限的距离来观察、探索质量分布规律,分析、判断整个生产过程是否正常。

利用直方图,可以制定质量标准,确定公差范围,可以判明质量分布情况,是否符合标准要求。但其缺点是不能反映动态变化,而且要求收集的数据较多(50~100个以上),否则难以体现其规律。

(一)直方图的作法

直方图由一个纵坐标、一个横坐标和若干个长方形组成。横坐标为质量特性,纵坐标是频数时,直方图为频数直方图;纵坐标是频率时,直方图为频率直方图。

【案例 5-7】 现以大模板边长尺寸误差的测量为例,说明直方图的做法。表5-6为模板边长尺寸误差数据表。

1. 确定组数、组距和组界

一批数据究竟分多少组,通常根据数据的多少而定,可参考表5-7。

表5-6 模板边长尺寸误差表(单位:mm)

-2	-3	-3	-4	-3	0	-1	-2
-2	-2	-3	-1	+1	-2	-2	-1
-2	-1	0	-1	-2	-3	-1	+2
0	-5	-1	-3	0	+2	0	-2
-1	+3	0	0	-3	-2	-5	+1
0	-2	-4	-3	-4	-1	+1	+1
-2	-4	-6	-1	-2	+1	-1	-2
-3	-1	-4	-1	-3	-1	+2	0
-5	-3	0	-2	-4	0	-1	-1
-2	0	-3	-4	-2	+1	-1	+1

表5-7 数据分组依据

数据数目 n	组数 K	数据数目 n	组数 K
<50	5~7	100~250	7~12
50~100	6~10	>250	10~20

若组数取得太多,每组内的数据较少,做出的直方图过于分散;若组数取得太少,则数据集中于少数组内,容易掩盖数据间的差异,所以,分组数目太多或太少都不好。

本例收集了80个数据,取 $K=10$ 组。

为了将数据的最大值和最小值都包含在直方图内,并防止数据落在组界上,测量单位(即测量精确度)为 δ 时,将最小值减去半个测量单位(计算最小值 $x'_{min} = x_{min} - \frac{\delta}{2}$),最大值加上半个测量单位(计算最大值 $x'_{max} = x_{max} + \frac{\delta}{2}$)。

本例测量单位 $\delta = 1(mm)$

$$x'_{min} = x_{min} - \frac{\delta}{2} = -6 - \frac{1}{2} = -6.5(mm)$$

$$x'_{max} = x_{max} + \frac{\delta}{2} = 3 + \frac{1}{2} = 3.5(mm)$$

计算极差为:

$$R' = x'_{max} - x'_{min} = 3.5 - (-6.5) = 10(mm)$$

分组的范围 R' 确定后,就可确定其组距 h。

$$h = \frac{R'}{K}$$

所求得的 h 值应为测量单位的整倍数,若不是测量单位的整备数时可调整其分组数。其目的是为了使组界值的尾数为测量单位的一半,避免数据落在组界上。

本例: $h = \frac{R'}{K} = \frac{10}{10} = 1(mm)$

组界的确定应由第一组起。

本例:第一组下界限值　　$A_{1下} = x'_{min} = -6.5(mm)$

　　　第一组上界限值　　$A_{1上} = A_{1下} + h = -6.5 + 1 = -5.5(mm)$

　　　第二组下界限值　　$A_{2下} = A_{1上} = -5.5(mm)$

　　　第二组上界限值　　$A_{2上} = A_{2下} + h = -5.5 + 1 = -4.5(mm)$

其余各组上、下限值依此类推,本例各组界限值计算结果如表5-8所示。

表5-8　各组界限值计算结果

组号	分组区间	频数	频率	组号	分组区间	频数	频率
1	-6.5 ~ -5.5	1	0.0125	6	-1.5 ~ -0.5	17	0.2125
2	-5.5 ~ -4.5	3	0.0375	7	-0.5 ~ 0.5	12	0.15
3	-4.5 ~ -3.5	7	0.0875	8	0.5 ~ 1.5	6	0.075
4	-3.5 ~ -2.5	13	0.1625	9	1.5 ~ 2.5	3	0.0375
5	-2.5 ~ -1.5	17	0.2125	10	2.5 ~ 3.5	1	0.0125

2. 编制频数分布表

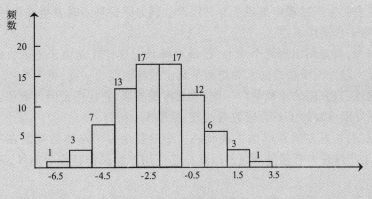

图 5-5 频数直方图

按上述分组范围,统计数据落入各组的频数,填入表内,计算各组的频率并填入表内,如表 5-8 所示。

根据频数分布表中的统计数据可作出直方图,图 5-5 是本例的频数直方图。

(二)直方图的观察分析

从表面上看,直方图表现了所取数据的分布,但实质是反映了数据所代表的生产过程的分布,即生产过程的状态。根据这一特点,可以通过观察和分析直方图对生产过程的稳定性加以判断。

1. 直方图图形分析

(1)正常型直方图。左右对称的山峰形状,如图 5-6(a)所示。图的中部有一峰值,两侧的分布大体对称且越偏离峰值直方形的高度越小,符合正态分布。表明这批数据所代表的工序处于稳定状态。

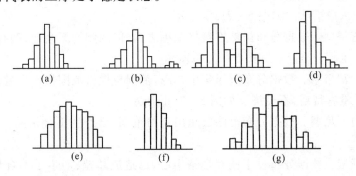

图 5-6 常见直方图形

(2)异常型。与正常型分布状态相比,带有某种缺陷的直方图为异常型直方图。表明这批数据所代表的工序处于不稳定状态。常见的有以下几种:

1) 孤岛型:在远离主分布中心的地方出现小的直方,形如孤岛,见图 5-6(b)。孤岛的存在表明生产过程中出现了异常因素。例如原材料一时发生变化,有人代替操作,短期内工作操作不当。

2) 双峰型:直方图出现两个中心,形成双峰状。这往往是由于把来自两个总体的数据混在一起作图所造成的。如把两个班组的数据混为一批,见图 5-6(c)。

3) 偏向性:直方图的顶峰偏向一侧,故又称偏坡形,它往往是因计数值或计量值只控制一侧界限或剔除了不合格数据造成,见图 5-6(d)。

4) 平顶型:在直方图顶部呈平顶状态。一般是由多个母体数据混在一起造成的,或者在生产过程中有缓慢变化的因素在起作用。如操作者疲劳而等,见图 5-6(e)。

5) 陡壁型:直方图的一侧出现陡峭绝壁状态。这是由于人为地剔除一些数据,进行不真实的统计造成的,见图 5-6(f)。

6) 锯齿型:直方图出现参差不齐的形状,即频数不是在相邻区间减少,而是隔区间减少,形成了锯齿状。造成这种现象的原因不是生产上的问题,而主要是绘制直方图时分组过多或测量仪器精度不够而造成的,见图 5-6(g)。

2. 直方图对照标准分析

观察直方图的形状只能判断生产过程是否稳定正常,并不能判断是否能稳定地生产出合格的产品。而将直方图与公差或标准相比较,即可达到此目的。对比的方法是观察直方图是否都落在规格或公差范围内,是否有相当的余地以及偏离程度如何。几种典型的直方图与公差标准的比较如下:

(1) 理想型。数据分布范围充分居中,分布在规格上下界限内,且具有一定余地,如图 5-7(a)所示。这种状况表明生产处于正常状态,不会出现不合格品。

(2) 偏向型。数据分布虽然在标准范围之内,但分布中心偏向一边,说明存在系统偏差,必须采取措施。如图 5-7(b)所示。

(3) 无富裕型。数据分布虽然在规格范围之内,但两侧均无余地,稍有波动就会出现超差,产生不合格品。如图 5-7(c)所示。

(4) 能力富裕型。数据分布过于集中,分布范围与规格范围相比余量过大,说明控制偏严,质量有富裕,不经济。如图 5-7(d)所示。

(5) 能力不足型。数据分布范围已超出规格范围,已产生不合格品。如图 5-7(e)所示。

(6) 陡壁型。数据分布过于偏离规格中心,已造成超差,产生了不合格品,如图 5-7(f)所示。造成这种状况的原因是控制不严,应采取措施使数据中心与规格中心重合。

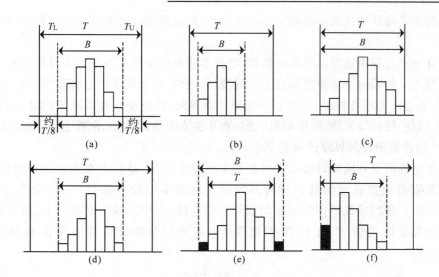

图 5-7 直方图对照标准分析

以上产生质量散布的实际范围与标准范围比较,表明了工序能力满足标准公差范围的程度,也就是施工工序能稳定地生产出合格产品的工序能力。

五、控制图法

控制图又称管理图。它是在直角坐标系内画有控制界限,描述生产过程中产品质量波动状态的图形。利用控制图区分质量波动原因,判明生产过程是否处于稳定状态的方法称为控制图法。

1. 控制图原理

(1) 控制图的基本形式

控制图的基本形式如图 5-8 所示。横坐标为样本(子样)序号或抽样时间,纵坐标为被控制对象,即被控制的质量特性值。

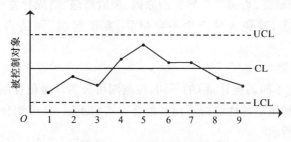

图 5-8 控制图的基本形式

控制图中一般有三条控制线:上控制界限,用 UCL(Upper Control Limit)表示;中心线,用 CL(Central Line)表示;下控制界限,用 LCL(Lower Control Limit)表示。中

心线标志着质量特性值分布的中心位置,上下控制界限标志着质量特征值允许波动范围。

在生产过程中通过抽样取得数据,把样本质量特征值描在图上来分析判断生产过程状态。如果点子随机地落在上、下控制界限内,则表明生产过程正常,处于稳定状态,不会产生不合格品;如果点子超出控制界限,或点子排列有缺陷(如链、同侧、倾向、周期、接近等),则表明项目实施过程中存在异常因素,必须查明并予以消除。

(2)控制图控制界限的确定

控制界限是判断项目实施过程是否发生异常变化,是否存在异常因素的尺度。控制界限可根据数理统计原理计算得到。目前采用较多的是"三倍标准差法"("3σ"法),即以质量特征值的平均值作为中心线,以中心线为基准向上、向下各量其标准偏差的三倍,作为上、下控制界限。若设质量特征值均值为μ,标准差为σ,则:

$$UCL = \mu + 3\sigma$$
$$CL = \mu$$
$$LCL = \mu - 3\sigma$$

采用三倍标准差法是因为控制图是以正态分布为理论依据的。正态分布中,数据落在$\mu \pm 3\sigma$之间的概率为99.73%,在$\mu \pm 3\sigma$范围之外的数据发生的概率仅为0.27%,属小概率事件。若只作了几次或几十次试验或观测,数据应在$\mu \pm 3\sigma$之间波动,这是一种正常波动,可判断项目实施过程处于正常状态;反之,则可判断实施过程出现了异常。

(3)控制图的用途

控制图用于施工项目质量控制的基本思路是:为了使项目实施过程处于正常状态,项目实施应实现标准化。只要操作者按标准作业,控制图上的点子越出控制界限或排列有缺陷的可能性就非常小。一旦点子超出控制界限或排列有缺陷,即认为维持正常作业的良好状态和标准作业条件被破坏的可能性极大。因此,就应对工序作仔细观察、调查研究,查清产生异常的原因,采取措施,消除异常因素,使工序恢复和保持良好的状态,避免大量产生不合格品,真正起到"预防为主"和"控制"的作用。

2. 控制图分类

按控制对象(不同的统计量)的不同,控制图可分为计量值控制图和计数值控制图两大类。而根据质量特性值的不同和组合方式的不同,又可细分为各种类型的控制图,如表5-9所示。

表 5-9　控制图分类

控制图类型	单统计量控制图	多统计量控制图
计量值控制图	1. 平均值控制图($\bar{x}$ 图) 2. 中位数控制图($\tilde{x}$ 图) 3. 单值控制图(x 图) 4. 移动平均值控制图($\bar{x}_k$ 图) 5. 标准差控制图(S 图) 6. 移动标准差控制图(S_k 图) 7. 极差控制图(R 图) 8. 移动极差控制图(R_S 图)	1. 平均值与极差控制图($\bar{x} - R$ 图) 2. 平均值与标准差控制图($\tilde{x} - S$ 图) 3. 中位数与极差控制图($\tilde{x} - R$ 图) 4. 单值与移动极差控制图($x - R_S$ 图) 5. 移动均值与移动标准差控制图($\bar{x}_k - S_k$ 图)
计数值控制图	1. 不合格品数控制图(P_n 图) 2. 不合格品率控制图(P 图) 3. 缺陷数控制图(C 图) 4. 缺陷率控制图(u 图)	

无论是计量值控制图还是计数值控制图,按用途的不同又可分为管理用控制图和分析用控制图。

3. 控制图的绘制

控制图的种类虽多,但其基本原理是相同的,现仅以常用的 $\bar{x} - R$ 控制图为例,说明其作图的方法与步骤。

由概率论知识可知,若母体为正态分布,则当子样 N 足够大时(一般分为 10~30 组,每组数 $n = 3 \sim 5$),其平均值 $\bar{x}$ 与极差 R 仍趋于正态分布。

$\bar{x}$ 控制图的中心线和上下控制界限为:

$$CL = \bar{\bar{x}} = \mu$$

$$UCL = \mu + 3\sigma_{\bar{x}} = \mu + 3\frac{\sigma}{\sqrt{n}} = \mu + \frac{3\bar{R}}{\sqrt{n}d_2} = \mu + A_2\bar{R}$$

$$LCL = \mu - 3\sigma_{\bar{x}} = \mu - 3\frac{\sigma}{\sqrt{n}} = \mu - \frac{3\bar{R}}{\sqrt{n}d_2} = \mu - A_2\bar{R}$$

R 控制图的中心线和上下控制界限为:

$$CL = \bar{R}$$

$$UCL = \bar{R} + 3\sigma_{\bar{R}} = \bar{R} + 3d_3\sigma = \bar{R} + 3d_3\frac{\bar{R}}{d_2} = D_4\bar{R}$$

$$LCL = \overline{R} - 3\sigma_{\overline{R}} = \overline{R} - 3d_3\sigma = \overline{R} - 3d_3\frac{\overline{R}}{d_2} = D_3\overline{R}$$

式中 $\overline{\overline{x}}$ ——分组平均值 $\overline{x}$ 的总平均值；

$\sigma_{\overline{x}}$ ——x 总分布标准差；

$\overline{R}$ ——子样分组极差 R 的平均值；

$\sigma_{\overline{R}}$ ——$\overline{R}$ 的分布标准差；

d_2, d_3, A_2, D_3, D_4 ——随分组子样大小 n 而定的系数,见表 5-10。

表 5-10 控制界限系数表

n	2	3	4	5	6	7	8	9	10
A_2	1.885	1.023	0.729	0.577	0.483	0.419	0.373	0.337	0.308
D_4	3.267	2.575	2.282	2.115	2.004	1.924	1.864	1.816	1.777
D_3	—	—	—	—	—	0.076	0.136	0.184	0.223
d_2	1.13	1.69	2.06	2.33	2.53	2.70	2.25	2.97	3.08
d_3	0.85	0.89	0.88	0.86	0.85	0.83	0.82	0.81	0.80

【案例5-8】 经测定,混凝土细骨料的粒度数据如表 5-11,试做 $\overline{x} - R$ 控制图。

表 5-11 测定细骨料粒度数据表

子样顺序	测定值			$\sum x$	$\overline{x}$	$\overline{R}$
	x_1	x_2	x_3			
1	2.75	2.87	2.74	8.36	2.787	0.13
2	2.71	2.75	2.88	8.34	2.780	0.17
3	2.83	2.73	2.71	8.27	2.757	0.12
4	2.81	2.89	2.79	8.49	2.830	0.10
5	2.68	2.70	2.77	8.15	2.717	0.09
6	2.71	2.65	2.68	8.04	2.680	0.06
7	2.75	2.73	2.69	8.17	2.723	0.06
8	2.74	2.87	2.72	8.33	2.777	0.15
9	2.82	2.75	2.72	8.29	2.763	0.10

续上表

子样顺序	测定值			$\sum x$	$\bar{x}$	$\bar{R}$
	x_1	x_2	x_3			
10	2.76	2.63	2.72	8.11	2.730	0.13
11	2.67	2.73	2.75	8.15	2.717	0.08
12	2.73	2.68	2.74	8.15	2.717	0.06
13	2.77	2.73	2.80	8.30	2.767	0.07
14	2.85	2.87	2.87	8.59	2.863	0.02
15	2.71	2.75	2.73	8.19	2.730	0.04
16	2.77	2.83	2.75	8.35	2.783	0.08
17	2.63	2.74	2.68	8.05	2.683	0.11
18	2.69	2.72	2.76	8.17	2.723	0.07
19	2.79	2.85	2.72	8.36	2.787	0.13
20	2.73	2.74	2.67	8.14	2.713	0.07
总计					55.027	1.84
计算平均值	$\bar{\bar{x}}=55.027/20=2.7514, \bar{R}=1.84/20=0.092$					

做图步骤如下:

(1) 收集数据,并分组($k=20$)。一组数据通常为 3~5 个即可。

(2) 计算 $\bar{x}$ 及 R

各分组的平均值 $\bar{x}$、极差 R 值和计算总平均值 $\bar{\bar{x}}$ 以及极差的平均值 $\bar{R}$ 见表 5-11。

(3) 计算控制界限

由 $n=3$,查表计算。

$\bar{x}$ 控制图的控制界限为: $\text{CL}=\bar{\bar{x}}=2.7514$

$$\text{UCL}=\bar{\bar{x}}+A_2\bar{R}=2.7514+1.023\times0.092=2.845$$

$$\text{LCL}=\bar{\bar{x}}-A_2\bar{R}=2.7514-1.023\times0.092=2.657$$

R 控制图的控制界限为:

$$\text{CL}=0.092$$

$$\text{UCL}=D_4\bar{R}=2.575\times0.092=0.2369$$

$$\text{LCL}=D_3\bar{R}=0\times0.092=0$$

(4)绘制 $\bar{x}-R$ 控制图

以横坐标为样本序号或取样时间,纵坐标为所要控制的质量特性值,按计算结果绘出中心线和上、下控制界限,并将 $\bar{x}_i$ 和 R_i 描在控制图上。见图 5-9。

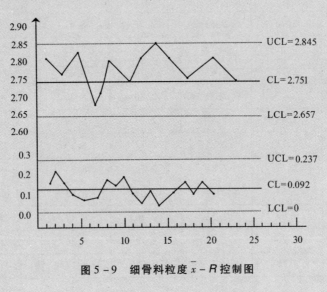

图 5-9 细骨料粒度 $\bar{x}-R$ 控制图

4. 控制图的观察与分析

绘制控制图的目的是分析判断生产过程是否处于稳定状态。当控制图同时满足两个条件:一是点子几乎全部落在控制界限之内,二是控制界限内的点子排列没有缺陷,我们就可以认为生产过程基本上处于稳定状态。如果点子的分布不满足其中任何一条,都应判断生产过程为异常。

(1)点子几乎全部落在控制界限内,是指应符合下述三个要求:

1)连续 25 个点以上处于控制界限内;

2)连续 35 个点中仅有 1 点超出控制界限;

3)连续 100 个点中不多于 2 点超出控制界限。

(2)点子排列没有缺陷,是指点子的排列是随机的,没有出现异常现象。这里的异常现象是指点子排列出现了"链"、"多次同侧"、"趋势或倾向"、"周期性变动"、"接近控制界限"等情况。如图 5-10 所示。

1)链。是指点子连续出现在中心线一侧的现象。出现五点链,应注意生产过程发展状况;出现六点链,应开始调查原因;出现七点链,应判定工序异常,需采取处理措施。

2)多次同侧。是指点子在中心线一侧多次出现的现象,或称偏离。下列情况说明生产过程已出现异常:在连续 11 个点中有 10 个点在同侧;连续 14 个点中有

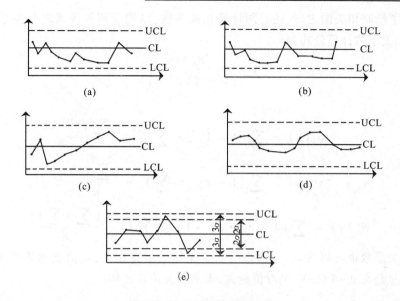

图 5-10 有缺陷的点子排列

12 个点在同侧;连续 17 个点中有 14 个点在同侧;连续 20 个点中有 16 个点在同侧。

3)趋势或倾向。是指点子连续上升或下降的现象。连续 7 点或 7 点以上上升或下降排列,就应判定生产过程有异常因素影响,要立即采取措施。

4)周期性变动。即点子的排列显示周期性变化的现象。这样即使所有点子都在控制界限内,也应认为生产过程异常。

5)点子排列接近控制界限。是指点子落在 $\mu \pm 2\sigma$ 以外和 $\mu \pm 3\sigma$ 以内。下列情况应判定为异常:连续 3 点至少有 2 点接近控制界限;连续 7 点至少有 3 点接近控制界限;连续 10 点至少有 4 点接近控制界限。

六、相 关 图

产品质量与影响质量的因素之间,常常有一定的依存关系,但他们之间不是一种严格的函数关系,即不能由一个变量的数值精确地求出另一个变量的数值,这种依存关系称为相关关系。相关图又叫散布图,就是把两个变量之间相关关系,用直角坐标系表示出来,借以观察判断两个质量特性之间的关系,通过控制容易测定容易控制的因素达到控制不易测定因素的目的,以便对产品或工序进行有效的控制。

相关图的形式有:

(1)正相关:当 X 增大时,Y 也增大;

(2)负相关:当 X 增大时,Y 却减少;

(3)线型相关:两种因素之间不成直线关系;

(4)无相关:即 Y 不随 X 的增减而变化。

除了绘制相关图之外,还必须计算相关系数,以确定两种因素之间关系的密切程度,相关系数计算公式为:

$$\gamma = \frac{S(XY)}{\sqrt{S(XX)S(YY)}}$$

式中

$$S(XX) = \sum(X-\bar{X})^2 = \sum X^2 - \frac{(\sum X)^2}{n}$$

$$S(YY) = \sum(Y-\bar{Y})^2 = \sum Y^2 - \frac{(\sum Y)^2}{n}$$

$$S(XY) = \sum(X-\bar{X})\cdot(Y-\bar{Y}) = \sum XY - \frac{(\sum X \sum Y)}{n}$$

相关系数也可以为正,也可以为负。正值表示正相关;负值表示负相关。γ 的绝对值总是在 0~1 之间,绝对值越大,表示相关关系密切。

【案例5-9】 现就表5-12所列数据,计算其相关系数。

表 5-12 若干组数据

组号	1	2	3	4	5	6	7	8	9	10	11	合计
X	5	5	16	20	30	40	50	60	65	90	120	495
Y	4	6	8	13	16	17	19	25	25	29	46	208
X^2	25	25	256	400	900	1 600	2 500	3 600	4 225	8 100	14 400	35 875
Y^2	16	36	64	169	256	289	361	625	625	841	2 116	5 398
XY	20	30	128	260	480	680	950	1 500	1 625	2 610	4 520	13 755

$$S(XX) = \sum X^2 - \frac{(\sum X)^2}{n} = 35\,875 - \frac{(495)^2}{11} = 13\,600$$

$$S(YY) = \sum Y^2 - \frac{(\sum Y)^2}{n} = 5\,398 - \frac{(208)^2}{11} = 1\,465$$

$$S(XY) = \sum XY - \frac{(\sum X \cdot \sum Y)}{n} = 13\,755 - \frac{495 \times 208}{11} = 4\,395$$

$$\gamma = \frac{S(XY)}{\sqrt{S(XX)\cdot S(YY)}} = \frac{4\,395}{\sqrt{13\,600 \times 1\,465}} = 0.98$$

从计算可知,$\gamma = 0.98$,表示该例为正相关,且两因素关系密切。

思 考 题

1. 什么是质量？其含义包括哪些方面？
2. 什么是工程质量控制？简述工程质量控制的内容。
3. 试述影响工程质量的因素。
4. 工程质量监理的基本程序有哪些？
5. 监理如何进行设计阶段和施工的质量控制？
6. 简述因果分析图的绘图步骤。
7. 控制图的原理是什么？控制界限如何确定？如何利用控制图判断生产过程是否正常？

第六章 建设工程监理

本章主要阐述了《合同法》的基本原理，建设工程勘察设计合同、建设工程委托监理合同以及建设工程施工合同的主要内容。

第一节 合同的基本原理

一、合同的概念

合同是平等主体的自然人、法人、其他组织之间设立、变更、终止民事权利义务关系的协议。合同在人们的社会生活中是普遍存在的。在市场经济条件下，合同又是用来维系社会各类经济组织或商品经营者之间经济关系的重要纽带。如果没有合同，就无法维护当事人的合法权益，也就无法维护社会正常的经济秩序。

二、合同的订立

(一) 合同订立的程序

合同订立的程序，是指当事人双方就合同的主要条款经过协商一致，并签署书面协议的过程。在订立合同的过程中，一般先由当事人一方提出要约，再由另一方作出承诺的意思表示，签字、盖章后合同即告成立。在法律程序上，把订立经济合同的全过程划分为要约和承诺两个阶段。要约和承诺属于法律行为，当事人双方一旦做出相应的意思表示，就要受到法律的约束，承担一定的法律责任。

1. 要约

《合同法》规定，"要约是希望和他人订立合同的意思表示"。提出要约的一方称为要约人，接受要约的一方则称为受要约人。要约是以签订合同为目的的一种意思表示。首先必须符合签订合同的原则，其内容必须具体明确，并包括合同应具备的主要条款；其次必须向受要约人提出。

要约是一种法律行为，它表示在要约规定的有效期限内，要约人要受到要约的约束，若受要约人接受要约，要约人负有与其签订合同的义务。而要约邀请则是希望他人(特定人或非特定人)向自己发出要约的意思表示。在合同法中，要约邀请一般没有法律约束力。如寄送的价目表、拍卖公告、招标公告、招股说明书、商业广告等均视为要约邀请。

在建设工程合同签订过程中,招标人发布的招标公告或投标邀请书的行为视为要约邀请,其目的在于邀请投标人投标,而投标人向招标人递交的投标文件的行为视为要约,作为要约的投标文件对投标人具有法律约束力,表现在投标人在投标生效后无权修改或撤回投标书,而且一旦中标就必须与招标人签订合同,否则要承担相应的法律责任。

2. 承诺

《合同法》规定,"承诺是受要约人同意要约的意思表示"。承诺与要约一样,是一种法律行为。

承诺的内容应当与要约的内容一致,受要约人对要约的内容作出实质性变更的,称为新要约;另外,受要约人超过承诺期限发出承诺的,除非要约人及时通知受要约人该承诺有效,也视为新要约。

承诺到达要约人时生效,承诺生效时合同成立。

在建设工程招标投标活动中,招标人确定中标人的行为是承诺,即招标人同意接受投标人所递交的投标文件中实质性的条件。《招标投标法》规定,招标人和中标人应当自中标通知书发出之日起 30 日内按照招标文件和中标文件订立书面合同,招标人与中标人不得再行订立背离合同实质性内容的其他协议,否则其订立的协议无效。

【案例6-1】 某建筑公司因急需钢筋,随即向当地 A 和 B 两家钢筋供应商发出函电。函电中说明:"我公司急需 $\Phi 20$ 的螺纹钢筋 200 t,如果贵处有货,请速复电,我公司愿派人前往购买。"两家供应商收到函电后都回复了函电,并且 A 在发出复函的同时还派人送去 100 t 钢筋。在建筑公司收到两家函电后,对 B 的钢筋质量和报价都比较满意,随即向 B 发出函电,称:"愿意购买 200 t,请速发货,运费由我公司承担。"由于在 A 的钢筋到达前,B 回电称已经发货。故而在 A 送钢筋到达后,建筑公司不能接受 A 送来的钢筋,A 认为建筑公司违约,协商不成后,A 将建筑公司告上法院。

问题:法院将如何处理?

解答:本案中,A 败诉。因为建筑公司的第一份函电是属于要约邀请,而对 B 的第二份函电才是承诺,A 与 B 的回复函电均为要约。作为建筑公司为受要约人,可以不受 A 要约的约束。

(二)合同的条款

合同应当条款完整,权利义务规定清楚。根据《合同法》的规定,合同的内容由当事人确定,一般包括以下条款:

1. 当事人的名称或者姓名和住所
2. 标的

标的是当事人权利义务共同指向的对象,如货物、劳务、智力成果、工程项目等。没有标的的合同是空的,合同也无法履行,因此合同也不能成立。

3. 数量

数量是衡量合同标的多少的尺度,以数字和计量单位表示。数量必须严格按照国家规定的法定计量单位填写,以免当事人产生不同的理解。施工合同中的数量主要体现的是工程量的大小。

4. 质量

质量是标的的内在品质和外观形态的综合指标。签订合同时,必须明确质量标准。对于强制性的标准,当事人必须执行,合同约定的质量不得低于该强制性标准。若当事人没有约定质量标准,如果有国家标准,则依国家标准执行;如果没有国家标准,则依行业标准执行;没有行业标准,则依地方标准执行;没有地方标准,则依企业标准执行。由于建设工程中的质量标准大多是强制性的质量标准,当事人的约定不能低于这些强制性的标准。

5. 价款或报酬

价款或报酬是一方当事人以货币方式来支付对方财产(劳务、工作)的代价,合同中应明确支付代价的货币名称、单价、总价等。价款或报酬在勘察设计合同中表现为勘察设计费,在监理合同中则表现为监理费,在施工合同中则表现为工程款。

6. 履行的期限、地点和方式

履行的期限是当事人各方依照合同规定全面完成各自义务的时间;履行的地点是当事人交付标的和支付价款或酬金的地点,包括标的的交付地点,服务、劳务或工程项目建设的地点,价款或劳务的结算地点。施工合同的履行地点是工程所在地;履行的方式是当事人完成合同规定义务的具体方法,包括标的的交付方式和价款或酬金的结算方式。

7. 违约责任

违约责任是任何一方当事人不履行或者不适当履行合同规定的义务而应当承担的法律责任。当事人可以在合同中约定,一方当事人违反合同时,向另一方当事人支付一定数额的违约金,或者约定违约损害赔偿的计算方法。

8. 解决争议的方法

在合同履行过程中不可避免地会产生争议,为使争议发生后能够有一个双方都能接受的解决办法,应当在合同条款中对此作出规定。

三、合同的履行

(一)合同履行的概念

合同履行,是指合同各方当事人按照合同的规定,全面履行各自的义务,实现各自的权利,使各方的目的得以实现的行为。签订合同的目的在于履行,合同的履行是以有效的合同为前提和依据,因为无效合同从订立之时起就没有法律效力,不存在合同履行的问题。建设工程合同的目的也是履行,因此,合同订立后同样应当严格履行各自的义务。

(二)合同履行的原则

1. 实际履行

实际履行是合同当事人按照合同的约定完成各自的义务,不能不履行或用其他方式代替履行。在一方违约时,另一方有权要求违约方按合同约定,在客观可能的条件和限度内继续完成应尽的义务。按照实际履行的原则,违约方不能用违约金或赔偿损失的方式代替合同的履行。

2. 全面、适当履行

当事人应按照合同约定不折不扣地全面履行各自的义务,即按合同约定的标的、价款、数量、质量、地点、期限、方式等全面履行各自的义务。

3. 诚实信用

诚实信用原则是当事人双方在履行合同过程中本着实事求是的态度,以善意的方式行使权利并履行义务,以使双方所期待的正当利益得以实现。对双方发生的分歧,从合理维护双方利益的角度出发,探求解决争议的最佳方法。

4. 情势变更

情势变更是指合同依法成立后,由于不可归责于当事人的原因,履行合同的基础发生了变化,如果维持原合同的效力,将会产生显失公平的后果,在这样情况下,受不利影响的一方有权请求法院或仲裁机构变更或解除合同。

【案例6-2】 建筑材料涨价通常是承包人要求增加工程价款的理由之一,如果合同材料价格没有包死,补偿材料差价是合理的。如果合同就工程总价或材料价格一次包死,在这种情况下是否补差,就应判断材料涨价是否属于情势变更的情况。在价格定死的情况下,如果材料涨价属正常的市场风险范畴,涨价部分应由承包人承担,如果属于情势变更的情况,则涨价部分应由发包人合理负责一部分甚至全部负担。可以认为通货膨胀导致物价大幅上涨以及国家产业政策的调整,属情势变更情况,处于不利地位的承包人可以要求增加工程款。

四、合同无效

合同无效,是指虽经当事人双方协商签订,但因其不具备或违反法定条件,国家法律规定不承认其效力的合同。

无效合同有以下五种情形:

1. 一方以欺诈、胁迫的手段订立合同,损害国家利益如施工企业伪造资质等级证书与发包人签订施工合同属于"欺诈"行为。如材料供应商以败坏施工企业名誉为要挟，迫使施工企业与其订立材料买卖合同属于"胁迫"行为。以欺诈、胁迫的手段订立合同，如果损害国家利益，则合同无效。

2. 恶意串通，损害国家、集体或第三人利益的合同

这种情况在建设工程领域中较为常见的是投标人串通投标或者招标人与投标人串通，损害国家、集体或第三人利益，投标人、招标人通过这样的方式订立的合同是无效的。

3. 以合法形式掩盖非法目的的合同

如果合同要达到的目的是非法的，即使以合法的形式作掩护，也是无效的。如企业之间为了达到借款的非法目的，即使设计了合法的形式也属于无效合同。

【案例6-3】 我国法律规定，只有金融机构才有资格进行金融行为。如果甲公司想实现对乙公司提供贷款的目的，甲公司以赠予的合同形式将想要贷款的数额，赠送给乙公司。几年后，乙公司按照与甲公司约定的利率将应还本息的数额，再以赠予合同的形式，赠送给甲公司。这样，两份合法的赠予合同，就达到了企业之间非法贷款的目的。根据《合同法》，这两份赠予合同都是无效合同。

4. 损害社会公共利益

如果合同违反公共秩序和公序良俗，就损害了社会公共利益，这样的合同也是无效的。如施工单位在劳动合同中规定雇员应当接受搜身检查的条款，或者在施工合同的履行中规定以债务人的人身作为担保的约定，都属于无效的合同条款。

5. 违反法律、行政法规的强制性规定的合同

例如建设工程的质量标准是《标准化法》、《建筑法》规定的强制性标准，如果建筑工程合同当事人约定的质量标准低于国家标准，则该合同是无效的。

无效合同从订立时起，就不具备或违反了法定条件。因此，无效合同从订立时起就没有法律效力，国家法律不予保护。此项规定具有溯及既往的效力，即使合同已签订，事后一旦发现存在法律规定的无效合同的条件，该合同从签订时就不产生法律效力。无效合同的确认权归人民法院或者仲裁机构。

【案例6-4】 某市决定对历史遗留的老城区环城水系进行改造和清淤，设计和施工所要达到的目的是既满足河道排水需要，也要满足美化城市环境需要，全部工期为二年，预计投资1.2亿元。经可行性研究论证、设计任务书等报市计划主管部门审核后，报省计划委员会申请重大建设工程项目立项。在申请立项的过程中，本项目的项目法人即开始筹备工程招投标，确定四家施工单位为中标单位，实行分段承包施工建设，工程价款采取固定总价加工程量增减价结算。但是后来省计委下达了项目立项批准书，明确指出，鉴于本项目在实施过程中涉及到许多国家古文物的保护和城市发展的长远规划，对项目规划进行了部分修改，要求对原规划中没

有涉及的部分旧城区进行拆除,同时增设人文景观,开挖两个人工湖和假山建设,为此追加工程款1.8亿元。接到通知后,项目法人根据规划变化的情况,在涉及的承包段内追加了相应的工程款。但是由于各承包人增加的工程量大小相差悬殊,有的承包人表示反对,主张对新增工程量和新增建设项目进行单独招标,在公开招标的基础上确定承包人,这种方法遭到发包人的拒绝。对于反对强烈的个别承包人,发包人采取了单方面解除合同的做法,引起承包人不满,于是将发包人诉讼至法院。

问题:法院将如何处理?

解答:本项目招标和签定合同的过程中,发包人在没有得到项目批准的情况下签定了建设工程承包合同是无效合同,对于后来的解除合同,也就没有合法的依据。合同签署不合法,因此在合同签署之日起无效。法院判决:合同无效,本项目重新招标并签署合同。

五、合同的变更和解除

合同依法成立,即具有法律约束力,一般情况下不得擅自变更和解除合同。但是,在合同履行过程中,由于主观或客观的原因使得当事人一方或双方不能依照合同约定的条款履行时,可以依据法律或者当事人的约定变更或解除原来订立的合同。

(一)合同的变更

合同的变更是在合同尚未履行或尚未完全履行之前,当事人双方依法经过协商,对合同的内容进行修订或调整后达成的协议。

《合同法》规定当事人协商一致可以变更合同。当事人因重大误解、显失公平、欺诈、胁迫或趁人之危而订立的合同,受损害一方有权请求人民法院或者仲裁机构变更或撤销合同。

(二)合同的解除

合同的解除,是指合同依法成立后,在尚未履行或尚未完全履行时,当事人双方依法经过协商,就提前终止合同而达成的协议。

合同解除后,尚未履行的,终止履行;已经履行的,根据履行情况和合同性质,当事人可以要求恢复原状、采取其他补救措施,并有权要求赔偿损失。

(三)合同变更或解除后当事人的责任

(1)合同当事人一方因请求变更或解除合同,虽经双方协商达成协议,但仍给对方造成损失时,应由请求变更或解除合同方承担赔偿对方损失的责任。法律规定可免除责任者除外。

(2)合同因一方违约,使该合同的履行成为不必要时,债权人请求解除合同不仅不承担责任,反而有权请求违约方承担责任。

(3)合同的变更或解除是由不可抗力的原因造成的,当事人双方都不承担责任。

另有规定者除外。

【案例6-5】 从事家电销售业务的甲到A商场购物,将1套售价为7 200元的音响看成1 200元1套。该柜台售货员乙参加工作不久,也将售价看成了1 200元1套。于是甲以1 200元1套购买了两套。A商场发现问题后找到甲,要求甲支付差价或者退货。

问题:
1. 如果音响尚在甲处且完好无损,应当如何处理?为什么?
2. 如果音响已经由甲销售给丙,且无法找到丙,应当如何处?为什么?

解答:
1. 由于乙的销售行为是职务行为,可以代表A商场,因此可以理解为甲和A商场都对这一买卖行为存在重大误解,故这一买卖合同是可变更或者可撤销的合同。因此,如果音响尚在甲处且完好无损,甲应当支付差价(变更合同)或者退货(撤销合同)。

2. 如果音响已经由甲销售给丙,且无法找到丙,这意味着这一可变更或者可撤销的合同已经给当事人造成损失,有过错一方应当承担赔偿责任,如果是双方共同过错,则应当共同承担赔偿责任。当然,在买卖合同中,对价格的重大误解,卖方(A商场)应当承担主要、甚至全部过错。如果考虑甲是从事家电销售业务的,可以认为其有丰富的经验,也可以要求其承担一定的责任。

六、违约责任

违约责任是指建设工程合同当事人不履行合同义务或履行合同义务不符合合同约定时,依法应当承担的法律责任。

当事人因违约而引起的法律后果,通常主要是财产责任,既具有惩罚性,又具有补偿性。在建设工程合同中,当事人一方不履行合同义务或履行合同义务不符合约定的,应承担继续履行、采取补救措施、支付违约金、赔偿损失、定金罚则等违约责任。当事人双方都违反合同的,应各自承担相应的责任。

1. 继续履行

违反合同的当事人不论是否承担了赔偿金或者承担了其他形式的违约责任,都必须根据对方的要求,在自己能够履行的条件下,对合同未履行的部分继续履行。因为订立合同的目的就是通过履行实现当事人的目的,因此应当鼓励和要求合同的实际履行。承担赔偿金或违约金不能免除当事人的履约责任。如施工合同中约定了延期竣工的违约金,承包人没有按照约定期限完成施工任务,承包人应当支付延期竣工的违约金,但发包人仍然有权要求承包人继续施工。

2. 采取补救措施

采取补救措施是指建设工程合同当事人违反合同的事件发生后,为防止损失发生或者扩大,而由违反合同一方采取的修理、更换、重新制作、退货、减少价格或报酬等措施。采取补救措施的责任形式,主要发生在质量不符合约定的情况下。施工合同中,采取补救措施是施工单位承担违约责任常用的方法。

3. 赔偿损失

合同当事人一方违反合同造成对方损失时,应当赔偿对方的损失。损失赔偿额应相当于因违约所造成的损失,包括合同履行后可以获得的利益,但不得超过违反合同一方订立合同时预见或应当预见的因违反合同可能造成的损失。这种方式是承担违约责任的主要方式。

4. 支付违约金

合同当事人可以约定一方违约时向对方支付一定数额的违约金,也可以约定因违约产生的损失额的赔偿办法。若约定违约金低于所造成的损失,当事人可以请求人民法院或仲裁机构予以增加;若约定违约金高于所造成的损失,当事人可以请求人民法院或仲裁机构予以适当减少。

5. 定金罚则

合同当事人可以约定一方向对方给付定金作为债权的担保。债务人履行债务后定金应当抵作价款或收回。给付定金的一方不履行约定债务的,无权要求返还定金;收受定金的一方不履行约定债务的,应当双倍返还定金。

【案例6-6】 某施工企业通过投标获得了建设单位的综合大楼的施工权,在施工过程中,施工企业因建设单位委托设计单位提供的图纸错误而导致损失后,建设单位要求施工企业向设计单位提出补偿相应损失的申请。

问题:
1. 建设单位的做法是否正确?如不正确,该如何处理?
2. 违反合同承担的违约责任是以什么为前提的?
3.《合同法》规定,违约造成的赔偿损失应怎样合理确定?

解答:
1. 建设单位的做法是不正确的。

正确方法:建设单位首先给施工企业以相应损失的补偿,然后再依据设计合同追究设计人的违约责任。

2. 违反合同承担的违约责任,是以有效合同为前提的。

3.《合同法》规定,赔偿损失额应当相当于因违约行为所造成的损失,包括合同履行后可获得的收益。

七、争议的解决

解决争议是维护当事人正当合法权益,保证合同顺利进行的重要手段。合同争议的解决方式有：协商、调解、仲裁和诉讼。

1. 协商

在合同发生争议时，合同当事人在自愿友好的基础上，互相沟通、互相谅解，消除争议，达成和解。采用协商的方式解决建设工程合同的争议在实际中最常见。

2. 调解

当发生合同纠纷时，在双方当事人自愿的原则下，可以请第三人或有关部门进行调解。对施工合同，发包人与承包人之间的争议，一般可请监理工程师、工程咨询单位或上级行政主管部门等作为调解人。另外，也可由仲裁机构进行仲裁调解或法院主持司法调解。

3. 仲裁

在当事人不愿协商、调解或协商、调解不成时，当事人可以选择仲裁或诉讼的方式解决双方的合同纠纷。当事人申请仲裁的，必须符合仲裁条件，即双方当事人应在合同中订有仲裁条款，或者在事后达成仲裁协议。没有仲裁协议条款或仲裁协议的，不得向仲裁机构申请仲裁。仲裁机构作出的裁决具有法律约束力。一方当事人不履行裁决的，另一方当事人可以向人民法院申请强制执行。

4. 诉讼

合同中没有仲裁条款或事后没有达成仲裁协议，当事人可以向人民法院起诉。

第二节 建设工程合同概述

一、建设工程合同的概念

建设工程合同是承包人进行工程建设，发包人支付工程价款的合同。合同双方当事人应当在合同中明确各自的权利义务，以及违约时应当承担的责任。建设工程合同的客体是工程，主体是发包人和承包人。发包人是业主或业主委托的管理机构，承包人是承担勘察、设计、施工任务的勘察、设计或施工单位。

二、建设工程合同的法律特征

1. 具有严格的计划性

签订合同必须以履行合同有关法定审批程序为前提。由于建设工程合同的标的物为建筑产品，需占用土地，耗费大量的资源，属于国民经济建设的重要组成部分，凡是没有经过计划部门、规划部门的批准，不能进行勘察设计，建设行政主管部门不予办理报建手续，更不能组织施工。在施工过程中，如需变更原计划的项目功能时，必须报有关部门审核同意。

2. 承包人的主体资格受到严格限制

建设工程合同的承包人,除了在工商行政管理部门核准的经营范围内从事经营活动外,还应当遵守企业资质等级管理的规定,不得越级承揽任务。另外,施工企业到外地承揽施工任务时,应当到工程所在地建设行政主管部门办理许可手续,否则不能承揽任务。

3. 签订及履行合同受到国家的严格监督管理

国家对建设工程项目的发包采用招标投标制度,除了不宜进行招标投标的几类特殊工程外,均应通过招标投标的方式选择施工队伍。

国家不仅对工程项目的建设计划实行严格的审批制度,而且对建设投资的规模也进行限制。为防止资金浪费,将财政拨款无偿使用部分改为银行贷款有偿使用。工程竣工后,国家有关部门还对工程造价进行审核。在施工过程中,政府建设工程质量监督管理部门还要对质量进行监督,核定竣工工程质量等级。对不符合质量等级要求的工程,不允许交付使用。

4. 具有严密的协作性

建设工程合同主体之间具有严密的协作性,主体间有连带的权利义务关系。建设工程合同涉及面广,需要勘察、设计、施工、监理及业主相互之间通力协作,密切配合,共同完成建设工程合同中明确的工程任务。

三、建设工程合同的分类

1. 勘察、设计合同

勘察、设计合同是委托人与承包人为完成一定的勘察、设计任务,明确双方权利义务关系的协议。一般情况下,勘察合同与设计合同是两个合同。但是,这两个合同的特点和管理内容相似,因此,我们往往将这两个合同统称为勘察、设计合同。

勘察、设计合同的发包人是建设单位或项目管理部门;承包人是具有法人资格,持有《工程勘察证书》或《工程设计证书》,以及工程勘察设计收费资格证书的工程勘察设计单位。

2. 监理合同

监理合同是指委托人与监理人就委托的工程项目管理内容签订的明确双方权利义务的协议。监理合同是委托合同的一种。委托人,即工程项目发包人;监理人,即依法成立具有法人资格的监理企业,其所承担的工程监理业务应与企业资质和业务范围相符合。

建设工程委托监理法律关系,是建设工程活动中的一种特殊法律关系,是指建设单位、监理单位以及第三人之间,依据国家法律、行政法规的规定和约定,相互之间形成的权利、义务和责任的法律关系。

监理合同的标的是服务,是以对建设工程项目实施控制和管理为主要内容。委托的工作内容,必须符合工程项目建设程序,委托人与监理人应当依据法律规定和合同约定,全面、实际地履行委托监理合同的义务,从而确保相对人的权利得以实现,以利于委托监理的建设工程项目按期、按质、按量地交工,从而实现当事人订立合同的目标。

3. 施工合同

施工合同是发包人与承包人为完成商定的建筑安装工程,明确相互权利义务关系的合同。依照施工合同,承包人应完成一定的建筑安装任务,发包人应提供必要的施工条件并支付工程价款。

施工合同是建设工程的主要合同,是建设工程质量控制、进度控制、投资控制的主要依据。在市场经济条件下,建设市场主体之间相互的权利义务关系主要是通过合同确立的。因此,在建设领域加强对施工合同的管理具有十分重要的意义。

四、建设工程合同管理的手段

1. 普及合同法制教育,培训合同管理人才

《建筑法》、《合同法》、《招标投标法》已经相继颁布。作为建筑市场主体的法定代表人或负责人及各级管理人员都应认真学习和熟悉必要的合同法律知识,以便合法地参与建筑市场经济活动。

2. 设立专门合同管理机构,配备合同管理人员

建设单位和承包单位内部的合同管理工作,是建设工程全面管理的重要组成部分。因此,设立建设工程合同管理机构应配备合同管理专职人员,建立合同台账、统计、检查和报告制度,发挥合同管理的纽带作用,从而使得建设工程合同的订立、履行、变更和终止等活动的结果,成为法定代表人作出决策的科学依据。

3. 积极推行合同示范文本制度

为了完善建设工程合同制度,规范建设工程合同各方当事人行为,维护正常的经济秩序,建设部和国家工商行政管理局联合颁布了《建设工程施工合同(示范文本)》、《建设工程委托监理合同(示范文本)》、《建设工程勘察合同(示范文本)》、《建设工程设计合同(示范文本)》。推行合同示范文本制度,一方面有助于当事人了解、掌握有关法律、法规,使建设工程合同的签订符合规范,避免缺款少项和当事人意思表示不真实,防止出现显失公平和违法条款;另一方面便于合同管理机关加强监督检查,也有利于仲裁机构或人民法院及时裁判纠纷,维护当事人的合法权益,保障国家和社会公共利益。

4. 建立合同管理的微机信息系统

合同管理在建设工程管理中具有十分重要的作用。随着建设工程规模的扩大,合同标的日趋庞大,涉及合同的内容、条款日益复杂,采用传统的合同管理手段和方法已经无法适应现代化大、中型工程项目动态管理的要求。因此,建立以微机数据库系统为基础的合同管理,在数据收集、整理、存储、处理和分析等方面,建立工程项

目管理中的合同管理系统,以提高管理水平。

5. 借鉴和采用国际通用规范和先进经验

现代建设工程活动,正处在日新月异的新时期。国际性是工程承发包活动的一项重要特征,国际工程市场吸引着各国的业主和承包人参与其流转活动。这就要求我国的建设工程项目的当事人学习、熟悉国际工程市场的运行规范和操作惯例。例如,国际咨询工程师联合会(FIDIC)编制的《FIDIC施工合同条件》,美国建筑师学会(AIA)、英国土木工程师学会(ICE)等国际著名组织编写的有关合同条件文本,对于完善我国建设工程项目的合同管理制度和适应国际建设工程市场开发的需要,将会起到十分重要的作用。

第三节　建设工程勘察、设计合同管理

一、勘察、设计合同概述

(一)勘察、设计合同的概念

建设工程勘察、设计合同是委托人与承包人为完成特定的勘察、设计任务,明确双方权利义务和达到一定目的的协议。承包人应当完成委托人委托的勘察、设计任务,委托人则应接受符合约定要求的勘察、设计成果并支付报酬。

签订勘察、设计合同有利于委托人与承包人明确各自的权利、义务以及违约责任等内容,避免发生纠纷时引起不必要的争执,还有利于双方当事人加强管理与经济核算,提高管理水平。

(二)勘察、设计合同示范文本简介

建设部、国家工商行政管理局于2000年3月1日修订并发布了《建设工程勘察合同(示范文本)》(GF—2000—0203、GF—2000—0204)、《建设工程设计合同(示范文本)》(GF—2000—0209、GF—2000—0210),供合同双方参考使用。这两种示范文本采用的是填空式文本,即合同示范文本的编制者将勘察、设计中共性的内容抽出来编写成固定的条款,对于一些需要在具体勘察、设计任务中明确的内容则是留下空格由合同当事人在订立合同时填写。

二、勘察、设计合同的主要内容

1. 委托方提交有关资料的期限

委托方提交的基础资料是勘察、设计单位进行勘察、设计工作的依据。勘察基础资料包括项目的批准文件、工程勘察任务委托书、技术要求和工作范围的地形图及勘察工作范围地下已有埋藏物的资料(如电力、电讯电缆、各种管道、人防设施、洞室等)和具体位置分布图;设计的基础资料包括经批准的设计任务书、工程的选址报

告及原料(或经过批准的资源报告)、燃料、水、电、运输等方面的协议文件和能满足设计要求的勘察资料。

2. 勘察、设计单位提交勘察、设计文件的期限

勘察、设计文件是工程建设的依据,工程必须按照勘察、设计文件进行施工,因此勘察、设计文件的交付期限直接影响工程的期限,所以当事人在勘察、设计合同中应当明确勘察、设计文件交付的期限。勘察、设计文件主要包括勘察、设计图纸及说明,材料设备清单和工程概预算等。

3. 勘察、设计文件的质量要求

勘察、设计单位应当按照确定的质量要求进行勘察、设计,按时提交符合质量要求的勘察、设计文件。勘察、设计文件的质量要求条款,也是确定勘察、设计单位工作责任的重要依据。

4. 勘察、设计费用

支付勘察、设计费是委托方在勘察、设计合同中的主要义务。双方应当明确勘察、设计费用的数额和计算方法,勘察、设计费用的支付方式、地点、期限等内容。

5. 双方的其他协作条件

其他协作条件是双方当事人为了保证勘察、设计工作的顺利完成所应当履行的相互协助的义务。委托方的主要协作义务是在勘察、设计人员进入现场工作时,为勘察、设计人员提供必要的工作条件和生活条件,以保证其正常开展工作。勘察、设计单位的主要协作义务是配合建设工程的施工,进行设计交底,解决施工中的有关设计问题,负责设计修改和变更,参加试车考核和工程验收等。

6. 违约责任

合同双方当事人根据国家有关规定约定双方的违约责任。

三、勘察、设计合同当事人的义务

(一)委托方的义务

委托方的义务是委托方负责向承包方提供相关资料的内容、技术要求、完成期限以及应完成的准备工作和服务项目。

1. 向承包方提供开展勘察、设计工作所需的相关基础资料,并对提供的时间、进度与资料的可靠性负责。

2. 在勘察、设计人员进入现场作业或配合施工时,应负责必要的工作和生活条件。

3. 委托方应负责勘察现场的水电供应、平整道路、现场清理等工作,以保证勘察工作的开展。

4. 委托方应明确设计范围和深度,并负责及时向有关部门办理设计文件的审批手续。

5. 委托方配合引进项目的设计,从询价、对外谈判、国内外技术考察直到建成投产的各个阶段,应通知承担有关设计的单位参加。

6. 按照国家有关规定和合同的约定给付勘察、设计费用。

7. 勘察、设计合同生效后,委托方应向承包方交付定金。勘察任务的定金为勘察费的20%,设计任务的定金为估算设计费的20%。勘察、设计合同履行后,定金抵作勘察、设计费。

8. 维护承包方的勘察成果和设计文件,不得擅自修改,不得转让给第三人重复使用。

9. 合同中含有保密条款的,委托方应承担设计文件的保密责任。

(二)承包方的义务

承包方的义务是承包人按订立的合同和委托人的要求,完成其职责,保证委托人的权利和目的的实现。

1. 勘察、设计单位应按照现行的标准、规范、规程和技术条例,进行工程测量和工程地质、水文地质等勘察工作,并按合同规定的进度、质量要求提交勘察成果。对于勘察工作中的漏项应及时予以勘察,对于由此多支出的费用应自行负担并承担由此造成的违约责任。

2. 设计单位要根据批准的可行性研究报告、设计任务书或上一阶段设计的批准文件,以及有关设计的技术经济文件、设计标准、技术规范、规程、定额等提出勘察技术要求的设计文件,并按合同规定的进度和质量要求,提交设计文件。

3. 初步设计经上级主管部门审查后,在原定任务书范围内的必要修改,由设计单位负责。原定任务书有重大变更而重做或修改设计时,须具有设计审批机关或设计任务书批准机关的意见书,经双方协商,另订合同。

4. 设计单位对所承担设计任务的工程项目,应配合施工,进行设计技术交底,解决施工过程中有关设计的问题,负责设计修改和变更,参加试车和工程验收等。

四、勘察、设计合同的修改和终止

设计文件批准后,就具有一定的严肃性,不得任意修改和变更。如果委托方根据工程的实际需要确需修改勘察、设计文件时,应当首先报原审批机关批准,然后由承包方修改,并按承包方实际返工修改的工作量增付设计费。委托方因故要求中途停止设计时,应及时书面通知承包方,已付的设计费不退,并按该阶段实际所耗工时,增付和结清设计费,同时终止合同关系。

五、违约责任

（一）委托方的违约责任

1. 在合同履行期间，委托方要求终止或解除合同，承包方未开始勘察、设计工作的，不退还委托方已付的定金；已开始工作的，委托方应根据承包方已进行的实际工作量，不足一半时，按该阶段勘察、设计费的一半支付，超过一半时，按该阶段勘察、设计费的全部支付。

2. 由于变更计划，提供的资料不准确，未按期提供勘察、设计工作所必需的资料或工作条件，因而造成勘察、设计工作的返工、窝工、停工或修改设计时，委托方应按承包方实际消耗的工作量增付费用。

3. 因委托方的责任造成重大返工或重作设计时，应另增勘察、设计费。

4. 委托方超过合同规定的日期交付费用时，应偿付逾期的违约金。偿付办法与金额，由双方按照国家的有关规定协商，在合同中注明。

（二）承包方的违约责任

1. 因勘察、设计质量低劣引起返工，或未按期提交勘察、设计文件拖延工期造成委托方的损失，由承包方继续完善勘察、设计任务，并视造成的损失大小减收或免收勘察、设计费。对于因勘察、设计错误而造成的重大质量事故的，承包方除免收损失部分的勘察、设计费外，还应根据损失的程度向委托方支付赔偿金。

2. 建设工程在合理使用期限内因承包方的原因造成人身和财产损害的，承包方应承担损害赔偿责任。

3. 在合同生效后，承包方不履行合同的，应当双倍返还定金。

【案例6-7】 某年4月A单位拟建办公楼一栋，工程地址位于已建成的X小区附近，A单位就勘察任务与B单位签订了工程勘察合同。合同规定勘察费15万元，该工程经过勘察、设计等阶段于10月20日开始施工。

问题：

1. 委托方A应预付勘察定金数额是多少？

2. 该工程签订勘察合同几天后，委托方A单位通过其他渠道获得X小区业主C单位提供的X小区勘察报告。A单位认为可以借用该勘察报告，A单位即通知B单位不再履行合同。在上述事件中，哪些单位的做法是错误的？为什么？A单位是否有权要求返还定金？

3. 若A单位和B单位双方都按期履行勘察合同，并按B单位提供的勘察报告进行设计与施工，但在进行基础施工阶段，发现其中有部分地段地质情况与勘察报告不符，出现软弱地基，而在原报告中并未指出，此时B单位应承担什么责任？

解答:
1. 委托方 A 单位向 B 单位支付定金:15 万元×20% = 3 万元
2. A、C 单位的做法是错误的。

A 单位不履行勘察合同,属违约行为;C 单位应维护他人的勘察成果,不得擅自转让给第三方,也不得用于合同以外的项目。因此,C 单位做法是错误的。委托方 A 不履行勘察合同,无权要求返还定金。

3. 若勘察合同继续履行,B 单位完成勘察任务。对于因勘察质量低劣造成的损失,应视造成损失的大小,减收或免收勘察费。

六、监理工程师对勘察、设计合同的管理

(一)勘察、设计阶段监理工作职责范围

勘察、设计阶段的监理,一般指建设工程已经取得立项批准文件以及必须的批文后,从编制勘察、设计任务书开始,直到完成勘察任务或完成施工图设计的监理。上述阶段应由委托合同确定。监理单位应根据与发包方签订的监理合同对勘察、设计单位进行监理。发包方(业主)、监理方、承包方(勘察、设计方)三方关系见图 6-1。

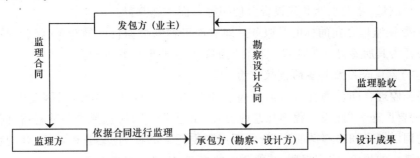

图 6-1　业主、监理、勘察(设计)三方关系图

(二)监理工程师对勘察、设计阶段管理的主要内容

主要内容有:根据设计任务书等有关批示和资料编制"设计要求文件"或"方案竞赛文件";采用招标方式的项目监理人员应编制"招标文件";组织设计方案竞赛、招投标,并参与评选设计方案或评标;协助选择勘察、设计单位或提出评标意见及中标单位候选名单;起草勘察、设计合同条款及协议书;监督勘察、设计合同的履行情况;审核勘察、设计阶段的方案和设计结果;向建设单位提出支付合同价款的意见;审查项目概、预算。

第四节 建设工程监理合同管理

一、监理合同的概述

（一）监理合同的概念和特点

建设工程委托监理合同简称监理合同,是业主与监理企业签订,为完成委托的建设工程监理工作,明确双方权利和义务的协议。

监理合同是委托合同的一种,除具有委托合同的共同特点外,还具有以下特点:

1. 监理合同的当事人双方应当是具有民事权利能力和民事行为能力、取得法人资格的企事业单位、其他社会组织,个人在法律允许的范围内也可以成为合同当事人。委托人必须是具有国家批准的建设项目,落实投资计划的企事业单位、其他社会组织及个人;作为受托人必须是依法成立具有法人资格的监理企业,并且所承担的工程监理业务应当与企业资质等级和业务范围相符合。

2. 监理合同委托的工作内容必须符合工程项目建设程序。监理的内容是依据法律、行政法规及有关技术标准、设计文件和建设工程合同,代表建设单位对承包单位在工程质量、建设工期和建设资金使用等方面实施监督。

3. 委托监理合同的标的是服务。即监理工程师根据自己的知识、经验、技能受业主委托为其所签订其他建设工程合同的履行实施监督和管理。

（二）监理合同应具备的条款结构

委托监理合同是委托任务履行过程中当事人双方的行动指南,因此内容应全面,用词要严谨。《建设工程委托监理合同(示范文本)》所包括的条款有:合同内所涉及的词语定义和须遵循的法规;监理人和委托人的权利、义务和责任;合同生效、变更与终止的规定;监理报酬;其他方面的规定;争议的解决方式。

（三）监理合同示范文本简介

《建设工程委托监理合同(示范文本)》(GF—2000—0202)由"建设工程委托监理合同"(下称"合同"),"标准条件"和"专用条件"组成。

1. "合同"是一个总的协议,是纲领性文件。主要内容是当事人双方确认的委托监理工程的概况(工程名称、地点、规模、工程造价、委托范围等)、价款和酬金,合同签订、生效、完成时,双方愿意履行约定的各项义务的承诺,以及合同文件的组成。监理合同除"合同"之外还应包括:

(1)监理投标书或中标通知书;

(2)监理委托合同标准条件;

(3)监理委托合同专用条件;

(4)在实施过程中双方共同签署的补充与修正文件。

"合同"是一份标准的格式文件,经当事人双方在有限的空格内填写具体规定的内容并签字盖章后,即发生法律效力。

2. 标准条件

共49条,其内容涵盖了合同中所用词语定义,适用语言和法规,签约双方的责任、权利和义务,合同变更和终止,监理酬金,风险分担以及履行过程中应遵循的程序,并对其他一些情况作了详细的规定。它是监理委托合同的通用文本,适用于各类建设工程委托监理,是所有签约工程都应遵守的基本条件。

3. 专用条件

"专用条件"主要是根据建设工程的专业特点、地理位置和当事人的主观要求,对"标准条件"内容进行完善、修改与补充。

二、监理合同当事人的权利、义务和责任

(一)委托人的权利和义务

1. 委托人的权利

在监理合同中,委托人具有建设工程方面很多的自主权,只要不违背法律,原则上委托人可以对自己将要建设的工程想怎样做都行,同时可以要求监理人提供符合合同要求的监理服务。我国监理合同规定委托人享有的权利如下:

(1)委托人有选定工程总承包人,以及与其订立合同的权利。

(2)委托人有对工程规模、设计标准、规划设计、生产工艺设计和设计使用功能要求的认定权,以及对工程设计变更的审批权。

(3)监理人调换总监理工程师须事先经委托人同意。

(4)委托人有权要求监理人提交监理工作月报及监理业务范围内的专项报告。

(5)当委托人发现监理人员不按监理合同履行监理职责,或与承包人串通给委托人或工程造成损失的,委托人有权要求监理人更换监理人员,直到终止合同并要求监理人承担相应的赔偿责任或连带赔偿责任。

2. 委托人的义务

委托人在享有权利的同时,也必须尽自己的义务。我国监理合同规定委托人的义务如下:

(1)委托人在监理人开展监理业务之前应向监理人支付预付款。

(2)委托人应当负责建设工程的所有外部关系的协调,为监理工作提供外部条件。根据需要,如将部分或全部协调工作委托监理人承担,则应在专用条件中明确委托的工作和相应的报酬。

(3)委托人应当在双方约定的时间内免费向监理人提供与工程有关的为监理工作所需要的工程资料。

(4)委托人应当在专用条款约定的时间内就监理人书面提交并要求作出决定的

一切事宜作出书面决定。

(5)委托人应当授权一名熟悉工程情况、能在规定时间内作出决定的常驻代表(在专用条款中约定),负责与监理人联系。更换常驻代表,要提前通知监理人。

(6)委托人应当将授予监理人的监理权利,以及监理人主要成员的职能分工、监理权限及时书面通知已选定的承包合同的承包人,并在与第三人签订的合同中予以明确。

(7)委托人应免费向监理人提供办公用房、通讯设施、监理人员工地住房及合同专用条件约定的设施,对监理人自备的设施给予合理的经济补偿(补偿金额 = 设施在工程使用时间占折旧年限的比例 × 设施原值 + 管理费)。

(8)委托人应在不影响监理人开展监理工作的时间内提供以下资料:

1)与本工程合作的原材料、构配件、机械设备等生产厂家名录。

2)提供与本工程有关的协作单位、配合单位的名录。

(二)监理人的权利和义务

1. 监理人的权利

监理人从监理合同中必然取得的权利,如获得酬金的权利、终止合同的权利,是每一个委托合同都共有的,无需赘述。

我国现行监理合同文本规定,监理人执行监理业务可以行使的权利包括:

(1)选择工程总承包人的建议权。

(2)选择工程分包人的认可权。

(3)对建设工程有关事项包括工程规模、设计标准、规划设计、生产工艺设计和使用功能要求,向委托人的建议权。

(4)对工程设计中的技术问题,按照安全和优化的原则,向设计人提出建议;如果拟提出的建议可能会提高工程造价,或延长工期,应当事先征得委托人的同意。当发现工程设计不符合国家颁布的建设工程质量标准或设计合同约定的质量标准时,监理人应当书面报告委托人并要求设计人更正。

(5)审批工程施工组织设计和技术方案,按照保质量、保工期和降低成本的原则,向承包人提出建议,并向委托人提出书面报告。

(6)主持建设工程有关协作单位的组织协调,重要协调事项应当事先向委托人报告。

(7)征得委托人同意,监理人有权发布开工令、停工令和复工令,但应当事先向委托人报告。如在紧急情况下未能事先报告时,则应在 24 h 内向委托人作出书面报告。

(8)工程上使用的材料和施工质量的检验权。对于不符合设计要求和合同约定及国家质量标准的材料、构配件、设备,有权通知承包人停止使用;对于不符合规范和质量标准的工序、分部分项工程和不安全施工作业,有权通知承包人停工整改、返工。承包人得到监理机构复工令后才能复工。

（9）工程施工进度的检查、监督权，以及工程实际竣工日期提前或超过工程施工合同规定的竣工期限的签认权。

（10）在工程施工合同约定的工程价格范围内，工程款支付的审核和签认权，以及工程结算的复核确认权与否决权。未经总监理工程师签字确认，委托人不支付工程款。

（11）监理人在委托人授权下，可对任何承包人合同规定的义务提出变更。如果由此严重影响了工程费用、质量、进度，则这种变更须经委托人事先批准。在紧急情况下未能事先报委托人批准时，监理人所做的变更也应尽快通知委托人。在监理过程中如发现工程承包人员工作不力，监理机构可要求承包人调换有关人员。

（12）在委托的工程范围内，委托人或承包人对对方的任何意见和要求（包括索赔要求），均必须首先向监理机构提出，由监理机构研究处置意见，再同双方协商确定。当委托人和承包人发生争议时，监理机构应根据自己的职能，以独立的身份判断，公正地进行调解。当双方的争议由政府建设行政主管部门调解或仲裁机关仲裁时，监理人应当提供作证的事实材料。

2. 监理人的义务

监理人的首要义务是提供优质的服务，同时对于工程中需要保密的资料，未经相关组织的许可不得泄露。我国现行监理合同文本规定，监理人要履行下列义务：

（1）监理人按合同约定派出监理工作需要的监理机构及监理人员。向委托人报送委派的总监理工程师及其监理机构主要成员名单、监理规划，完成监理合同专用条件中约定的监理工程范围内的监理业务。在履行合同义务期间，应按合同约定定期向委托人报告监理工作。

（2）监理人在履行本合同的义务期间，应认真、勤奋地工作，为委托人提供与自身水平相适应的咨询意见，公正维护各方面的合法权益。

（3）监理人使用委托人提供的设施和物品属委托人的财产，在监理工作完成或中止时，应将其设施和剩余的物品按合同约定的时间和方式移交给委托人。

（4）在合同期内或合同终止后，未征得有关方同意，不得泄露与本工程、本合同业务有关的保密资料。

【案例6-8】 下面列举了委托监理合同双方当事人所享有的权利。

(1) 选择工程总承包的建议权；

(2) 对设计人的批准权；

(3) 对施工分包单位的否决权；

(4) 工程设计变更审批权；

(5) 授予总监理工程师权限的权利；

(6)工程款支付的审核和签认权；

(7)对工程竣工日期的鉴定权；

(8)组织协调有关协作单位的主持权；

(9)对重大问题提交专项报告的要求权；

(10)调换总监理工程师的同意权；

(11)审查承包人索赔的权利；

(12)工程设计的建议权；

(13)对实施项目的质量、工期和费用的监督控制权。

问题：上面的权利哪些是委托人权利？哪些是监理人的权利？

解答：属于委托人权利的是：(2)、(4)、(5)、(9)、(10)；属于监理人权利的是：(1)、(3)、(6)、(7)、(8)、(11)、(12)、(13)。

【案例6-9】 某监理公司是本市实力最雄厚的监理企业，承揽并完成了很多大中型工程项目的监理任务，积累了丰富的经验，建立了一定的业务关系。某业主投资建设一栋28层综合办公大楼，由于本市仅有此一家监理公司具备本项目的施工监理资质，且该监理公司曾承揽过类似工程的监理任务，所以，业主就指定该监理公司实施委托监理工作并签订了书面合同。合同的有关条款约定，由监理人负责建设工程的所有外部关系的协调(因监理公司已建立了一定的业务关系)，业主不派工地常驻代表，全权委托总监理工程师处理一切事务。在监理过程中，监理员告诉承包人有关设计方面申明的秘密，其目的是为了更好地实施施工；在施工过程中业主和承包人发生争议，总监理工程师以业主的身份，与承包人进行协商。

问题：指出上述中的不妥之处，并说明理由。

解答：不妥之处有：

1. 指定监理公司不妥。应以招标方式进行确定。

2. 业主不派工地常驻代表不妥。应该派工地常驻代表。

3. 监理员告诉有关设计方面的秘密不妥。监理人不得泄露设计单位申明的秘密。

4. 总监理工程师以业主的身份参与调解不妥。总监理工程师应以自己独立的身份进行调解。

(三)委托人与监理人的责任

1. 委托人的责任

(1)委托人应当履行委托监理合同约定的义务，如有违反则应当承担违约责任，赔偿给监理人造成的损失。如：委托人未能按计划提供条件，导致设计延误、施工不能按时开工，拖延工期；委托人所订设备、材料未能按计划到达现场，或质量不合格，延误工期等。

监理人在处理委托业务时，因非监理人原因的事由受到损失的，可以向委托人要求补偿损失。

(2)委托人如果向监理人提出赔偿的要求不能成立,则应当补偿由该索赔所引起的监理人的各种费用支出。

2. 监理人的责任

(1)监理人的责任期即委托监理合同有效期。在监理过程中,如果因建设工程进度的推迟或延误而超过书面约定的日期,双方应进一步约定相应延长的合同期。

(2)监理人在责任期内,应当履行约定的义务。如果因监理人过失而造成了委托人的经济损失,应当向委托人赔偿,赔偿按监理收费的比率确定,但累计赔偿总额不应超过监理报酬总额(除去税金)。

(3)监理人对承包人违反合同规定的质量和要求完工时限不承担责任。因不可抗力导致委托监理合同不能全部或部分履行,监理人不承担责任。但对违反认真工作规定引起的与之有关的事宜,向委托人承担赔偿责任。

(4)监理人向委托人提出赔偿要求不能成立时,监理人应当补偿由于该索赔所导致委托人的各种费用支出。

【案例6-10】 某工程项目将进入施工阶段,业主分别与监理单位和施工单位签定了工程监理合同和施工承包合同,并经政府主管部门登记。建设工程监理合同包括监理的范围和内容、双方的权利和义务、监理费的计取与支付、违约责任以及双方约定的其他事项等。

问题:

1. 工程监理和工程承包合同,签约时间的先后次序是什么?
2. 该合同是否属有效经济合同,请说出根据。
3. 工程监理合同中有如下条款是否妥当?

(1)除非业主责任,如发生工期延误,监理方要承担工程承包方工期罚款的20%;如工期提前,监理方获承包工期奖的20%。

(2)工程质量未获得优良等级,监理方要承担承包方罚款的20%;若得到优良等级,监理方可获得承包方质量奖的20%。

(3)整个施工期内,发生一起质量事故,监理方要承担罚款1.5万元,每发生一起安全事故,监理方要承担罚款2万元。如被评为标准化合格工地或文明工地,监理方可获承包单位奖的10%。

(4)凡因监理方差错、失误造成的经济损失,监理方要承担一定比例的赔偿,赔偿按监理费率的比例确定。如不发生上述错误和失误,则全额支付监理方酬金。

解答:

1. 监理合同先签。目的在于监理介入后可帮助业主选择好施工队伍,为实现监理目标奠定基础;另外有利于充分做好准备工作,配合、协调、理顺好各种关系。

2. 第(1)、(2)、(3)条不妥,第(4)条妥当。理由如下:
(1)从监理性质分析——属技术服务、有偿服务,不是以经营为目的;
(2)从责任分析——延误工期、质量事故、安全事故等不是监理的直接责任;
(3)从监理与施工单位关系分析——属监理与被监理关系;
(4)从处罚金额分析——《示范文本》规定,罚金是按监理费的比例决定的,最高罚金为扣除税金后的监理费。

三、监理合同的生效、变更和终止

(一)监理工作

委托监理合同属于委托合同的范围,委托合同的标的是服务。委托监理合同的监理工作包括正常工作、附加工作和额外工作。

1. 正常工作

"正常工作"是指双方在专用条件中约定,委托人委托的监理工作范围和内容。正常工作的内容大致包括以下几方面:

(1)工程技术咨询服务。如进行可行性研究、各种方案的成本效益分析等。
(2)协助委托人完成相关工作。如协助委托人组织设计、施工等招标工作。
(3)监督与检查。如设计检查监督、材料设备质量的检验等。
(4)施工管理。如质量控制、成本控制、进度控制和合同管理等。

2. 附加工作

"附加工作"包括两种情况:其一是指委托人委托的监理范围以外,通过双方书面协议另外增加的工作内容。如委托人要求监理人就施工中采用的新工艺施工部分编制质量检测合格标准。其二是指由于委托人或承包人原因,使监理工作受到阻碍或延误,因增加工作量或持续时间而增加的工作。如由于委托人或承包人的原因,承包合同不能按期竣工而必须延长的监理工作时间,从而增加监理人的工作量。

3. 额外工作

"额外工作"是指正常工作和附加工作以外,由于非监理人自己的原因而暂停或终止监理业务,其善后工作及恢复监理业务前不超过42天的准备工作。如合同履行过程中发生不可抗力,承包人的施工被迫中断,监理工程师应完成的确认灾害发生前承包人已完成工程的合格和不合格部分、指示承包人采取应急措施等,以及灾害消失后恢复施工前必要的监理准备工作等。

【案例 6-11】 某业主投资建设一栋18层综合办公大楼,就此工程项目施工阶段的监理工作与某监理单位签订了委托监理合同,在工程施工过程中发生了以下事件和工作:

1. 由于承包人的施工机械故障,使工程不能按期竣工。
2. 施工中某分部工程采用新工艺施工,委托人要求监理人编制质量检测合格标准。
3. 施工中发生不可抗力,施工被迫中断,监理人指示承包人采取应急措施。
4. 由于设计有误,变更设计后工程量增加了2%,致使监理人的监理工作时间延长。
5. 发生了一场意外火灾,火灾消灭后,监理人做恢复施工前必要的监理准备工作。
6. 监理人在隐蔽工程隐蔽前受承包人的要求而进行检验。

问题:由于以上事件和工作导致监理人的工作量和工作时间增加,分别说明所增加的监理工作是属于正常、附加,还是额外工作?是否是监理人应完成的监理工作?

解答:

正常的监理工作是第6项;附加的监理工作是第1、2项;额外的监理工作是第3、4、5项。

第1~6项中产生的监理工作均是监理人应完成的监理工作。

(二)监理报酬

1. 正常工作的监理报酬计算方法

对于监理费的计费办法,国家物价局和建设部颁发的"价费字479号"文《关于发布工程建设监理费有关规定的通知》中有规定,共有四种办法:

(1)按照监理工程概预算的百分比计收。

(2)按照参与监理工作的年度平均人数计算。

(3)不宜按照(1)和(2)两项办法计收的,由监理人和委托人按商定的其他办法计收。

(4)中外合资、合作、外商独资的建设工程,工程建设监理收费双方参照国际标准协商确定。

按照上述方法计算是属于正常工作的监理报酬,对于附加工作和额外工作的监理报酬,按照当事人在专用条件约定的计算方法计算。一般情况下,附加工作的酬金根据延长时间的比例来确定,而附加工作量的情况在实际工程中比较少见。

> 【案例6-12】 某快速干道工程，工程开、竣工时间分别为当年4月1日和9月30日。业主根据该工程的特点及项目构成情况，将工程分为3个标段。
>
> A监理公司承担了第Ⅱ标段的监理任务，委托监理合同中约定监理期限190天，监理酬金为60万元。但实际上，由于非监理方的原因导致监理时间延长了25天。经协商，业主同意支付由于时间延长而发生的附加监理报酬。
>
> **问题：** 此附加工作报酬是多少？
>
> **解答：** 第Ⅱ标段监理合同报酬为60万元，根据延长工作时间的比例，则附加工作报酬为 25（天）/190（天）×60万元＝7.89万元

2. 监理报酬的支付

监理合同属于委托合同，《合同法》在委托合同分则中规定，委托人应当预付处理委托事务的费用。一般监理工作，当事人也应该约定有预付款。监理报酬的具体计算方法与支付方式，当事人应该在专用条件中约定。

如果委托人在规定的支付期限内未支付监理报酬，自规定之日起，还应向监理人支付滞纳金。滞纳金从规定支付期限最后一日起计算。

如果委托人对监理人提交的支付通知中的报酬或部分报酬项目提出异议，应当在收到支付通知书24h内向监理人发出表示异议的通知。但委托人不得拖延其他无异议报酬项目的支付。

(三) 合同生效、变更与终止

1. 合同生效

自合同签字之日起生效。

2. 合同的有效期

在监理合同中注明的合同期限是指完成正常监理工作预定的时间，并不一定是监理合同的有效期。监理合同的有效期即监理人的责任期，是以监理人是否完成了包括附加和额外工作的义务来判定。因此标准条件规定，监理合同的有效期为双方签订合同后，工程准备工作开始，到监理人向委托人办理完竣工验收或工程移交手续，承包人和委托人已签定工程保修责任书，监理收到监理报酬尾款，监理合同才终止。如果保修期间仍需监理人执行相应的监理工作，双方应在专用条款中另行约定。

3. 合同变更

任何一方申请并经双方书面同意时，可对合同进行变更。变更或解除合同的通知或协议必须采取书面形式，协议未达成前，原合同仍然有效。

当事人一方要求变更或解除合同时，应当提前42天通知对方。因变更或解除合同使一方遭受损失的，除依法可免除责任者外，应由责任方负责赔偿。

4. 合同的终止

监理人向委托人办理完竣工验收或工程移交手续，承包人和委托人已签订工程

保修合同,监理人收到监理酬金尾款结清监理酬金后,本合同即告终止。

四、监理合同的管理

1. 认真分析,准确理解合同条款

委托监理合同的签署过程中,双方都应认真注意,涉及合同的每一份文件都是双方在执行合同过程中对各自承担义务相互理解的基础。一旦出现争议,这些文件也是保护双方权利的法律基础。因此,一定要注意合同文字的简洁、清晰,每个措辞都应该是经过双方充分讨论,以保证对工作范围、采取的工作方式方法以及双方对相互间的权利和义务确切理解。

2. 必须坚持按法定程序签署合同

委托监理合同的签订,意味着委托代理关系的形成,委托与被委托方的关系也将受到合同的约束。在合同签署过程中,要认真注意合同签订的有关法律问题,对于这些问题,一般是由通晓法律的专家或聘请法律顾问指导和协助完成。合同开始执行时,业主应当将自己的授权执行人及其所授予的权力以书面形式通知监理单位,监理单位也应将拟派往该项目工作的总监理工程师及其助手的情况告知业主。监理合同签署之后,业主应当将委托给监理工程师的权限体现在与承包人签订的工程承包合同中,至少在承包人动工之前要将监理工程师的有关权限书面转达承建单位,为监理工程师的工作创造条件。

3. 重视来往函件的处理

来往函件包括业主的变更指令、认可信、答复信、关于工程的请示信件等。在监理合同洽商及执行过程中,合同双方通常会用一些函件来确认双方达成的某些口头协议,尽管他们不是具有约束力的正规合同文件,但它可以帮助确认双方的关系,以及双方对项目相关问题理解的一致性,以免将来因分歧而否定口头协议。对业主的任何口头指令,要及时索取书面证据。监理工程师与业主要养成以信件或其他书面形式交往的习惯,这样会减少日后许多不必要的争执。

4. 严格控制合同的修改和变更

建设工程中难免出现许多不可预见的事项,因而经常会出现要求修改或变更合同条件的情况。包括改变工作服务范围、工作深度、工作进程、费用的支付、委托人和监理人各自承担的责任等。特别是当出现需要改变服务范围和费用问题时,监理单位应该坚持要求修改合同,如果变动范围太大,重新制订一个新的合同来取代原有的合同,这是避免纠纷、节约时间和资金的需要。

5. 加强合同风险管理

由于建设工程周期长、协作单位多、资金投入量大、技术要求严、市场制约性强等特点,使得项目实施的预期结果不易准确预测,风险及损失潜在压力大,因此加强合同的风险管理是非常必要的。监理工程师首先要对合同的风险进行分析,分析评价每一合同条款执行的法律后果将给监理单位带来的风险。特别要慎重分析业主方的有关风险,如业主的资金支付能力、信誉等,应充分了解情况,在合同签订及合同执行过程中采取相应对策,才能免受或少受损失,使建设监理工作得以顺利开展。

6. 充分利用有效的法律服务

委托监理合同的法律性很强,监理单位必须配备这方面的专家,这样在准备标准合同格式、检查其他人提供的合同文件,以及合同的监督、执行过程中,才不致于出现失误。

第五节 建设工程施工合同管理

一、施工合同的概述

(一) 施工合同的概念

建设工程施工合同即建筑安装工程承包合同,是承包人进行建设工程施工,发包人提供必要施工条件、支付价款的合同。施工合同是建设工程合同的一种,是建设工程质量控制、进度控制、投资控制的主要依据,在订立时应遵守自愿、公平、诚实、信用等原则。

(二) 施工合同示范文本简介

根据有关建设工程施工的法律、法规,结合我国建设工程施工的实际情况,并借鉴了国际上广泛使用的土木工程施工合同条件(特别是 FIDIC 土木工程施工合同条件),国家建设部、国家工商行政管理局于 1999 年 12 月修订并发布的《建设工程施工合同(示范文本)》(GF—1999—0201),是各类公用建筑、民用住宅、工业厂房、交通设施及线路、管道的施工和设备安装的合同文本。

1. 《建设工程施工合同(示范文本)》的组成

《建设工程施工合同(示范文本)》由《协议书》、《通用条款》、《专用条款》三部分组成,并附有"承包人承揽工程项目一览表"、"发包人供应材料设备一览表"和"房屋建筑工程质量保修书"三个附件。

《协议书》部分是《施工合同文本》中总纲性的文件。虽然文字量并不大,但它规定了合同当事人双方最主要的权利义务,规定了组成合同的文件及合同当事人对履行合同义务的承诺,并且合同当事人需在这份文件上签字盖章,因此具有很高的法律效力。《协议书》的内容包括工程概况、工程承包范围、合同工期、质量标准、合同价款、组成合同的文件及双方的承诺等。

《通用条款》部分是将建设工程施工合同中共性的一些内容抽象出来编写的一份完整的合同文件。《通用条款》具有很强的通用性,基本适用于各类建设工程。《通用条款》共有 11 部分 47 条组成。这 11 部分内容是:

(1) 词语定义及合同文件

词语定义;合同文件及解释顺序;语言文字和适用法律、标准及规范;图纸。

(2) 双方一般权利和义务

工程师;工程师的委派和指令;项目经理;发包人工作;承包人工作。

(3) 施工组织设计和工期

进度计划;开工及延期开工;暂停施工;工期延误;工程竣工。

(4) 质量与检验

工程质量;检查和返工;隐蔽工程和中间验收;重新检验;工程试车。

(5) 安全施工

安全施工与检查;安全防护;事故处理。

(6) 合同价款与支付

合同价款及调整;工程预付款;工程量的确认;工程款(进度款)支付。

(7) 材料设备供应

发包人供应材料设备;承包人采购材料设备。

(8) 工程变更

工程设计变更;其他变更;确定变更价款。

(9) 竣工验收与结算

竣工验收;竣工结算;质量保修。

(10) 违约、索赔和争议

违约;索赔;争议。

(11) 其他

工程分包;不可抗力;保险;担保;专利技术和特殊工艺;文物和地下障碍物;合同解除;合同生效与终止;合同份数。

考虑到工程项目的内容各不相同,工期、造价也随之变动,承包人、发包人各自的能力、施工现场的环境和条件也各不相同,《通用条款》不能完全适用于各个具体工程,因此配之以《专用条款》对其作必要的修改和补充,使《通用条款》和《专用条款》成为双方统一意愿的体现。《专用条款》的条款号与《通用条款》相一致,但主要是空格,由当事人根据工程的具体情况予以明确或者对《通用条款》进行修改、补充。

《附件》部分是对施工合同当事人的权利义务的进一步明确,并且使得施工合同当事人的有关工作一目了然,便于执行和管理。

2. 施工合同文件的组成及解释顺序

组成建设工程施工合同的文件包括:

(1) 施工合同协议书;

(2) 中标通知书;

(3) 投标书及其附件;

(4)施工合同专用条款;

(5)施工合同通用条款;

(6)标准、规范及有关技术文件;

(7)图纸;

(8)工程量清单;

(9)工程报价单或预算书。

双方有关工程的洽商、变更等书面协议或文件视为协议书的组成部分。

上述合同文件应能够互相解释、互相说明。当合同文件中出现不一致时,上面的顺序就是合同的优先解释顺序。在不违反法律和行政法规的前提下,当事人可以通过协商变更施工合同的内容。这些变更的协议或文件、效力高于其他合同文件,且签署在后的协议或文件效力高于签署在先的协议或文件。当合同文件出现含糊不清或者当事人有不同理解时,按照合同争议的解决方式处理。

【案例分析6-13】 某建设工程,在施工招标文件中,按照工期定额计算,工期为550天,中标人投标书中写明的工期也是550天。但在施工合同中,开工日期为1997年12月15日,竣工日期为1999年7月20日,日历天数为581天。

问题:如果您是总监理工程师,监理的工期目标应该为多少天?为什么?

解答:监理的工期目标应为581天。因为我国施工合同的文件组成部分包括:施工合同协议书和投标书,不包括招标文件,但现在投标书和施工合同协议书之间存在工期矛盾,根据合同文件解释的优先顺序,合同协议书比投标书具有优先权,所以监理的工期目标应定为581天。

二、施工合同的管理

施工合同成立后,双方均应严格履行合同义务,并承担违反合同应负的法律责任。施工合同的管理主要包括以下几个方面的内容:

(一)施工合同双方的工作

1. 发包人的工作

(1)办理土地征用、拆迁补偿、平整施工场地等工作,使施工场地具备施工条件,在开工后继续负责解决以上事项遗留问题。

(2)将施工所需水、电、电讯线路从施工场地外部接至专用条款约定地点,保证施工期间的需要。

(3)开通施工场地与城乡公共道路的通道,以及专用条款约定的施工场地内的主要道路,满足施工运输的需要,保证施工期间的畅通。

(4)向承包人提供施工场地的工程地质和地下管线资料,对资料的真实准确性负责。

(5)办理施工许可证及其他施工所需证件、批件和临时用地、停水、停电、中断道路交通、爆破作业等的申请批准手续(证明承包人自身资质的证件除外)。

(6)定水准点与座标控制点,以书面形式交给承包人,进行现场交验。

(7)组织承包人和设计单位进行图纸会审和设计交底。

(8)协调处理施工场地周围地下管线和邻近建筑物、构筑物(包括文物保护建筑)、古树名木的保护工作,承担有关费用。

(9)发包人应做的其他工作,双方在专用条款内约定。

发包人可以将以上全部或部分工作委托承包人办理,双方在专用条款内约定,其费用由发包人承担。

2. 承包人的工作

(1)根据发包人委托,在其设计资质等级和业务允许的范围内,完成施工图设计或与工程配套的设计,经监理工程师确认后使用,发包人承担由此发生的费用。

(2)向监理工程师提供年、季、月度工程进度计划及相应进度统计报表。

(3)根据工程需要,提供和维修非夜间施工使用的照明、围栏设施,并负责安全保卫。

(4)按专用条款约定的数量和要求,向发包人提供施工场地办公和生活的房屋及设施,发包人承担由此发生的费用。

(5)遵守政府有关主管部门对施工场地交通、施工噪音以及环境保护和安全生产等的管理规定,按规定办理有关手续,并以书面形式通知发包人,发包人承担由此发生的费用,因承包人责任造成的罚款除外。

(6)已竣工工程未交付发包人之前,承包人按专用条款约定负责已完工程的保护工作,保护期间发生损坏,承包人自费予以修复;发包人要求承包人采取特殊措施保护的工程部位和相应的追加合同价款,双方在专用条款内约定。

(7)按专用条款约定做好施工场地地下管线和邻近建筑物、构筑物(包括文物保护建筑)、古树名木的保护工作。

(8)保证施工场地清洁符合环境卫生管理的有关规定,交工前清理现场达到专用条款约定的要求,承担因自身原因违反有关规定造成的损失和罚款。

(9)承包人应做的其他工作,双方在专用条款内约定。

(二)合同价款

1. 合同约定的合同价款

即在签订施工合同时,在合同协议书中所注明的合同价款。

2. 追加合同价款

追加合同价款是在合同履行中发生需要增加合同价款的情况,经发包人确认后,按照计算合同价款的方法,给承包人增加的合同价款。

3. 费用

费用是不包括在合同价款之内的应当由发包人或承包人承担的经济支出。

(三)工程变更

1. 发包人要求变更

施工中发包人需对原工程进行设计变更,应提前14天以书面形式向承包人发出变更通知。变更超过原设计标准或批准的建设规模时,发包人应报规划管理部门和其他有关部门重新审查批准,并由原设计单位提供变更的相应图纸和说明。由此延误的工期相应顺延。

2. 承包人要求变更

施工中承包人不得对原工程设计进行变更。因承包人擅自变更设计发生的费用和由此导致发包人的直接损失,由承包人承担,延误的工期不予顺延。

承包人在施工中提出的合理化建议涉及对设计图纸或施工组织设计的更改及对材料、设备的换用,须经监理工程师同意。未经同意擅自更改或换用时,承包人承担由此发生的费用,并赔偿发包人的有关损失,延误的工期不予顺延。

3. 工程变更处理程序

关于工程变更处理程序在第三章第五节中已经论述,在此不再赘述。

(四)隐蔽工程与重新检验

由于隐蔽工程在施工中一旦被隐蔽,将很难再对其进行质量检查,因此必须在隐蔽前进行检查验收。

1. 检验程序

(1)承包人自检

工程具有隐蔽条件的中间验收部位,承包人应进行自检,并在隐蔽或中间验收前48 h以书面形式通知监理工程师验收。通知包括隐蔽和中间验收的内容、验收时间和地点。

(2)共同检验

监理工程师接到承包人的请求验收通知后,应在约定的时间与承包人进行检查或试验。检测结果表明质量验收合格,经监理工程师在验收记录上签字后,承包人可进行隐蔽和继续施工。验收不合格,承包人应在监理工程师限定的时间内修改后重新验收。

2. 重新检验

无论监理工程师是否参加了验收,当其对某部分的工程质量有怀疑,均可要求承包人对已经隐蔽的工程进行重新检验。承包人接到通知后,应按要求进行剥离或开孔,并在检验后重新覆盖或修复。重新检验若质量合格,发包人承担由此发生的全部追加合同价款,赔偿承包人损失,并相应顺延工期;检验不合格,承包人承担发生的全部费用,工期不予顺延。

(五)工程分包

工程分包,是指经施工合同约定或发包人认可,从工程总承包单位承包的工程中承包部分工程的行为。承包人按照有关规定对承包的工程进行分包是允许的。

1. 分包合同的签订

承包人必须自行完成建设工程(或单项、单位工程)的主要部分,其非主要部分或专业性较强的工程可分包给资质条件符合该工程技术要求的建筑安装单位。结构和技术要求相同的群体工程,承包人应自行完成半数以上的单位工程。

承包人按专用条款的约定分包所承包的部分工程,并与分包单位签订分包合同。未经发包人同意,承包人不得将承包工程的任何部分分包。

分包合同签订后,发包人与分包人之间不存在直接的合同关系。分包人应对承包人负责,承包人对发包人负责。发包人、承包人、分包人存在着如下的合同关系见图6-2。

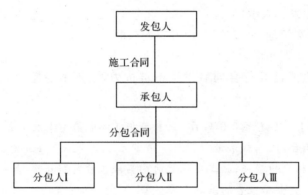

图6-2 发包人、承包人、分包人之间的合同关系

2. 合同的履行

工程分包不能解除承包人任何责任与义务。承包人应在分包场地派驻监督管理人员,保证分包合同的履行。分包人的任何违约行为、安全事故或疏忽导致工程损害或给发包人造成其他损失,承包人承担连带责任。

分包工程价款由承包人与分包人结算。发包人未经承包人同意不得以任何名义向分包人支付各种工程款项。

(六)不可抗力

不可抗力事件发生后,对施工合同的履行会造成较大的影响。在合同订立时应当明确不可抗力的范围。监理工程师应对不可抗力风险的承担有一个通盘的考虑:哪些不可抗力风险可以自己承担,哪些不可抗力风险应当转移出去(如投保等)。在施工合同的履行中,应当加强管理,在可能的范围减少或者避开不可抗力事件的发生(如爆炸、火灾等有时就是因为管理不善引起的)。不可抗力事件发生后应当尽量减少损失。

1. 不可抗力的范围

不可抗力是指合同当事人不能预见、不能避免并且不能克服的客观情况。建设工程施工中的不可抗力包括因战争、动乱、空中飞行物坠落或其他非发包人责任造成的爆炸、火灾，以及专用条款约定的风、雨、雪、洪水、地震等自然灾害。

2. 不可抗力的承担。因不可抗力事件导致的费用及延误的工期由双方按以下方法分别承担：

（1）工程本身的损害、因工程损害导致第三方人员伤亡和财产损失以及运至施工场地用于施工的材料和待安装的设备的损害，由发包人承担。

（2）承发包双方人员伤亡损失，分别由各自承担。

（3）承包人机械设备损坏及停工损失，由承包人承担。

（4）停工期间，承包人应监理工程师要求留在施工场地的必要的管理人员及保卫人员的费用由发包人承担。

（5）工程所需清理、修复费用，由发包人承担。

（6）延误的工期相应顺延。

因合同一方迟延履行合同后发生不可抗力的，不能免除迟延履行方的相应责任。

【案例 6-14】 某建设工程项目，业主与施工单位按《建设工程施工合同文本》签订了工程施工合同，工程未进行投保。在工程施工过程中，遭受暴风雨不可抗力的袭击，造成了相应的损失，施工单位及时向监理工程师提出索赔要求，并附索赔有关的资料和证据。索赔报告的基本要求如下：

1. 遭暴风雨袭击是因非施工单位原因造成的损失，故应由业主承担赔偿责任。

2. 给已建分部工程造成破坏，损失计 18 万元，应由业主承担修复的经济责任，施工单位不承担修复的经济责任。

3. 施工单位人员因此灾害数人受伤，处理伤病医疗费用和补偿金总计 3 万元，业主应给予赔偿。

4. 施工单位进场的在用机械、设备受到损坏，造成损失 8 万元，由于现场停工造成台班费损失 4.2 万元，业主应负担赔偿和修复的经济责任。工人窝工费 3.8 万元，业主应予支付。

5. 因暴风雨造成现场停工 8 天，要求合同工期顺延 8 天。

6. 由于工程破坏，清理现场需费用 2.4 万元，业主应予支付。

问题：监理工程师对施工单位提出的要求如何处理？（请逐条回答）

解答：

1. 经济损失由双方分别承担，工期延误应予以顺延。

2. 工程修复、重建 18 万元工程款应由业主支付。

3. 3 万元的索赔不予认可，由施工单位承担。

4.16万元的索赔不予认可,由施工单位承担。

5. 认可顺延合同工期8天。

6.2.4万元的清理现场费用由业主承担。

(七)工程试车

包括设备安装工程的施工合同,设备安装工作完成后,要对设备运行的性能进行检验。竣工前的试车工作分为单机无负荷试车和联动无负荷试车两类。

(1)单机无负荷试车

设备安装工程具备单机无负荷试车条件,由承包人组织试车,并在试车前48 h以书面形式通知监理工程师。试车合格,监理工程师在试车记录上签字。

(2)联动无负荷试车

设备安装工程具备无负荷联动试车条件,发包人组织试车,并在试车前48 h以书面形式通知承包人。通知包括试车内容、时间、地点和对承包人的要求,承包人按要求做好准备工作。试车合格,双方在试车记录上签字。

(八)竣工验收

竣工验收,是全面考核建设工作、检查工程质量是否符合设计要求的重要环节。只有工程质量符合设计标准,才允许工程投入使用。

工程竣工经验收合格后,方可交付使用。工程未经竣工验收或竣工验收未通过的,发包人不得使用。发包人强行使用时,由此发生的质量问题及其他问题,由发包人承担责任。

(九)违约处理

违约行为可分为两类:一类是不履行合同义务,另一类是不按合同约定履行义务。

1. 发包人的违约行为

发包人应当按照合同约定履行自己的义务,常见的发包人违约行为包括:发包人不按合同约定支付工程预付款、工程进度款、工程竣工结算款;未按合同规定的时间和要求提供原材料、设备、场地、资金、技术资料等,除工程日期可以顺延外,还应偿付承包人因此造成停工、窝工的实际损失;工程因发包人原因中途停建、缓建,应采取措施或弥补工期损失,同时赔偿承包人由此而造成的停工、窝工、倒运、机械设备调迁、材料和构件积压等损失和实际费用;其他发包人不履行合同义务或者不按合同约定履行义务的情况。

2. 承包人的违约责任

承包人的违约责任主要有:工程质量达不到合同约定的质量标准,发包人有权要求限期无偿修理或者返工、改建,经过修理或者返工、改建后,造成逾期交付的,承包人偿付逾期的违约金;工程交付时间不能按照合同约定或监理工程师同意顺延的工期竣工,偿付逾期的违约金;其他承包人不履行合同义务或者不按合同约定履行义务的情况。

3. 双方当事人承担违约责任的方式

发包人不能及时给出必要指令，不按合同约定履行自己的各项义务及发生其他使合同无法履行的行为，应承担违约责任，包括支付违约金和赔偿因其违约给承包人造成的窝工等损失，工期相应顺延。

承包人不能按合同工期竣工，施工质量达不到设计和规范的要求，或者发生其他使合同无法履行的行为，发包人可通知承包人，按协议条款的约定支付违约金，赔偿因其违约给发包人造成的损失。

三、施工索赔管理

(一)索赔的概念

索赔是指当事人在合同实施过程中，根据法律、合同规定及惯例，对并非由于自己的过错，而是属于应由对方承担责任的情况造成，且实际发生了损失，向对方提出给予补偿或赔偿的权利要求。

索赔有较广泛的含义，可以概括为如下三个方面：

1. 一方违约使另一方蒙受损失，受损方向对方提出赔偿损失的要求；

2. 发生应由业主承担责任的特殊风险或遇到不利自然条件等情况，使承包人蒙受较大损失而向业主提出补偿损失要求；

3. 承包人本人应当获得的正当利益，由于没能及时得到监理工程师的确认和业主应给予的支付，而以正式函件向业主索赔。

索赔的性质属于经济补偿行为，而不是惩罚。索赔方所受到的损害，与被索赔方的行为并不一定存在法律上的因果关系。索赔是一种正当的权利要求，它是业主、监理工程师和承包人之间一项正常的、大量发生而且普遍存在的合同管理业务，是一种以法律和合同为依据的、合情合理的行为。

(二)施工索赔的分类

施工索赔从不同的角度可以进行不同的分类，但最常见的是按当事人的不同和索赔的目的不同进行分类。

1. 按索赔有关当事人分类

(1)承包人同业主之间的索赔

这是承包施工中最普遍的索赔形式，最常见的是承包人向业主提出的工期索赔和费用索赔。有时，业主也向承包人提出经济赔偿的要求，即"反索赔"。

(2)总承包人和分包人之间的索赔

总承包人和分包人，按照他们之间所签订的分包合同，都有向对方提出索赔的权利，以维护自己的利益，获得额外开支的经济补偿。分包人向总承包人提出的索赔要求，经过总承包人审核后，凡是属于业主方面责任范围内的事项，均由总承包人汇总后向业主提出;凡是属于总承包人责任范围内的事项,则由总承包人同分包人协商解决。

2. 按索赔的目的不同分类

(1)工期索赔

承包人向发包人要求延长工期,合理顺延合同工期。由于合理的工期延长,可以使承包人免于承担误期罚款(或误期损害赔偿金)。

(2)费用索赔

承包人要求取得合理的经济补偿,即要求发包人补偿不应该由承包人自己承担的经济损失或额外费用,或者发包人向承包人要求因为承包人违约导致业主的经济损失补偿。

(三)索赔产生的原因

施工过程中,索赔产生的原因很多,经常引发索赔的原因有:

1. 发包人违约

发包人违约常常表现为没有为承包人提供合同约定的施工条件、未按照合同约定的期限和数额付款等。工程师未能按照合同约定完成工作,如未能及时发出图纸、指令等也视为发包人违约。

2. 合同文件缺陷

合同文件缺陷表现为合同文件规定不严谨甚至矛盾、合同中的遗漏或错误。在这种情况下,工程师应当给予解释,如果这种解释将导致成本增加或工期延长,发包人应当给予补偿。

3. 合同变更

合同变更表现为设计变更、施工方法变更、追加或者取消某些工作、合同其他规定的变更等。

4. 不可抗力事件

不可抗力又可以分为自然事件和社会事件。自然事件主要是不利的自然条件和客观障碍,如在施工过程中遇到了经现场调查无法发现、发包人提供的资料中也未提到的、无法预料的情况,如地下水、地质断层等。社会事件则包括国家政策、法律、法令的变更、战争、罢工等。

5. 发包人代表或监理工程师的指令

发包人代表或监理工程师的指令有时也会产生索赔,如工程师指令承包人加速施工、进行某项工作、更换某些材料、采取某些措施等。

6. 其他第三方原因

其他第三方原因常常表现为与工程有关的第三方的问题而引起的对本工程的不利影响,如业主指定的供应商违约、业主付款被银行延误等。

(四)施工索赔的程序

承包人的索赔程序大致可分为五个工作阶段。

1. 承包人提出索赔要求

（1）发出索赔意向通知

凡不属于承包人责任的事件发生，导致竣工日期拖延或施工成本增加时，承包人一方面要遵照监理工程师的指示继续精心地进行施工，还应在该事件发生后的28天内，以正式函件的形式向监理工程师发出索赔意向通知。如果超过这个期限，监理工程师和发包人有权拒绝承包人的索赔要求。同时承包人有义务做好现场条件和施工情况的同期记录，监理工程师有权随时检查和调阅，以判断索赔事件造成的实际损失。

（2）递交索赔报告

索赔意向通知提交后的28天内，或监理工程师可能同意的其他合理时间内，承包人应递送正式的索赔报告。索赔报告的内容应包括：事件发生的原因，对其权益影响的证据资料，索赔的依据，此项索赔补偿的款额和工期展延天数的详细计算等有关材料。

如果索赔事件的影响持续存在，28天内还不能算出索赔额和工期展延天数时，承包人应按监理工程师合理要求的时间间隔（一般为28天），定期陆续报出每一间隔时间段内的索赔证据资料和索赔要求。在该项索赔事件影响结束后的28天内，报出最终详细报告，提出索赔论证资料和累计赔额。

2. 监理工程师审查索赔报告

在接到正式索赔报告后，应认真研究承包人报送的索赔资料。首先在不确认责任归属的情况下，客观分析事件发生的原因，重温合同的有关条款，研究承包人索赔证据，并查阅其同期记录；其次通过对事件的分析，监理工程师再依据合同条款划清责任界限，如有必要时还可以要求承包人进一步提供补充资料，尤其是对承包人与业主或监理工程师都负有一定责任的事件影响，更应划出各方应承担合同责任的比例；最后再审查承包人提出的索赔补偿额要求，剔除其中的不合理部分，拟定自己计算的合理索赔款额和工期展延天数。

《建设工程施工合同（示范文本）》规定：工程师在收到承包人送交的索赔报告和有关资料后，于28天内给予答复，或要求承包人进一步补充索赔理由和证据；若28天内未予答复或未对承包人作进一步要求，视为该项已经认可。

3. 监理工程师与承包人协商补偿额

监理工程师核查后初步确定应予补偿的额度，与承包人的索赔报告中要求额往往不一致，甚至差额较大。主要原因为对承担事件损害责任的界限划分不一致，索赔证据不充分，索赔计算的依据和方法有较大分歧等，因此双方应就索赔的处理进行协商。通过协商达不成共识的话，承包人仅有权得到所提供的又满足监理工程师认为索赔成立那部分的付款和工期展延。不论监理工程师通过协商与承包人达成一致，还是他单方面作出的处理决定，批准给予补偿的款额和展延工期的天数如果在授权范围之内,则可将此结果通知承包人,并抄送业主。补偿款将记入下月支付工程进度款的支付证书内,展延的工期加到原合同工期上去。如果批准的额度超过监理工程师权限,则应报请业主批准。

4. 业主审查索赔处理

当监理工程师确定的批准索赔额超过其权限范围时,必须报请业主批准。

5. 承包人是否接受最终索赔处理

承包人接受最终的索赔处理决定,索赔事件的处理即告结束。如果承包商不同意,就会导致合同争议。通过协商双方达到互谅互让的解决方案,是处理争议的最理想方式。若达不成谅解,承包人有权提交仲裁或诉讼解决。

(五)监理工程师处理索赔的注意事项

1. 监理工程师的权限范围

监理工程师是受业主委托,在授权范围内对合同的履行实施监督和管理的,因此仅有权审核、处理合同内的索赔,若合同内的索赔处理决定超过权限范围时,需报业主批准后才能执行。

2. 审查索赔证据

监理工程师对索赔报告的审查,首先判断承包人受到的损失是否属于非承包人负责原因所造成,其次提供的证据是否满足能够证明索赔要求的成立。承包人提供的证据可包括下列证明材料:合同文件、经监理工程师批准的施工进度计划、合同履行过程中的来往函件、施工现场记录、施工会议记录、工程照片、监理工程师发布的各种书面指令、中期支付工程进度款的单据、检查和试验记录、汇率变化表、各类财务凭证、其他有关资料。

3. 审查工期展延要求

对索赔报告中要求展延的工期,在审核中应注意以下几点:

(1)划清施工进度拖延的责任

因承包人责任原因的施工进度滞后,属于不可原谅的延期,只有承包人不应承担任何责任的延误,才是可原谅的延期。有时工期延误的原因中可能包括有双方责任,此时监理工程师应进行详细分析,分清责任比例,只有可原谅延期部分才能批准展延合同工期。可原谅延期,又可以细分为可原谅并给予补偿费用的延期和可原谅但不予补偿费用的延期,后者是指非承包人责任原因的影响并未导致施工成本的额外支出,大多属于业主应承担风险责任事件的影响,如异常恶劣的气候条件影响的停工等。

(2)被延误的工作应是处于施工进度计划关键线路上的施工内容

只有位于关键线路上工作内容的滞后,才会影响到竣工日期。但有时也应注意,既要看被延误的工作是否在批准进度计划的关键线路上,又要详细分析这一延误对后续工作的可能影响。因为若对非关键线路工作的影响时间较长,超过了该工作的自由支配时间,也会导致进度计划中的非关键线路转化为关键线路,其滞后将影响总工期的拖延。此时,也应在充分考虑该工作的自由时间后,给予相应的工期展延,并要求承包人修改施工进度计划。

(3)无权要求承包人缩短合同工期

监理工程师有审核、批准承包人顺延工期的权力,但不可以扣减合同工期。也就是说,监理工程师有权指示承包人删减掉某些合同内规定的工作内容,但不能要求他相应缩短合同工期。如果要求提前竣工的话,这项工作属于合同的变更。

4. 审查费用索赔要求

费用索赔的原因,可能是与工期索赔相同的理由,即可原谅并应予以费用补偿的索赔,也可能是与工期无关的索赔理由。监理工程师在审核索赔过程的过程中,除了划清合同责任以外,还应注意索赔计算的取费合理性和计算正确性。

(1)承包人可索赔的费用

承包人可索赔的费用组成与建筑工程造价的组成相似,具体费用内容如表6-1所示。现简单概述如下:

1)人工费。包括完成发包人要求的合同外工作而发生人工费、非承包人责任造成工效降低或工期延误而增加的人工费、政策规定的人工费增长等。

2)材料费。包括索赔事件引起的材料用量增加、材料价格大幅度上涨、非承包人原因造成的工期延误而引起的材料价格上涨和材料超期存储费用。

3)施工机械使用费。包括完成发包人要求的合同外工作而发生的机械费,非承包人原因造成的工效降低或工期延误而增加的机械费,政策规定的机械费调增等。

4)现场管理费。是指承包人完成发包人要求的合同外工作、索赔事件工作、非承包人原因造成的工期延长期间的现场管理费,主要包括管理人员工资及办公费等。

5)分包费用。是指分包人的索赔费,一般包括人工、材料、机械使用费的索赔。

6)企业管理费。主要指非承包人原因造成的工期延长期间所增加的企业管理费。

7)利息。指发包人拖期付款的利息、索赔款的利息、错误扣款的利息等。利率按双方协议或银行贷款、透支利率计算。

8)利润。对工程范围、工作内容变更及施工条件变化等引起的索赔,承包人可按原报价单中的利润百分率计算利润。

表 6-1 可索赔费用的组成部分

	费用构成		
索赔的费用	直接费	直接工程费	人工费
			材料费
			施工机械使用费
		措施费	人工费
			材料费
			施工机械使用费
	间接费	分包费	
		工地管理费	
		保函手续费	
		保险费	
		临时设施费	
		咨询费	
		交通设施费	
		代理费	
		利息	
		税金	
		企业管理费	管理人员工资
			通讯费
			办公费
			差旅费
			职工福利费
	利润		

(2) 审查索赔取费的合理性

费用索赔涉及的款项较多、内容庞杂。承包人都是从维护自身利益的角度解释合同条款,进而申请索赔额。监理工程师应公平地审核索赔报告申请,挑出不合理的取费项目或费率。

《建设工程施工合同(示范文本)》中,承包人可能的索赔项目如表 6-2 所示。

表6-2 索赔内容一览表

序号	索赔的内容	可补偿内容 工期	可补偿内容 费用
1	发包人指令、批准、图纸延误	√	√
2	因发包人原因,承包人在施工中采取的紧急措施	√	√
3	发包人未能完成合同中约定的工作	√	√
4	发包人因其自身原因,推迟开工	√	
5	因发包人原因暂停施工	√	√
6	设计变更和工程量增加	√	√
7	一周内非承包人原因停水、停电、停气造成停工累计超过8h	√	
8	不可抗力	√	√
9	异常不利的气候条件	√	
10	工程加速		√
11	工程施工发现地下障阻和文物而采取的保护措施	√	√
12	发包人或其他承包人的干扰	√	
13	发包人要求工程部分或全部达到优良标准	√	√
14	工程质量因发包人原因达不到约定条件	√	√
15	发包人要求重新检验,如工程合格应索赔,如不合格就不索赔	√	√
16	甲供材料、设备延误或不合格	√	√
17	由于设计原因试车达不到验收要求,发包人负责修改设计	√	√
18	由于设备制造原因试车达不到验收要求,且设备为发包人采购	√	√
19	保修期间,因承包人之外原因造成修改的经济支出		√

【案例6-16】 某施工合同中,在施工过程中发生如下事件,承包人向监理工程师提出索赔申请,监理工程师对索赔理由和索赔证据作了公正的判断,批准了合理的索赔要求。事件如下:

1. 设计人的图纸延误了施工;
2. 挖基坑时发现古迹;
3. 天气突然变冷;
4. 施工现场存在未拆迁房屋影响施工;
5. 几个独立承包人之间出现交叉干扰需暂停施工;
6. 业主提前占用了工程;

7. 施工中发生洪灾。

问题：以上事件中，可补偿承包人的哪些损失？

解答：

事件1：可补偿工期、费用；

事件2：可补偿工期、费用；

事件3：可补偿工期；

事件4：可补偿工期、费用；

事件5：可补偿工期；

事件6：可补偿费用；

事件7：可补偿工期、费用。

(3) 审查索赔计算的正确性

这里不单指承包人的索赔计算中是否有数学计算错误，更应关注所取用的费率是否合理、适度。主要注意的问题包括：工程量表中的单价是综合单价，不仅含有直接费，还包括间接费、风险费、辅助施工机械费、公司管理费和利润等项目的摊销成本，在索赔计算中不应有重复取费；哪些情况可包括利润损失，哪些情况又不应包括；停工损失中，不应以计日工费计算。闲置人员不应计算在此期间的奖金、福利等报酬，通常采用人工单价乘以折算系数计算，该系数一般在 0.7~0.75 之间。停驶的机械费补偿，应按机械折旧费或设备租赁费计算，不应包括运转操作费用；正确区分停工损失与因监理工程师指令临时改变工作内容或作业方法的工效降低损失的区别。凡可改作其他工作的不应按停工损失计算，但可以适当补偿降效损失。

【案例6-17】 某建设工程业主与承包人签定了工程施工承包合同，根据合同及其附件的有关条款，对索赔内容有如下规定：

1. 因窝工发生的人工费以25元/工日计算，若监理方提前一周通知承包方时不以窝工处理，以补偿费支付4元/工日。

2. 机械设备台班费。

塔吊：300元/台班；混凝土搅拌机：70元/台班；砂浆搅拌机：30元/台班。因窝工而闲置时，只考虑折旧费，按台班费70%计算。

3. 因临时停工一般不补偿管理费和利润。

在施工过程中发生了以下情况：

(1) 6月8日至6月21日，施工到第七层时因业主提供的模板未到而使一台塔吊、一台混凝土搅拌机和35名支模工停工（业主已于5月30日通知承包方）；

(2) 6月10日至6月21日，因公用网停水使进行第四层砌砖工作的一台砂浆搅拌机和30名砌砖工停工；

(3) 6月20日至6月23日，因砂浆搅拌机故障而使在第二层抹灰的一台砂浆搅拌机和35名抹灰工停工。

问题：承包人在有效期内提出索赔要求时，监理工程师认为合理的索赔金额是多少？

解答：

事件1：因业主已于1周前通知承包人，故只以补偿费支付。

窝工人工费：4元/工日×35×14工日=1 960元。

窝工机械闲置费，按合同只计取折旧费。

塔吊：300元/台班×70%×14台班=2 940元。

混凝土搅拌机：70元/台班×70%×14台班=686元。

事件2：属业主应承担的风险，故给予费用补偿。

人工费：25元/工日×30×12工日=9 000元。

机械费：30元/台班×70%×12台班=252元。

事件3：因砂浆搅拌机机械故障闲置4天，属于承包方责任，不予补偿。

临时个别工序窝工不给予管理费和利润的补偿，故合理的索赔金额是：1 960+2 940+686+9 000+252=14 838元。

四、监理工程师对施工合同管理的主要职责

监理工程师的具体职责如下：

1. 总监理工程师委派具体管理人员

在施工过程中，不可能所有的监督和管理工作都由总监理工程师亲自完成。总监理工程师可委派具体管理人员，行使自己的部分权力和职责，在认为必要时撤回，并通知发包人。委派书和撤回通知作为合同附件。

2. 监理工程师发布指令、通知

监理工程师的指令、通知由其本人签字后，以书面形式交给承包人，并要求承包人代表在回执上签署姓名和收到时间，之后生效。确有必要时，若承包人提出的要求，监理工程师不能及时书面确认，可以采用口头答复，事后监理工程师应补充书面确认。

承包人认为监理工程师指令不合理，应在收到指令后24h内提出书面申告，监理工程师在收到承包人申告后24h内作出修改指令或继续执行原指令的决定，并以书面形式通知承包人。紧急情况下，监理工程师要求承包人立即执行的指令或承包人虽有异议，但监理工程师决定仍继续执行的指令，承包人应予执行。因指令错误发生的费用和给承包人造成的损失不应由承包人承担，延误的工期相应顺延。

3. 监理工程师应当及时完成自己的职责

监理工程师应按合同约定，及时向承包人提供所需指令、批准、图纸并履行其他

约定的义务,否则承包人在约定时间后24 h内将具体要求、需要的理由和延误的后果通知监理工程师,监理工程师收到通知后48 h内不予答复,应承担延误造成的追加合同价款,并赔偿承包人有关损失,顺延延误的工期。

4. 监理工程师作出处理决定

在合同履行中,发生影响承发包双方权利或义务的事件时,负责监理的工程师应依据合同在其职权范围内客观公正地进行处理。承包人对监理工程师的处理有异议时,按照合同约定争议处理办法解决。

思 考 题

1. 简述要约和承诺的概念。
2. 合同的形式和主要条款有哪些?
3. 哪些合同属于无效合同?
4. 违约责任的形式有哪些?
5. 建设工程合同有哪些法律特征?
6. 订立勘察、设计合同时,应约定哪些方面的条款?
7. 勘察、设计合同履行期间,发包人和承包人应履行哪些义务?
8. 什么是监理合同? 其合同的主体是什么?
9. 监理合同的当事人有何权利和义务?
10. 监理工作包括哪些工作?
11. 施工合同文件由哪些文件组成? 其解释顺序是什么?
12. 简述施工合同中发包人和承包人的工作。
13. 简述工程变更的处理程序。
14. 如何理解施工索赔的概念?
15. 索赔程序有哪些步骤?
16. 监理工程师对索赔审查应注意哪些问题?

第七章 建设工程风险管理

本章主要阐述了建设工程所面临的风险因素、风险事件以及风险管理过程中的风险识别、风险估计与评价、风险管理对策的规划和决策,其中包括风险控制、风险自留和风险转移等。

第一节 风险管理概述

由于建设工程的投资大、工期长、结构复杂,在工程建设过程中所面临的不确定性因素较多。建设工程的各参与方均不可避免地面临着各种风险,如果不加以防范,就会影响工程的顺利进行,不仅会提高工程造价,甚至会酿成更为严重的后果。为此,作为监理方,应配合建设单位及施工单位做好对建设工程的风险管理。风险管理水平的高低,作为衡量管理水平的一项重要指标,是决定建设项目竞争力的一项重要因素。不断提高风险管理水平,是我国建设工程项目管理与国际接轨的一条必由之路。要想成功地对项目进行风险管理,就必须对其进行深入研究,研究项目各个阶段可能出现的各种风险,按照轻重缓急管理风险,并制定出风险管理的对策及实施计划,把风险损失降到最低程度,提高管理水平,以发挥项目最大的经济效益和社会效益。

一、建设工程风险

(一)建设工程风险的概念

风险是一个重要概念,它涵盖了风险管理的对象和目标。尽管风险管理理论已经有了几十年的发展历史,但由于风险的普遍存在以及风险管理在行业中的专门化,风险管理者根据各自特定的活动,给出过不尽相同的定义。所以,对于风险一词的定义,并未达到完全一致。但是,任何一个关于风险的定义都指出了风险的三个基本要素:风险因素的存在性;风险事件发生的不确定性;风险后果的不确定性。

工程项目的立项、分析、研究、设计和计划都是基于对未来情况(政治、经济、社会、自然等各方面)预测基础上的,基于正常的、理想的技术、管理和组织之上的。而在实施运行过程中,这些因素都有可能产生变化,使得原定的计划方案受到干扰,目标不能实现。这些事先不能确定的内部和外部的干扰因素,称之为建设工程风险。

风险在任何工程项目中都存在。建设项目作为集合经济、技术、管理、组织各方面的综合性社会活动,它在各个方面都存在着不确定性。这些风险造成工程项目实施的失控现象,如工期延长、成本增加、计划修改等,最终导致工程经济效益降低,甚至建设项目失败。而且现代建设项目的特点是规模大、技术新颖、持续时间长、参加单位多、与环境接口复杂,可以说在建设过程中危机四伏。

(二)风险因素

风险因素就是指可能产生风险的各种问题和原因。建设工程的风险来自于各个方面。出于研究目的的不同,人们对风险因素有不同的分类,如按风险性质将风险划分为主观风险和客观风险;按风险来源把风险因素归纳为自然风险、技术风险、设计风险、金融风险、市场风险、政策法律风险和环境风险等。

根据工程项目管理的实践,建设工程风险可按图 7-1 的方式进行分类。这种分类方法有利于区分各类风险的性质及其潜在影响,风险因素之间的关联性较小,有利于提高风险管理者对风险的识别程度,使风险管理策略的选择更具明确性。

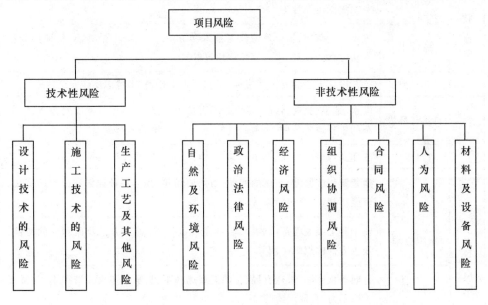

图 7-1　建设工程风险因素分类表

(三)风险事件及其后果

风险事件指的是由一种或几种风险因素相互作用而发生的任何影响项目目标实现的可能发生的事件。例如施工方案的失败可能是由于施工技术不当、施工人员素质差以及未曾预料的地基条件等因素导致的。

风险事件的发生是不确定的。这是由于项目外部环境的千变万化以及项目本身的复杂性和人们对于未来变化的预测能力有限而导致的。例如,人们即使意识到施工期间恶劣的气候是一个需要重视的风险,但这并不一定意味着恶劣气候就一定会降临,或者就像人们所预料的那样来临而给施工带来预期的影响。

风险事件发生所造成的对项目目标实现的影响也是不确定的,只是一种潜在的损失或收益。一个工程项目从外汇汇率的变化中或许受到很大的损失,或许会获得不小的收益,除非人们能确定汇率一定会上升或下降,而不是上下浮动。

从以上论述中,我们可以得出:风险就是风险事件发生的可能性。由于其不确定性,从而对工程项目目标的实现产生有利或不利的影响。而且,几乎每一类风险都会在不同时期以不同的方式(风险事件)影响到项目目标的实现。表7-1作为示例给出了与风险因素分类相应的风险事件。

表7-1 风险事件示例表

风险因素		典型风险事件
技术风险	设 计	设计内容不全,设计缺陷、错误和遗漏,规范不恰当,未考虑地质条件,未考虑施工可能性等
	施 工	施工工艺落后,不合理的施工技术和方案,施工安全措施不当,应用新技术新方案的失败,未考虑场地情况等
	其 他	工艺设计未达到先进性指标,工艺流程不合理,未考虑操作安全性等
非技术风险	自然与环境	洪水、地震、火灾、台风、雷电等不可抗拒自然力,不明的水文气象条件,复杂的工程地质条件,恶劣的气候,施工对环境的影响等
	政治法律	法律及规章的变化,战争和骚乱,罢工,经济制裁或禁运等
	经 济	通货膨胀或紧缩,汇率的变动,市场的动荡,社会各种摊派和征费的变化,资金不到位,资金短缺等
	组织协调	业主和上级主管部门的协调,业主和设计方、施工方以及监理方的协调,业主内部的组织协调等
	合 同	合同条款遗漏,表达有误,合同类型选择不当,承发包模式选择不当,索赔管理不力,合同纠纷等
	人 员	业主人员、设计人员、监理人员、一般工人、技术员、管理人员的素质(能力、效率、责任心、品德)
	材料设备	原材料、半成品、成品或设备供货不足或拖延,数量差错或质量规格问题,特殊材料和新材料的使用问题,过度损耗和浪费,施工设备供应不足,类型不配套、故障,安装失误,选型不当等

二、建设工程风险管理

(一)风险管理的定义和特点

1. 风险管理的定义

建设项目管理班子通过风险识别、风险分析和评价,并以此为基础合理地使用多种管理方法、技术和手段对工程项目活动涉及的风险实行有效的控制,采取主动行动,创造条件,尽量扩大风险事件的有利结果,妥善地处理风险事故造成的不利后果,以最少的成本保证安全、可靠地实现工程项目的总目标。

风险管理不是一个孤立的分配给风险管理部门的项目活动,而是健全的工程项目管理过程中的一个方面,可以应用许多系统工程的管理技术。

2. 风险管理的特点

(1)工程项目风险管理尽管有一些通用的方法,如概率分析方法、模拟方法、专家咨询法等,但在研究具体项目的风险时必须与该项目的特点相联系,应考虑项目的复杂程度,所在的地域特点、行业特点、工艺特点等。

(2)风险管理需要大量地占有信息、了解情况,要对项目系统以及系统的环境有十分深入的了解,并要进行预测,所以不熟悉情况是不可能进行有效的风险管理的。

(3)虽然人们通过全面风险管理,在很大程度上已经将过去凭直觉、凭经验的管理上升到理性的全过程的管理,但风险管理在很大程度上仍依赖于管理者的经验及管理者过去工程的经历、对环境的了解程度和对项目本身的熟悉程度。风险管理中要注重对专家经验和教训的调查分析,这不仅包括他们对风险范围、规律的认识,而且包括他们对风险的处理方法、工作程序和思维方式,并在此基础上将系统化、信息化、知识化用于对新项目的决策支持。

(4)风险管理在项目管理中属于一种高层次的综合性管理工作。它涉及企业管理和项目管理的各个阶段和各个方面,涉及项目管理的各个子系统。所以它必须与合同管理、成本管理、工期管理、质量管理联成一体。

(5)风险管理的目的并不是消灭风险,在建设工程中大多数风险是不可能由项目管理者消灭或排除的,而是有准备地、理性地进行项目实施,减少风险的损失。

(二)建设工程风险管理的过程

风险管理就是一个确定和度量项目风险,以及制定、选择和管理风险处理方案的过程。建设工程风险管理应是一种系统的、完整的过程。如图7-2所示。

1. 风险识别

风险识别是风险管理中最首要的步骤,在我国建设工程现阶段尤为重要。风险识别的内容是通过某一种途径或几种途径的相互结合,尽可能全面地识别出影响项目目标实现的风险事件存在的可能性,并加以恰当地分类。

2. 风险估计和评价

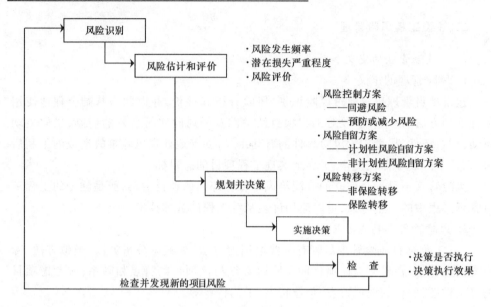

图 7-2 风险管理流程图

它是一个将项目风险的不确定性进行定量化,用概率论来评价项目风险潜在影响的过程。这个过程在系统地认识项目风险和合理地管理项目风险之间起着重要的桥梁作用。风险分析和评价包括以下内容:

(1)确定风险事件发生的概率和可能性。

(2)确定风险事件的发生对项目目标影响的严重程度,如经济损失的大小、工期的延误量等。

(3)确定项目总周期内对风险事件实际发生的预测能力以及发生后的处理能力。

以上操作的实质是将每一种项目风险定量化,以便从项目风险清单中确定有意义的风险,即哪些最严重、最难以控制,因而将最需要关注的项目风险作为最终评价的结果。

(4)将工程项目所有的风险视为一个整体,评价它们的潜在影响,从而得到项目的风险决策变量值,作为项目决策的重要依据。

3. 规划并决策

完成了项目风险的识别和分析过程,就应该对各种风险管理对策进行规划,并根据项目风险管理的总体目标,就处理项目风险的最佳对策组合进行决策。一般而言,风险管理有三种对策:风险控制、风险保留和风险转移。

(1)风险控制方案包括风险回避、风险预防和风险减少等措施。

(2)风险自留方案有计划性风险自留方案和非计划性风险自留方案两种形式。

(3)风险转移方案有非保险转移形式(将工程风险转移给一个不是保险人的第

三方,如通过合同方式转移给承包商)和保险转移形式(通过工程保险将建设工程风险转移给专业的风险承担者——保险公司)。

4. 实施决策

当风险管理者在各种风险管理对策之间作出选择以后,必须实施其决策,如制定安全计划、损失控制计划、应急计划等,以及在决定购买工程保险时,确定恰当的保险水平和合理的保费,选择保险公司等等,这些都是决策实施的重要内容。

5. 检查

在项目进展中不断检查前4个步骤以及决策的实施情况,包括各项计划及工程保险合同的执行情况,以评价这些决策是否合理,并确定在条件变化时,是否提出不同的风险处理方案,以及检查是否有被遗漏的项目风险或者发现新的项目风险。

(三)风险管理的目标

风险管理是一种有目的的管理活动,只有目标明确,才可能起到有效作用。否则,风险管理形同虚设,毫无意义,也无法评价其成败与否。

一般地,风险管理目标的确定要满足:

(1)风险管理目标与总体目标的一致性;

(2)目标的现实性,即确定目标要充分考虑其实现的客观可能性;

(3)目标的明确性,要求目标单一、具体,否则各种方案的选择、实施和评价就会发生困难;

(4)目标的层次性,从总体目标出发,根据目标的重要程度,区分风险管理目标的主次。

根据上述原则,风险管理的目标可定义为:通过对项目风险的识别,将其定量化,进行分析和评价,选择风险管理措施,以避免大风险发生,或在风险发生后使得损失量降到最小程度,从而实现建设工程的总体目标:

(1)实际投资不超过计划投资;

(2)实际工期不超过计划工期;

(3)实际质量达到建设要求;

(4)建设过程安全。

因此,从风险管理目标的角度分析,建设工程风险可分为投资风险、进度风险、质量风险和安全风险。

(四)风险管理同建设工程项目管理的关系

项目管理的任务就是利用组织措施、经济措施、技术措施和合同措施,围绕项目的三大目标——投资、进度和质量进行主动控制。但是,由于项目实施过程中充满了人们无法预测或控制的大量矛盾和风险,目标控制无法顺利进行。因此可以说,工程项目管理方法论的核心就是目标控制和风险管理。同时风险管理目标是项目总体目标的子目标,前者是实现后者的一种手段,而后者是前者的方向,目标控制和风险管理的关系可用图 7-3 表示。

第二节 风险识别

风险识别是项目风险管理的首要步骤,是人们系统、连续地识别项目风险存在的过程,即确定风险之所在——主要风险事件的发生,并对其后果作出定性的估计,最终形成一份合理的建设工程风险清单,列出所有有意义的建设工程风险。

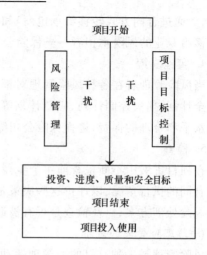

图 7-3 风险管理与建设工程项目管理

一、风险识别的过程

建设工程自身及其外部环境的复杂性,给人们全面、系统地识别工程风险带来了许多具体的困难,同时也要求明确建设工程风险识别的过程。

由于建设工程风险识别的方法与风险管理理论中提出的一般的风险识别方法有所不同,因而其风险识别的过程也有所不同。建设工程的风险识别往往是通过对经验数据的分析、风险调查、专家咨询以及实验论证等方式,在对建设工程风险进行多维分解的过程中,认识工程风险,建立工程风险清单。建设工程风险识别的过程可用图 7-4 表示。

二、风险的分解

建设工程风险的分解就是根据风险的相互关系将其分解成若干个子系统,而且分解的程度足以使人们较为容易地识别出建设工程的风险,使风险识别具有较好的准确性、完整性和系统性。

风险的分解可以根据建设工程的特点以及风险管理者的知识按以下途径进行。

(1)目标维:即按建设工程目标进行分解,也就是考虑影响项目投资、进度、质量和安全目标实现的风险的可能性。

(2)时间维:即按建设工程的阶段进行分解,也就是考虑工程项目进展不同阶段的不同风险。

(3)结构维:即按建设工程组成内容进行分解,也就是考虑不同单项工程、单位工程的风险。

(4)环境维:即按建设工程与其所在环境的关系进行分解。在此,环境指的是自然环境和社会、政治、军事、社会心理等非自然环境中一切同建设工程有关的联系。

(5)因素维:即按建设工程风险因素的分类进行分解,如政治、社会、经济、自然、

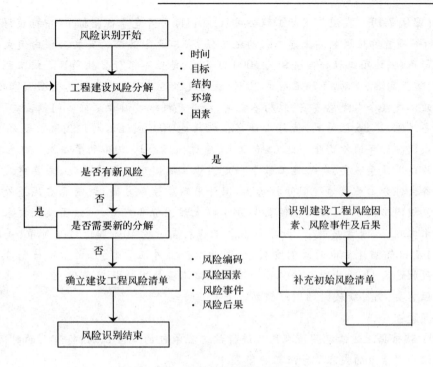

图 7-4 建设工程风险识别过程

技术等方面的风险。

在风险分解过程中,有时并不仅仅是采用一种方法就能达到目的,而需要几种方法的相互组合,如由时间维、目标维和因素维三方面从总体上进行建设工程风险的分解。如图 7-5 所示。

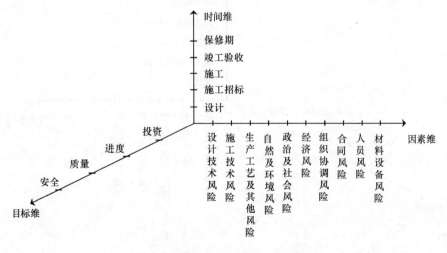

图 7-5 建设工程风险三维分解图

【案例 7-1】 我国某国际工程公司 A，在国际公开竞争性招标中，中标获得非洲 S 国的一项首都垃圾电站土建工程的施工任务，其设备供应及安装工程由澳大利亚某公司承包，该项工程合同金额为 5000 万美元，是世界银行贷款项目。该工程地处热带，常年高温、少雨，年均温度达 30℃，最高气温达 48℃，属非洲高气温国家之一。该国政治气候令人深感不安，政局不稳定，经济危机给该国带来许多问题，上年度对外债务过重，达 36 亿美元，债与生产总值之比达 100%，远远超过国际公认的 50% 的警戒线。近年通货膨胀率达 65% 以上，超过国际公认 50% 的警戒线。工程地区的地质情况复杂多变，会给施工带来一定困难。该国市场物资匮乏，主要建筑材料及设备大部分由业主通过国际招标，向国外采购。劳务方面，该国规定凡是外国公司承包该国工程项目，必须雇佣至少 50% 以上该国劳务人员，但该国缺乏技术人员和技术工人，人员素质较差，效率较低。工程款支付按 40% 国际流通货币（美元或欧元）及 60% 当地货币的比例支付，该国虽未设立外汇管制，但由于银行制度的恶化及税收过高，导致外国人转移资金困难。该国虽然财政状况恶化，但因在非洲战略地位重要，仍可获较大的国际援助。

问题：
1. 试根据上述情况用流程图法进行该工程承包的风险识别，将有关的时间维、目标维和因素维的内容填于三维分解图中。
2. 对所列的各风险因素进行原因分析与说明。

解答：
1. 三维分解流程图识别风险见图 7-6。

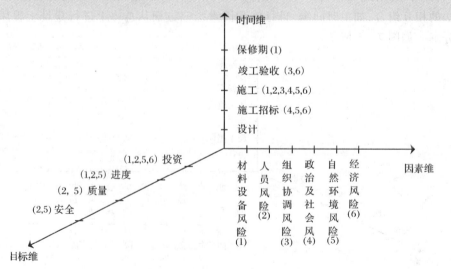

图 7-6 三维分解流程图

2. 风险因素的原因分析与说明：

(1)材料设备风险——由于该国市场物资匮乏，主要材料设备需从境外运来，存在途中遭遇不可抗力等意外风险，以致可能出现供货不及时等风险。

(2)人员风险——由于该国劳务政策要求至少雇用该国劳务不少于50%的规定，使得承包商不得不使用大量当地劳力，因其素质差、工作效率低，将可能使工程施工无保障。

(3)组织协调风险——因土建施工与设备安装由不同的承包商承包，而主要建筑材料及设备由业主通过国际招标向国外采购，因而存在材料、设备供应与土建安装施工之间的组织协调风险，必须加强三者间的协调作用。

(4)政治及社会风险——该国政局不稳定，可能使承包工程项目受政局变化的影响。

(5)自然环境风险——主要从两方面影响工程施工，一是气候炎热、干旱，使得施工效率降低，困难度增加；二是复杂的地质条件会使基础施工变复杂，导致拖延进度或费用、成本的增加。

(6)经济风险——高通货膨胀率可能导致工程成本的提高或亏损；外汇资金转移的困难会使赚得的利润难以汇回国内。

三、风险识别的方法

原则上，风险识别可以从原因查结果，也可以从结果反过来找原因。从原因查结果，就是先找出本项目会有哪些事件发生，发生后会引起什么样的结果。如：建筑材料涨价引起项目超支，哪些因素引起建筑材料涨价；项目进度拖延了，造成进度拖延的因素有哪些。

在具体识别风险时，还可以利用专家调查法、流程图法、初始清单法、经验数据法、风险调查法。

1. 专家调查法

专家调查法是大系统风险识别的主要方法，它是以专家为索取信息的重要对象，各领域的专家利用专业方面的理论与丰富的实践经验，找出各种潜在的风险并对其后果作出分析与估计。这种方法的优点是在缺乏足够统计数据和原始资料的情况下，可以作出较为精确的估计。

专家调查法主要包括个人判断法、智暴法和德尔菲法等几十种。其中智暴法和德尔菲法是用途较广、具有代表性的两种。

(1)智暴法(又称头脑风暴法)

它是一种刺激创造性、产生新思想的技术。该技术由美国人奥斯本于1939年首创，首先用于设计广告的新花色，1953年经总结经验后问世。

该方法通过专家的互相交流，在头脑中进行智力碰撞，产生新的智力火花，使专家的论点不断集中和强化。智暴法作为一种创造性的思维方法在风险分析中得到广泛的应用。智暴法一般采用专家小组会议的形式进行,参加的人数一般为五六个人,大家就某个具体问题发表个人意见,畅所欲言,作到集思广益。

智暴法用于探讨的问题比较单纯,目标比较明确、单一的情况。如果问题牵涉面太广,包含因素太多,那就要首先进行分析和分解,然后再用此法进行分步讨论。

(2) 德尔菲法

德尔菲法是美国著名咨询机构兰德公司于 50 年代初发明的。该方法以匿名方式通过几轮函询征求专家们的意见,然后对每一轮意见都汇总整理,作为参考资料再发给各专家,供他们分析判断,提出新的论证。如此多次反复,专家的意见趋于一致,使最终结论的可能性越来越大。

德尔菲法是系统分析方法在意见和判断领域的一种有限延伸。它突破了传统的数据分析限制,为更合理地决策开阔了思路。由于该方法能够对未来发展中的各种可能出现和期待出现的前景作出概率估计,因此可为决策者提供多方案选择的可能性,并以概率表示明确结论。

2. 流程图法

就是将一建设工程的活动按步骤或阶段顺序以若干模块形式组成一个流程图子列,每个模块中都标出各种潜在的风险或利弊因素,结合具体的情况,对可能风险进行识别。

【案例 7-2】 某承包人承包工程风险识别流程图如图 7-7 所示。

3. 初始清单法

如果对每一个建设工程风险的识别都从头做起,至少有以下三方面缺陷:一是耗费时间和精力多,风险识别工作的效率低;二是由于风险识别的主观性,可能导致风险识别的随意性,其结果缺乏规范性;三是风险识别成果资料不便积累,对今后的风险识别工作缺乏指导作用。因此,为了避免以上缺陷,有必要建立初始风险清单。建立建设工程的初始风险清单有两种途径:

第一,常规途径是采用保险公司或风险管理学会(或协会)公布的潜在损失一览表,即任何企业或工程都可能发生的所有损失一览表。以此为基础,风险管理者再结合本企业或某项工程所面临的潜在损失对一览表中的损失予以具体化,从而建立特定工程的风险一览表。我国至今尚没有这类一览表,因此,这种潜在损失一览表对建设工程风险的识别作用不大。

第二,通过适当的风险分解方式来识别风险是建立建设工程初始风险清单的有效途径。对于大型、复杂的建设工程,首先将其按单项工程、单位工程分解,再对各单项工程、单位工程分别从时间维、目标维和因素维进行分解,可以较容易地识别出建设工程中主要的、常见的风险。从初始风险清单的作用来看,因素维仅分解到各

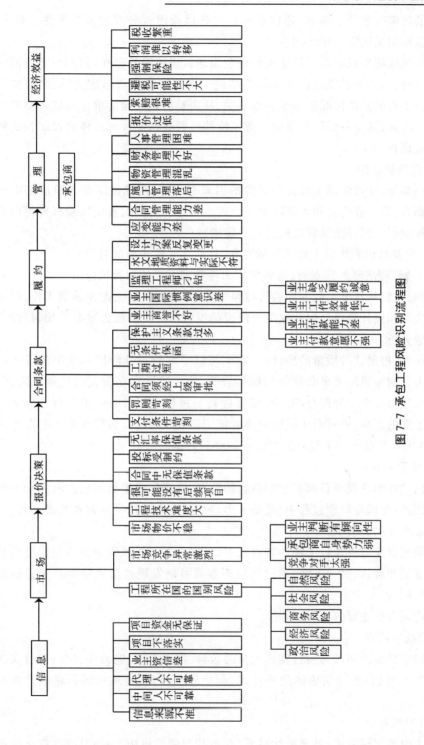

图7-7 承包工程风险识别流程图

种不同的风险因素是不够的,还应进一步将各风险因素分解到风险事件。表7-1为建设工程初始风险清单示例。

初始风险清单只是为了便于人们较全面地认识风险的存在,而不至于遗漏重要的工程风险,但并不是风险识别的最终结论。在初始风险清单建立后,还需要结合特定建设工程的具体情况进一步识别风险,从而对初始风险清单作一些必要的补充和修正。为此,需要参照同类建设工程风险的经验数据或针对具体建设工程的特点进行风险调查。

4. 经验数据法

我们知道,导致建设工程投资风险的因素有很多,在建设工程各阶段都有可能发生。那么,是否我们对初始风险清单所列出的每一阶段的投资风险都要付出很大努力去控制呢?回答既是肯定的又是否定的。

(1)只要意识到建设工程风险的存在,就必须采取正确的对策;

(2)从管理战略的观点看,应该集中力量管理重要的项目风险。

例如,我们从建设工程的经验可以得知,减少投资风险关键在前期工作,即建设工程的决策和设计阶段。因此这两个阶段的投资风险便被视为重要的项目风险,需要细致地分析。

同样地,根据建筑质量的统计表,我们可以了解到设计阶段和施工阶段的质量风险最大。初始风险清单和统计数据都表明,施工阶段存在较大的进度风险,但施工活动又是由一个个分部分项工程搭接进行的过程,因此,进一步分析各分部分项工程对工期的影响,更有利于风险管理者辨识进度风险。以房屋建筑工程为例,图7-8是各主要分部分项工程对工期影响的经验数据。

5. 风险调查法

任何具体的建设项目都有它们各自的特点,两个建设项目不可能有完全一致的风险。因此,在风险识别过程中,花费人力、物力、财力进行风险调查是必不可少的,也是非常重要的一项工作。

风险调查从分析建设工程的特点入手,一方面对初始风险清单所列出的项目风险进行鉴别和确认,另一方面,通过风险调查有可能发现初始风险清单未包括的重要项目风险。

风险调查的主要内容有:

(1)技术特点

组织项目实施和参与项目实施人员的数量、技术素质、能力和经验;项目实施的技术方案和方法;项目实施的硬件技术,包括施工设备、建筑材料和机电设备的质量等。

(2)组织特点

业主内部组织模式;外部机构联系(包括项目领导机构、为项目提供资金的机构

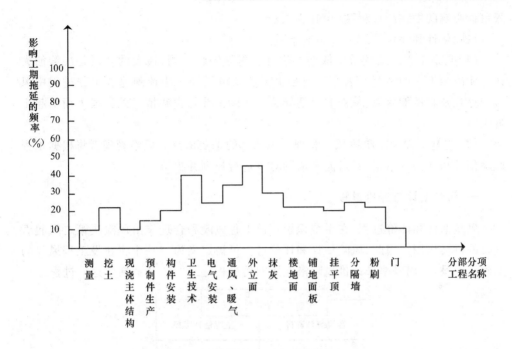

图 7-8 各主要分部分项工程对工期影响

以及参与项目建设的有关机构)。

(3)自然及环境特点

水文气象资料;工程地质条件;项目实施过程对邻近环境的影响;邻近环境对项目实施的影响。

(4)经济特点

资金来源及附加条件;经济政策的变化可能对项目实施的影响;相关市场的变化可能对项目实施的影响;融资途径;贷款方条件。

(5)合同特点

合同类型;合同结构;合同格式。

风险调查并不是一次性的,正如风险识别是一个系统的、连续的过程,它也应该是在建设工程全过程中一个不断进行的过程,这样就可以了解不断变化的条件对项目风险状态的影响,只是每一次风险调查的重点有可能不同。

第三节 风险估计与评价

系统地识别风险只是风险管理的第一步。对认识到的风险进一步分析,即通过风险估计与评价,可以定量地确定建设工程风险的概率大小或分布、风险对建设工程目标影响的潜在严重程度(潜在损失值)。

风险估计和评价的结论有如下作用：

(1)它是工程决策的重要依据。建设工程的经验证明,最大的失误是决策的失误。而决策失误的主要原因之一就是决策者忽略了或无法预测建设工程过程中风险的存在及其可能后果,从而有可能导致因实际情况与预测情况差异很大而引起工程失败。

(2)它是工程实施阶段风险管理对策选择的重要依据。风险管理者将根据工程风险估计和评价的结果,对可能采取的对策进行规划并决策。

一、风险估计与评价过程

风险估计和评价过程,在系统识别建设工程风险和合理作出风险决策之间起着重要的桥梁作用。因此,风险估计和评价过程可被定义为:"一个将建设工程风险的不确定性量化,用概率来评价风险潜在影响的过程"。图7-9概括了这一过程。

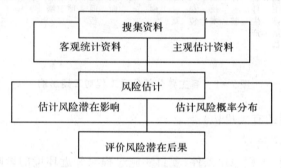

图7-9 风险估计与评价过程

在项目决策阶段风险估计与评价主要是论证建设工程风险因素对投资效益的影响。这时,决策者所需考虑的风险具有不确定性,即风险因素的变化性质。这种风险也属于投机风险,即那些既有损失机会,也有获利可能的风险。

而项目实施阶段所研究的项目风险大都是纯风险,即只有损失机会的风险。例如,对于技术方案带来的风险,如果技术方案实施成功了则意味着无损失,失败了则意味着损失。

二、风险估计

在识别了建设工程所面临的各种风险后,风险管理者必须对风险进行衡量,以便确定它们的相对重要性,并为风险管理决策提供依据。

对于每一种建设工程风险,风险衡量包括两项内容：

(1)风险出现的概率或损失的概率；

(2)风险发生所导致的潜在损失量或损失的严重性。

风险衡量需要同时确定建设工程风险的概率和损失量,目的是为了评价风险量的大小,即项目风险的相对重要性。

(一)风险发生的概率

风险发生的概率和概率分布是风险估计与评价的基础。因此,风险估计与评价的首要工作是确定风险事件的概率分布。一般而言,风险事件的概率分布应由历史资料确定,这样得到的即为客观概率。当没有足够的历史资料确定风险事件的概率分布时,可以利用理论概率分布进行风险估计。

由于建设工程独特性很强,风险来源彼此相差甚远,因此,在许多情况下风险管理者只能根据样本个数不多的小样本对风险事件发生的概率进行估计。对有些新项目,是前所未有的,根本就没有可利用的数据,风险管理者只能根据自己的经验预测风险事件的概率或概率分布,这即为主观概率。

(二)风险衡量的原则

风险的大小不仅和风险事件发生的概率有关,而且还与风险损失的多少有关。评价风险的大小,常用如图7-10所示的等风险量图。图中,风险量的大小 R 为风险出现概率 p 和潜在的损失量 q 的函数:$R=f(p,q)$。

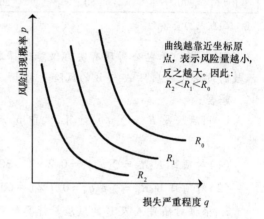

图7-10 等风险量曲线图

风险量函数具有下列性质:

(1)风险量的大小主要取决于潜在损失的多少。有严重潜在损失的风险,其虽不经常发生,但比经常发生而无大灾的风险要可怕。

(2)若两种风险有潜在损失相类似,则其发生频率高的风险具有较大的 R。

(3)风险评价图中每条曲线代表一风险事件,不同曲线风险程度不一样。曲线距离原点越远,期望损失越大,一般认为风险就越大。

(4)风险频率与损失的乘积就是损失期望值,即风险量大小是关于损失期望值的增函数。因此,可得到图7-10中等风险量图的大致形状。在风险理论中常用下列公式来计算 R。

$$R = f(p,q) = pq$$

或

$$R = \sum_{i=1}^{n} p_i q_i$$

式中:$i=(1,2,3,K,n)$ 表示建设工程的第 i 个风险事件。

【案例7-3】 某工程承包公司有两个施工招标项目可供选择:其中工程项目A为某个国家的大型国际会议中心项目,预计合同额较高,如能中标可获得较高利润,但竞争对手多而强,失标的风险较大,且投标所耗费用高;另一工程项目B为一般公用建筑,如中标可获利润相对较少,竞争对手少,自己有优势,中标的可能性较大,投标所需费用相对较少。它们各自的中标概率、失标概率及相应的获利额和投标费用损失(失标损失)额如表7-2所示。

表 7-2

项目	获得项目(中标)		失标			
	概率(%)	获利预计值(万元)	概率(%)	损失(万元)	概率(%)	损失(万元)
A	20	-300	80	+30		
B	70	-60	20	+10	10	+5

注:获利为负损失。

问题: 若该承包公司现有实力仅能选择其中之一承包,试用风险评价的风险量函数的方法比较项目A与B的风险量大小,并据以对投标决策作出判断。

解答:

1. 用风险量 $R_i = \sum p_i q_i$ 计算,式中 p_i 表示风险事件的发生概率,q_i 表示潜在损失。

(1) 对项目A: $R_A = \sum p_A q_A = 0.2 \times (-300) + 0.8 \times 30 = -36$ 万元

(2) 对项目B: $R_B = \sum p_B q_B = 0.7 \times (-60) + 0.2 \times 10 + 0.1 \times 5 = -39.5$ 万元

2. 根据对项目A及B的风险量计算结果: $R_B < R_A$,即项目B的风险量期望损失小于项目A,所以应选择项目B投标并争取中标,承包该项目。

(三)风险损失的衡量

风险损失的衡量就是定量确定风险损失值的大小。建设工程风险损失包括以下几方面:

1. 投资风险

投资风险导致的损失可以直接用货币形式来表现,即价格、汇率和利率等的变化或资金使用安排不当等风险事件引起的实际投资超出计划投资的那一部分就是损失值的大小。

2. 进度风险

进度风险导致的损失由以下部分组成:

(1)货币的时间价值。进度风险的发生可能会对现金流动造成影响,在利率的作用下引起经济损失。

(2)为赶上计划进度所需的额外费用。包括加班的人工费、机械使用费和管理费等一切因追赶进度所发生的非计划费用。

3. 质量风险

质量风险导致的损失包括事故引起的直接经济损失,以及修复和补救等措施发生的费用以及第三者责任损失等,可分为以下几个方面:

(1)建筑物、构筑物或其他结构倒塌所造成的直接经济损失;

(2)复位纠偏、加固补强等补救措施的费用;

(3)返工损失;

(4)造成的工期拖延的损失;

(5)永久性缺陷对于项目使用造成的损失;

(6)第三者责任的损失。

4. 安全风险

安全风险导致的损失包括:

(1)受伤人员的医疗费用和补偿费;

(2)财产损失,包括材料、设备等财产的损毁或被盗;

(3)因引起工期延误带来的损失;

(4)为恢复项目正常实施所发生的费用;

(5)第三者责任损失。

在此,第三者责任损失为项目实施期间,因意外事故可能导致的第三者的人身伤亡和财产损失所作的经济赔偿以及必须承担的法律责任。

但是,在项目实施过程中,风险事件的发生往往会同时导致一系列损失。例如,地基的坍塌引起塔吊的倒塌,并进一步造成人员伤亡和建筑物的损坏,以及施工被迫停止等。这一地基坍塌事故影响了项目所有的目标——投资、进度、质量和安全,但其最终损失的大小还是以货币形式来衡量,反映为投资风险。

三、风险评价

工程风险估计从量的角度衡量了建设工程风险发生的概率和损失程度,然而要确定风险对风险管理目标的危害程度,决定是否采取措施以及采取何种措施,采取措施后的风险因素将会发生什么变化,则是风险评价需要解决的问题。

(一)风险评价的目的

工程项目风险评价有下列目的:

(1)对建设工程诸风险进行比较和评价,确定它们的先后顺序。

(2)从建设工程整体出发,弄清各风险事件之间确切的因果关系,为制定风险管理计划提供基础。

(3)考虑各种不同风险之间相互转化的条件,研究如何才能化威胁为机会。

(4)进一步量化已识别风险的发生概率和后果,减少风险发生概率和后果估计中的不确定性。

(二)风险评价的方法

常见的风险分析方法有:综合评分法、层次分析法、模糊分析法等。本书主要介绍综合评分法。综合评分法，也称主观评分法，是一种最常用、最简单、易于应用的分析方法。这种方法分三步进行：首先，识别和评价出某一种特定建设工程可能遇到的所有风险，列出风险调查表；其次，利用专家经验，对可能出现的风险因素或风险事件的重要性进行评价；最后，综合成整个项目风险。具体步骤如下：

(1) 确定每个风险因素的权重，以表征其对项目风险的影响程度。

(2) 确定每个风险因素的等级值，按可能性很大、比较大、中等、不大、较小这五个等级，分别以 1.0、0.8、0.6、0.4 和 0.2 打分。

(3) 将每个风险因素的权数与等级值相乘，求出该项风险因素的得分，再求出此工程项目风险因素的总分。显然，总分越高说明风险越大。

为进一步规范这种方法，可根据以下标准对专家评分的权威性确定一个权重值。

1) 在国内外进行国际工程承包工作的经验。

2) 是否参加已投标准备，对投标项目所在国及项目情况的了解程度。

3) 知识领域（单一学科或综合性多学科）。

4) 在投标项目风险分析讨论会上发言的水平等。

该权威性的取值建议在 0.5~1.0 之间，1.0 代表专家的最高水平，其他专家取值可相应减少，投标项目的最后的风险度值为：每位专家的评定的风险度乘以各自的权威性的权重值，所得之积合计后再除以全部专家权威性的权重值的和。

该方法适用于决策前期。这个时期往往缺乏项目具体的数据资料，主要依据专家经验和决策者的意向，得出的结论也不要求是资金方面的具体值，而是一种大致的程度值，它只能是进一步分析的基础。

【案例 7-4】 某海外工程的风险调查表，如表 7-3，其中 $W \times X$ 叫风险度，表示一个项目的风险程度。由 $\sum W \times X = 0.56$，说明该项目的风险属于中等水平，可以投标，报价时风险费也可取中等水平。

表 7-3 某海外工程风险调查表

可能发生的风险因素	权数 W	风险因素发生的可能性 X					$\sum W \times X$
		很大 1.0	比较大 0.8	中等 0.6	不大 0.4	较小 0.2	
政局不稳	0.05			√			0.03
物价上涨	0.15		√				0.12
业主支付能力	0.10			√			0.06
技术难度	0.20					√	0.04
工期紧迫	0.15			√			0.09
材料供应	0.15		√				0.12
汇率浮动	0.10			√			0.06
无后续项目	0.10				√		0.04

第四节　风险管理对策的规划和决策

建设工程风险管理的基本对策为风险控制、风险自留和风险转移三种形式。这三种对策各有不同的性质、优点和局限性,因此,风险管理者规划和决策时,选择的常常不只是一种对策,而是几种对策的组合。

一、风险控制

风险控制包括所有为避免或减少建设工程风险发生的可能性以及其潜在损失而采取的各种措施。因此,风险管理者必须和各专业人员共同识别风险发生以及使损失趋于严重的各种条件,然后通过对这些条件的控制而控制建设工程风险。

风险控制对策可分为风险回避和损失控制两种。

(一) 风险回避

风险因素的存在是产生风险的必要条件,风险回避对策就是通过回避风险因素而回避可能产生的潜在损失或不确定性。风险回避是一种最彻底地消除风险影响的方法,是风险处理的一种常用的方法。

1. 风险回避的特点

风险回避具有以下特点:

(1) 回避也许是不可能的。这一点与建设工程风险的定义或分解有关。建设工程风险定义的范围越广或分解得越粗,回避风险就越不可能。例如,如果将建设工程的风险仅分解到风险因素这个层次,那么任何建设工程都必然会发生经济风险、自然风险和技术风险,根本无法回避。又如,从承包商的角度,投标总是有风险的,但决不会为了回避投标风险而不参加任何建设工程的投标。建设工程几乎每一个活动都存在大小不一的风险,过多地回避风险就等于不采取行动,而这可能是最大的风险所在。

(2) 回避失去了从中获益的可能性。例如在涉外工程中,因为对外汇市场的不了解,为避免承担由此带来的经济风险,决策者可能选择本国货币为结算方式,从而也可能失去从汇率变化中获益的可能。

(3) 回避一种项目风险,有可能产生新的项目风险。在建设工程实施过程中,绝对没有风险的情况几乎不存在。就技术风险而言,即使是相当成熟的技术也存在一定的风险。例如,在地铁建设中,采用明挖法施工有支撑的失败、顶板坍塌等风险。如果为了回避这种风险,而以逆作法施工方案代之的话,又会有地下连续墙施工失败等其他新的项目风险的产生。

2. 风险回避的方法

从风险管理的角度看,虽然建设工程风险是不可能全部消除的,但借助于风险回避的一些方法,对某一些特定的风险,在它发生之前就消除其发生的机会或其可能造成的种种损失还是有可能的。在建设工程风险管理中,风险回避的具体方法有:终止法、工程法、程序法和教育法等。

(1)终止法

终止法是回避风险的基本方法,它是通过终止(或放弃)项目或项目计划的事实来避免风险的一种方法。例如,某建设工程在经过可行性分析后,若发现在实施该项目后会面临较大的经济风险,此时立即停止该项目的实施,并放弃这一项目的计划,这样就可以从根本上避免受到更大的风险损失。又如,对大体积混凝土,当采用一般水泥会出现温度裂缝时,就应该立即终止原设计计划,而采用新的措施,如改用低热水泥,或采用其他温控措施,以彻底消除混凝土温度裂缝这种质量风险。再如,当投标人分析了某工程的招标文件和面临的投标竞争对手后,认为其不能中标的可能性较大,因而就放弃了该工程的投标,这从根本上回避了投标的风险。

(2)工程法

工程法是一种有形的回避风险的方法,以工程技术为手段,消除物质性风险的威胁。例如,施工单位在安全管理中,在高空作业下方设置安全网;在楼梯口、预留洞口、坑井口等设置围栏、盖板或架网等均是十分典型的工程法回避风险的措施。工程法的特点是:每一种措施总是与具体的工程设施相连的,因此采用该方法回避风险的成本较高,在风险措施决策时应充分考虑这一点。

(3)程序法

与工程法相比,程序法是无形的风险回避方法,其要求用标准化、制度化、规范化的方式从事建设工程活动,以避免可能引发的风险和不必要的损失。在建设工程的实施过程中,要求按照建设工程程序一步一步进行,对于一些重要的环节,而且要求完成一步后,要进行评审或验收,以防给以后的过程留下不利的条件、引发风险因素。在微观上,建设工程的实施过程是由一系列作业组成的,在作业之间有些存在着严格的先后作业逻辑关系,对这种情况,在工程施工中就要严格按照规定的作业程序施工,而不能随意安排,以避免建设工程风险的发生。

(4)教育法

建设工程风险管理的实践表明,管理人员和操作人员的行为不当是引起风险的重要因素之一。因此要避免工程风险,对项目人员广泛开展教育,提高大家的风险意识,这是避免建设工程风险的有效途径之一。教育的内容一般包括工程经济、技术、质量和安全等方面。教育的目的是让大家认识到个人的任何疏漏或不当行为均会给建设工程带来很大的损失,并要使大家认识或了解建设工程目前所面临的风险,了解和掌握处置风险的方法或技术。

(二)损失控制

损失控制方法是通过减少损失发生的机会,或通过降低所发生损失的严重性来处理建设工程风险。

损失控制措施根据其目的分为:

(1)损失预防手段:安全计划等。

(2)损失减少手段:损失最小化方案,如灾难计划等;损失挽救方案,如应急计划等。

损失预防手段旨在减少或消除损失发生的可能,损失减少手段则试图降低损失的潜在严重性。损失控制方案可以是损失预防手段和损失减少手段的组合。

1. 损失控制

损失的发生是由多种风险因素在一定条件下相互作用而导致的。损失控制的第一步,是对建设工程的有关内容进行审查,包括工程的总体规划、设计和施工计划、相关的工程技术规格、工程现场内外的布置以及工程的特点等,以识别潜在的损失发生点,并提出预防或减小损失的措施,从而制定一系列明确的指导性计划,以指导人们如何避免损失的发生,在损失发生后如何控制损失程度,并及时恢复施工或运营。

损失控制的内容包括:制定一个完善的安全计划;评估及监控有关系统及安全装置;重复检查建设工程计划;制定灾难计划;制定应急计划等。

安全计划、灾难计划和应急计划是风险控制计划中的关键组成部分。安全计划的目的在于有针对性地预防损失的发生,灾难计划则为人们提供处理各种紧急事故的程序,而应急计划则说明在事故发生后,如何以最小的代价使施工或运营恢复正常。

因此,损失控制就是通过这一系列控制计划的实施,将建设工程风险发生的可能性以及其后果对目标的影响尽可能降低到最小。

2. 安全计划

安全是建设工程顺利实施的重要前提。安全计划是预先确立以将潜在损失降低到最小限度的规范文件。计划必须包括一般性安全要求,以及结合工程实施具体特点关于施工过程、项目运营过程中的特殊设备运转规程,对实施人员、机械设备、财产、公众及环境保护等措施。

一个可行且较为完善的安全计划应包括如下基本要点:

(1)安全计划目标和组织结构的确立

安全计划的目标是:减少意外事件中人身伤亡、财产损失和责任损失;通过安全操作规定提高工作信心和劳动生产率;防止偷盗行为;减少工程保险费;减少由于事故发生使工期拖延或引起的其他间接损失。

组织结构是目标实现的保证。安全管理必须有明确的指令流程,应受到项目负责人的高度重视。

(2)责任和义务的分工

安全计划应该合理地进行责任和义务的分工,以使建设人员都能为安全计划的实施有效地配合,并应由一名相应职位的人员负责。

(3) 工作条件

在安全计划的制定以前,必须有专职人员对工作环境的潜在危险作出识别,尤其是特定工程带来的特别危险因素,而且这种识别过程贯穿在安全计划的执行中循环进行。

(4) 安全培训

安全管理人员要负责工人的安全培训,使他们知道如何识别并避免不安全因素以及同他们工作有关的特定危险,并确保他们了解有关安全规范。

安全培训对于损失控制来说,是很重要的预防手段。在安全计划中,定期的安全会议和安全培训是可以检查的。

(5) 安全记录

安全记录有多种用途,是安全计划中的一个重要工具。对于事故及其诱因的准确记录,可以用来衡量风险识别的成败与否,以进一步提高风险管理的效率。

(6) 安全条例

大量研究表明,施工事故主要集中在机械设备故障、开挖事故、结构倒塌(包括临时结构)以及从提升工作台摔落等事故。

除了要检查和保证一般作业安全条例的执行之外,对项目的特殊施工或特殊设备的操作还应制定相应的安全条款。

(7) 环境保护

安全计划还应考虑施工过程对周围环境的影响,以降低对施工人员及公众的影响程度。与施工有关的主要问题有:建筑尘土;噪音;高温和低温条件;放射性物质的处置以及相应的对操作者的保障。

3. 灾难计划

灾难计划是一组事先编制的、目的明确的程序,为现场人员提供一套明确的行动指南,以便处理各种紧急事件,从而减少人员伤亡和财产、经济损失。

制定灾难计划的目的在于紧急意外事件发生后,能充分利用事故发生现场以及公共服务设施,减轻灾难,从而减少由此带来的损失。

灾难计划是针对严重风险事件制定的,其内容应满足以下要求:

(1) 使现场人员安全撤离;

(2) 援救及处理伤亡人员;

(3) 控制事故的进一步发展,最大限度地减少资产和环境损害;

(4) 保证受影响区域的安全恢复正常。

灾难计划在严重风险事件发生或即将发生时付诸实施。

4. 应急计划

应急计划,亦称应对计划,其宗旨是使因意外事故而中断的工程实施过程全面恢复,并减少进一步的损失,使其影响程度减至最小。应急计划不仅要制定所要采取的相应措施,而且要规定不同工作部门相应的职责。

应急计划应包括如下内容:

(1)调整整个建设工程的施工进度计划,并要求各承包商相应调整各自的施工进度计划;

(2)调整材料、设备的采购计划,并及时与材料、设备供应商联系,必要时可能要签订补充协议;

(3)确定最高保险索赔的费用,以便向保险公司提出索赔。

二、风险自留

风险自留就是将风险留给自己承担,是从企业内部财务的角度应对风险。风险自留与其他风险对策的根本区别在于,它不改变工程风险的客观性质,即既不改变工程风险的发生概率,也不改变工程风险潜在损失的严重性。

风险自留可分为非计划性风险自留和计划性风险自留两种类型。

(一)非计划性风险自留

当风险管理者没有意识到工程风险的存在,或者没有处理工程风险的准备,风险自留就是非计划的和被动的。这一类型的风险自留在建设工程中表现如下:

(1)建设资金的来源与业主利益无关,这是目前国内一些由政府提供建设资金的工程项目不自觉地采用非计划风险自留的一个原因;

(2)风险识别过程的失误,使得风险管理者未能意识到工程风险的存在;

(3)项目风险的评价结果认为可以忽略,而事实并非如此;

(4)风险管理决策与实施的时间差。即使风险管理者成功地识别和衡量了项目风险,但由于决策的延误,或者决策与实施的时间差,使得一旦项目风险现实地发生,成为事实上的非计划风险自留。

事实上,对于一个大型复杂的工程项目,风险管理者不可能识别出所有的项目风险。从这个意义上来说,非计划风险自留是一种常用的风险处理策略。但风险管理者应尽量减少风险识别和风险分析过程的失误,并及时实施决策,而避免被迫承担重大项目风险。

(二)计划性风险自留

计划性风险自留是主动的、有意识的、有计划的选择,是风险管理者经过合理的分析和评价,并有意识地不断转移有关的潜在损失。计划性风险自留应与风险控制结合使用,实行风险自留时,应尽可能地保证重大工程风险已经进行工程保险或实施风险控制计划。因此,风险自留的选择主要考虑它与工程保险的比较:

(1)费用。若项目进行工程保险,所付的工程保险费为两部分:

1)损失赔偿费,等于保险公司所估算的项目的期望损失;

2)保险公司在损失赔偿费上附加的费用,用于抵偿保险公司的经营费用,并提供一定的利润和意外准备金。

自留风险可以节省全部或部分的附加保费,但因此得不到保险公司提供的诸如损失赔偿、损失控制和风险分析等手段。

(2)期望损失和风险。保险公司在计算保险费时所估计的损失和风险,与工程风险管理者所衡量的结果往往不一致。当风险管理者确信期望损失和风险低于保险公司的估计,可以采用风险自留对策。

(3)服务质量。如果保险公司提供的某些服务,风险管理者完全可以在内部完成,且由于他们直接参加项目建设,服务更加方便,质量也更高,在这种情况下,风险自留是合理的。

三、风险转移

风险转移是建设工程风险管理中非常重要而且广泛应用的一项对策,分为非保险转移和保险转移两种形式。

(一)非保险转移

非保险转移又称合同转移,因为这种风险转移一般是通过签订合同的方式将工程风险转移给非保险人的对方当事人。建设工程风险最常见的非保险转移有以下几种情况:

1. 采用担保或履约保函方式转移风险

工程项目招标或履行合同过程中,业主为避免出现承包人在中标后不签承包合同、签合同后不履约以及在预付款支付后不实施合同义务和责任等风险,业主一般在投标过程中、签订合同前以及支付预付款前,分别要求承包人提交由担保公司出具的履约保函或由银行出具的履约保函,将承包人可能会出现的违约风险转移给出具担保的担保公司或出具保函的银行。

2. 采用分包方式转移风险

承包人在履行合同的过程中,会遇到一些特殊的施工,如水下施工作业,其有较大的安全风险。对这种情况,承包人一般将其分包,将这种安全风险转移给分包人。在一些工程的承包中,当承包人发现本身施工力量不足,难以按期完成,或某些施工内容本身缺乏施工设备,或施工技术不过硬,或施工经验不足等问题,面临着施工工期、施工成本或施工质量等风险时,其总是向业主提出申请,将对他来说有各种各样风险的施工内容分包给其他承包人,以将风险转移。当然,这种对原承包人具有风险的施工内容,对分包人不一定存在风险,可能还有机会。这决定于具体施工内容和分包人的具体条件。

3. 用适当的合同计价方式转移风险

对工程项目业主而言,根据具体工程条件,选择适当的施工合同的计价形式,是转移项目风险的一种方式。一般当工程设计达到一定深度,工程施工工期不是太长,而且工程结构在施工过程中不可能作较大变动时,业主经常选择施工总价合同,即将工程量和工程单价均固定下来。对这种类型合同,承包人就要承担当设计引起工程量的增加较多,或物价上涨幅度较大时,引起工程成本较大的风险。事实上,业主将这些工程成本风险全部转移给了承包人。在各类施工合同中,固定单价并固定工程量的总价合同转移风险的程度最为明显。

4. 运用合同条件转移风险

在工程项目合同中,业主可运用某些合同条件来转移风险。如业主在施工合同条件中规定,基础单价在施工期间不作调整。对于这样的规定,若施工过程中物价上涨,施工成本肯定存在风险,而且物价上涨幅度越大,其风险也越大。在这样的合同条件下,业主利用合同条件将物价上涨的风险转移给了承包人。又如,FIDIC 土木工程施工合同条件[36]24.1 款有这样的规定:"除非死亡或受伤时由业主及其代理人或雇员的任何行为或过失行为造成的,业主对承包商或任何分包商雇用的任何工人或其他人员损害赔偿或补偿不承担责任……"。这一条款的实质是,承包商在施工中发生安全风险时,业主不承担任何责任,这就将施工过程中的全部风险转移给了承包商。

与其他的风险对策相比,非保险转移的优点主要体现在:一是可以转移某些不可保的潜在损失,如物价上涨、法规变化、设计变更等引起的投资增加;二是被转移者往往能较好地进行损失控制,如承包商相对于业主能更好地把握施工技术风险,专业分包商相对于总包商能更好地完成专业性强的工程内容。

但是,非保险转移的媒介是合同,这就可能因为双方当事人对合同条款的理解发生分歧而导致转移失效。另外,在某些情况下,可能因被转移者无力承担实际发生的重大损失而导致仍然由转移者来承担损失。例如,在采用固定总价合同的条件下,如果承包商报价中所考虑涨价风险费很低,而实际的通货膨胀率很高,从而导致承包商亏损破产,最终只得由业主自己来承担涨价造成的损失。还需指出的是,非保险转移一般都要付出一定的代价,有时转移代价可能超过实际发生的损失,从而对转移者不利。仍以固定总价合同为例,在这种情况下,如果实际涨价所造成的损失小于承包商报价中的涨价风险费,这两者的差额就成为承包商的额外利润,业主则因此遭受损失。

(二)保险转移

对建设工程风险来说,保险转移通常称为工程保险。通过购买保险,建设工程业主或承包商作为投保人将本应由自己承担的工程风险(包括第三方责任)转移给保险公司,从而使自己免受风险损失。进行工程保险,虽然投保人将为这种服务付出额外的一笔工程保险费,但是由于提高了损失控制效率,以及损失发生后能得到及时的补偿,使得工程实施能不中断地、稳定地进行,从而最终保证了工程的进度和质量,降低了总的工程费用。

但保险这一风险对策的缺点首先表现在机会成本增加;其次,工程保险合同的内容较为复杂,保险费没有统一固定的费率,需根据特定建设工程的类型、建设地点的自然条件(包括气候、地质、水文等条件)、保险范围、免赔额的大小等加以综合考虑,因而保险合同谈判常常耗费较多的时间和精力。在进行工程保险后,投保人可能产生心理麻痹而疏于损失控制计划,以致增加实际损失和未投保损失。

需要说明的是,工程保险并不能转移建设工程的所有风险,一方面是因为存在不可保风险,另一方面则是因为有些风险不宜保险。因此,对于建设工程风险,应将工程保险与风险回避、损失控制和风险自留结合起来运用。对于不可保风险,必须采取损失控制措施。即使对于可保风险,也应当采取一定的损失控制措施,这有利于改变风险性质,达到降低风险量的目的,从而改善工程保险条件,节省保险费。

【案例7-5】 某工业建设工程项目建设单位委托了一家监理单位协助组织工程招标并负责施工监理工作。总监理工程师在主持编制监理规划时,安排了一位专业监理工程师负责该建设工程风险分析和相应监理规划内容的编写工作。经过风险识别、评价,按风险量的大小将该项目中的风险归纳为大、中、小三类。根据该建设工程的具体情况,监理工程师对建设单位的风险事件提出了风险决策,相应制定了风险控制措施(见表7-4)。

表7-4 风险对策及控制措施表

序号	风险事件	风险对策	控制措施
1	通货膨胀	风险转移	建设单位与承包单位签订固定总价合同
2	承包单位技术、管理水平低	风险回避	出现问题向承包单位索赔
3	承包单位违约	风险转移	要求承包单位提供第三方担保或提供履约保函
4	建设单位购买的昂贵设备运输过程中的意外事故	风险转移	从现金净收入中支出

问题:

1. 针对监理工程师提出的风险转移、风险回避和风险自留三种风险对策,指出各自的适用对象(指风险量大小)。

2. 分析监理工程师在表7-4中提出的各项风险控制措施是否正确,并说明理由。

> **解答：**
> 1. 风险转移适用于风险量大或中等的风险事件。风险回避适用于风险量大的风险事件。风险自留适用于风险量小的风险事件。
> 2. 对照风险对策及控制措施表中的问题回答（按序号）：
> ① 正确。固定总价合同对建设单位没有风险。
> ② 不正确。应选择技术、管理水平高的承包单位。
> ③ 正确。第三方担保或承包单位提供履约保函可以转移风险。
> ④ 不正确。从现金净收入中支出属于风险自留。对这类风险可采取投保保险的方式转移风险。

四、风险管理方案的选择

风险管理者在选择对策时，要根据建设工程的特点，从系统的观点出发，整体上考查风险管理的思路和步骤，从而制定一个与项目的总体目标相一致的风险管理原则，这种原则需要指出风险管理各基本对策之间的联系，为风险管理者决策提供参考。图7-11用风险管理流程图描述了规划决策过程以及这些基本对策之间的选择关系。

思 考 题

1. 简述产生建设工程风险事件有哪些？
2. 简述建设工程风险管理的过程。
3. 简述风险识别的过程，风险识别的方法有哪些？
4. 简述风险衡量的原则。
5. 简述风险评价的目的。
6. 简述综合评分法的原理。
7. 风险对策有哪几种？简述各种风险对策的要点。

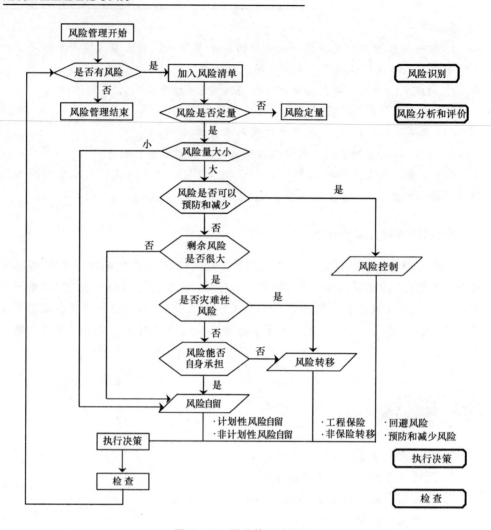

图 7-11 风险管理流程图

第八章 建设工程信息管理

本章首先介绍了信息技术对建设工程的影响、信息管理对监理的作用等内容，在此基础上重点介绍了建设工程信息管理的内容和建设工程监理信息系统。

第一节 信息管理概述

建设工程监理过程实质上是工程建设信息管理的过程。即建设监理单位（监理工程师）受工程业主的委托，在明确监理信息流程的基础上，通过建立一定的组织机构，对建设工程监理信息进行收集、加工、存储、传递、分析和应用的过程。由此可见，信息管理在建设工程监理工作中具有十分重要的作用，它是监理工程师控制工程建设三大目标的基础。建设工程监理的主要方法是控制，控制的基础是信息，信息管理是工程监理任务的主要内容之一。及时掌握准确、完整的信息，可以使监理工程师耳聪目明，可以卓有成效地完成监理任务。信息管理工作的好坏，将会直接影响着监理工作的成败。监理工程师应重视建设工程项目的信息管理工作，掌握信息管理方法。

一、信息技术对建设工程的影响

随着信息技术的高速发展和不断应用，其影响已波及到传统建筑业的方方面面。随着信息技术（尤其是计算机软硬件技术、数据存储与处理技术及计算机网络技术）在建筑业中的应用，建设工程的手段不断更新和发展。建设工程的手段与建设工程思想、方法和组织不断互动，产生了许多新的管理理论，并对建设工程的实践起到了十分深远的影响。项目控制、集成化管理、虚拟建筑都是在此背景下产生和发展的。具体而言，信息技术对工程项目管理的影响在于：

1. 建设工程系统的集成化，包括各方建设工程系统的集成以及建设工程系统与其他管理系统（项目开发管理、物业管理）在时间上的集成。

2. 建设工程组织的虚拟化。在大型项目中，建设工程组织在地理上分散，但在工作上协同。

3. 在建设工程的方法上，由于信息沟通技术的应用，项目实施中有效的信息沟通与组织协调使工程建设各方可以更多地采用主动控制,避免了许多不必要的工期延迟和费用损失,目标控制更为有效。

二、信息在建设工程监理中的重要作用

(一)信息是监理工程师实施控制的基础

在工程建设监理过程中,为了进行比较分析及采取措施来控制工程项目投资目标、质量目标及进度目标,监理工程师首先应掌握有关项目三大目标的计划值,作为控制的标准,再将作为纠偏依据的三大目标的执行情况与计划目标进行比较,找出差异,分析原因,采取措施,使总体目标得以实现。从控制的角度讲,离开了信息,监理对实施的识别就会受到影响,决策易发生错误,使得控制无法进行。因此,信息是实施控制的基础。

(二)信息是监理工程师进行决策的依据

建设监理决策的正确与否,直接影响到项目建设总目标的实现及监理公司、监理工程师的声誉。监理决策正确与否,取决于多种因素,其中最重要的因素之一就是信息。因此,监理工程师在项目设计阶段、施工招标及施工等各个阶段,都必须及时收集、加工、整理信息,并充分利用信息作出科学、合理的监理决策。

(三)信息是监理工程师妥善协调项目建设各方关系的重要媒介

工程项目的建设涉及到众多的单位,如政府部门、业主、设计单位、施工单位,材料、设备、资金供应单位及运输、保险、税收单位等等,这些单位都会给项目目标的实现带来一定的影响,为了加强各单位之间有机联系,需要加强信息管理,妥善处理各单位之间的关系。

三、建设工程监理信息分类

建设工程监理过程中,涉及到大量的信息,为了便于管理和使用,可以依据不同标准划分如下:

1. 按建设工程监理的目标划分

(1)投资控制信息

投资控制信息是指与投资控制直接有关的信息,如各种估算指标、类似工程造价、物价指数、概算定额、预算定额、投资估算、设计概预算、合同价、施工阶段的支付账单、原材料价格、机械设备台班费、人工费等。

(2)质量控制信息

质量控制信息是指与质量控制直接有关的信息,如国家有关的治理政策及质量标准、工程项目建设标准、质量目标分解结果、质量控制工作制度、工作流程、风险分析、质量抽样检查的数据等。

(3)进度控制信息

进度控制信息是指与进度控制直接有关的信息,如施工定额、工程项目总进度计划、进度目标分解、进度控制的工作制度、风险分析、进度记录等。

2. 按建设工程监理信息的来源划分

(1)工程项目内部信息

内部信息来自建设项目本身,如工程概况、设计文件、施工方案、合同管理制度、会议制度、工程项目的投资目标、进度目标、质量目标等。

(2)工程项目外部信息

外部信息来自建设项目外部环境,如国家有关的政策及法规、国内及国际市场上原材料及设备价格、物价指数、类似工程造价及进度、投标单位的实力与信誉、项目毗邻单位情况等。

3. 按建设工程监理信息的稳定程度划分

(1)静态信息

静态信息是指在一定时间内相对稳定不变的信息,包括标准信息、计划信息和查询信息。标准信息主要是指各种定额和标准,如施工定额、原材料消耗定额、设备及工具的耗损程度等。计划信息是反映在计划期内已经确定的各项任务指标情况。查询信息是指在一个较长时期内不发生变更的信息,如政府及有关部门颁发的技术标准、不变价格、监理工作制度等。

(2)动态信息

动态信息是指在不断变化的信息,如项目实施阶段的质量、投资及进度的统计信息,就是反映在某一时刻项目建设的实际进程及计划完成情况。

4. 按建设工程监理信息的层次划分

(1)决策层信息

决策层信息是指有关建设项目的进行战略决策所需要的信息,如工程项目规模、投资额、建设总工期、承包单位的选定、合同价的确定等信息。

(2)管理层信息

管理层信息是提供给业主单位中层及部门负责人作短期决策用的信息,如工程项目年度施工计划、财务计划、物资供应计划等。

(3)实务层信息

实务层信息是指各业务部门的日常信息,如日进度、月支付额等。这类信息较具体、精度较高。

第二节 建设工程信息管理的内容

建设工程信息管理是在明确监理信息流程,建立监理信息编码系统的基础上,围绕监理信息的收集、加工整理、存储、传递和使用而开展的。

一、监理信息的收集

工程项目建设的每一个阶段都要产生大量的信息。但是,要得到有价值的信息,只靠自发产生的信息是远远不够的,还必须根据需要进行有目的、有组织、有计划的收集,才能提高信息质量,充分发挥信息的作用。这就要求监理工程师通过各种渠道,采取各种方法收集信息,然后经过加工、筛选,从中选择出对决策有用、足够的信息,防止决策失误。

收集信息是运用信息的前提和进行信息处理的基础。信息处理是包括对已经取得的原始信息,进行分类、筛选、分析、加工、评定、编码、存储、检索、传递的全过程。不经收集就没有进行处理的对象。信息收集工作的好坏,直接决定着信息加工处理质量的高低。在一般情况下,如果收集到的信息时效性强、真实度高、价值大、全面系统,再经加工处理质量就更高,反之则低。

从监理的角度,工程建设的信息收集由于介入阶段不同,因此需要收集不同的内容。监理单位介入的阶段有:项目决策阶段、工程建设设计阶段、施工招投标阶段、工程建设施工阶段、工程建设竣工阶段等多个阶段。各个阶段与建设单位签订的监理合同内容也不尽相同,因此收集信息要根据具体情况决定。建立一套完善的信息采集制度,收集建设工程监理的各阶段、各类信息,是监理工作所必需的。本节根据工程建设各阶段监理工作的内容来讨论监理信息的收集。

1. 项目决策阶段信息的收集

决策阶段主要收集外部宏观信息,要收集历史、现代和未来三个时态的信息,具有较多的不确定性。

在项目决策阶段,信息收集从以下几方面进行:

(1)项目相关市场方面的信息。如产品预计进入市场后的市场占有率、社会需求量、预计产品价格变化趋势、影响市场渗透的因素、产品的生命周期等。

(2)项目资源相关方面的信息。如资金筹措渠道、方式,原辅料、矿藏来源,劳动力、水、电、气供应等。

(3)自然环境相关方面的信息。如城市交通、运输、气象、地质、水文、地形地貌、废料处理可能性等。

(4)新技术、新设备、新工艺、新材料,专业配套能力方面的信息。

(5)政治环境,社会治安状况,当地法律、政策、教育的信息。

这些信息的收集是为了帮助建设单位避免决策失误,进一步开展调查和投资机会研究,编写可行性研究报告,进行投资估算和工程建设经济评价。

2. 工程建设设计阶段信息的收集

在工程建设的设计阶段将产生一系列的设计文件,它们是监理工程师协助业主选择承包商,以及在施工阶段实施监理的重要依据。

建设项目的初步设计文件包含大量的信息,如建设项目的规模、总体规划布置、主要建筑物的位置、结构形式和设计尺寸,各种建筑物的材料用量,主要设备清单,主要技术经济指标,建设工期,总概算等。还有业主与市政、公用、供电、电信、铁路、交通、消防等部门的协议文件或配合方案。

技术设计是根据初步设计和更详细的调查研究资料进行的,用以进一步解决初步设计中的重大技术问题,加工艺流程、建筑结构、设备选型及数量确定等。技术设计文件与初步设计文件相比,提供了更确切的数据资料,如对建筑物的结构形式和尺寸等进行修正并编制了修正后的总概算。

施工图设计文件则完整地表现建筑物外形、内部空间分割、结构体系、构造状况,以及建筑群的组成和周围环境的配合,具有详细的构造尺寸。它通过图纸反映出大量的信息,如施工总平面图、建筑物的施工平面图和剖面图、设备安装详图、各种专门工程的施工图,以及各种设备和材料的明细表等。此外,还有根据施工图设计所作的施工图预算等。

3. 施工招投标阶段信息的收集

在施工招标阶段,要求信息收集人员充分了解施工设计和施工图预算,熟悉法律法规,熟悉招投标程序及合同示范文本,特别要求在了解工程特点和工程量分解上有一定能力,才能为建设方决策提供必要的信息。

在施工招标阶段,业主或其委托的监理单位要编制招标文件,而投标单位要编制投标文件,在招投标过程中及在决标以后,招投标文件及其他一些文件将形成一套对工程建设起制约作用的合同文件,这些合同文件是建设工程监理的具有约束力的法律文件,是监理工程师必须要熟悉和掌握的。

这些文件主要包括:投标邀请书、投标须知、合同双方签署的合同协议书、履约保函、合同条款、投标书及其附件、标价的工程量清单及其附件、技术规范、招标图纸、发包单位在招标期内发出的所合补充通知、投标单位在投标期内补充的所有书面文件、投标单位在投标时随投标书一起递送的资料与附图、发包单位发出的中标通知书、合同双方在洽商合同时共同签字的补充文件等,除上述各种文件资料外,上级有关部门关于建设项目的批文和有关批示、有关征用土地、迁建赔偿等协议文件,都是十分重要的监理信息。

4. 工程建设施工阶段信息的收集

在工程建设的整个施工阶段,每天都会产生大量的信息,需要及时收集和处理。因此,工程建设的施工阶段,可以说是大量的信息产生、传递和处理的阶段,监理工程师的信息管理工作,也就主要集中在这一阶段。

(1) 收集业主方的信息

业主作为工程建设的组织者,在施工过程中要按照合同文件规定提供相应的条件,并要不时发表对工程建设各方面的意见和看法,下达某些指令。因此,监理工师应及时收集业主提供的信息。

当业主负责某些设备、材料的供应时,监理工程师须收集业主所提供材料的品种、数量、规格、价格、提货地点、提货方式等信息。例如,有一些项目合同约定业主负责供应钢材、木材、水泥、砂石等主要材料,业主就应及时将这些材料在各个阶段提供的数量、材质证明、检验(试验)资料、运输距离等情况告知有关方面,监理工程师也应及时收集这些信息资料。另外,业主对施工过程中有关进度、质量、投资、合同等方面的看法和意见,监理工程师也应及时收集,同时还应及时收集业主的上级主管部门对工程建设的各种意见和看法。

(2)收集承包商提供的信息

在项目的施工过程中,随着工程的进展,承包商一方也会产生大量的信息,除承包商本身必须收集和掌握这些信息外,监理工程师在现场管理中也必须收集和掌握。这类信息主要包括开工报告、施工组织设计、各种计划、施工技术方案、材料报验单、月支付申请表、分包申请、工料价格调整申报表、索赔申报表、竣工报验单、复工申请、各种工程项目自检报告、质量问题报告、有关问题的意见等。承包商应向监理单位报送这些信息资料,监理工程师也应全面系统地收集和掌握这些信息资料。

(3)建设工程监理的现场记录

现场监理人员必须每天利用特定的方式或以日志的形式记录工地上所发生的事情。所有记录应始终保存在工地办公室内,供监理工程师及其他监理人员查阅。这类记录每月由专业监理工程师整理成书面资料上报监理工程师办公室。监理人员在现场遇到的施工中不得不采取紧急措施而对承包商所发出的书面指令,应尽快通报上一级监理组织,以征得其确认或修改指令。

现场记录通常记录以下内容。

1)现场监理人员对所监理工程范围内的机械、劳力的配备和使用情况作详细记录。如承包人现场人员和设备的配备是否同计划所列的一致;工程质量和进度是否因人员或设备不足而受到影响,受到影响的程度如何;是否缺乏专业施工人员或专业施工设备,承包商有无替代方案;承包商施工机械完好率和使用率是否令人满意;维修车间及设施如何,是否存储有足够的备件等。

2)记录气候及水文情况:记录每天的最高、最低气温,降雨和降雪量,风力,河流水位;记录有预报的雨、雪、台风及洪水到来之前对永久性或临时性工程所采取的保护措施;记录气候、水文的变化影响施工及造成损失的细节,如停工时间、救灾的措施和财产的损失等。

3)记录承包商每天工作范围、完成工程数量以及开始和完成工作的时间;记录出现的技术问题,采取了怎样的措施进行处理,效果如何,能否达到技术规范的要求等。

4)对工程施工中每步工序完成后的情况作简单描述,如此工序是否已被认可,对缺陷的补救措施或变更情况等作详细记录。监理人员在现场对隐蔽工程应特别注意记录。

5)记录现场材料供应和储备情况。每一批材料的到达时间、来源、数量、质量、存储方式和材料的抽样检查情况等。

6)对于一些必须在现场进行的试验,现场监理人员进行记录并分类保存。

(4)工地会议记录

工地会议是监理工作的一种重要方法,会议中包含着大量的信息。监理工程师必须重视工地会议,并建立一套完善的会议制度,以便于会议信息的收集。会议制度包括会议的名称、主持人、参加人、举行会议的时间及地点等,每次会议都应有专人记录,会后应有正式会议纪要,由与会者签字确认,这些纪要将成为今后解决问题的重要依据。会议纪要应包括以下内容:会议地点及时间;出席者姓名、职务及他们所代表的单位;会议中发言者的姓名及主要内容;形成的决议;决议由何人及何时执行;未解决的问题及其原因等。

工地会议一般每月召开一次,会议由监理人员、业主代表及承包商参加。会议主要内容包括:确认上次工地会议纪要、当月进度总结、进度预测、技术事宜、变更事宜、财务事宜、管理事宜、索赔和延期、下次工地会议及其他事宜。工地会议确定的事宜视为合同文件的一部分。

(5)计量与支付记录

计量与支付记录包括所有计量及付款资料。应清楚地记录哪些工程进行过计量,哪些工程没有进行计量,哪些工程已经进行了支付,已同意或确定的费率和价格变更等。

(6)试验记录

除正常的试验报告外,试验室应由专人每天以日志形式记录试验室工作情况,包括对承包商的试验的监督、数据分析等。记录内容如下。

1)工作内容的简单叙述。如进行了哪些试验、结果如何等。

2)承包商试验人员配备情况。试验人员配备与承包商计划所列是否一致,数量和素质是否满足工作需要,增减或更换试验人员的建议。

3)对承包商试验仪器、设备配备、使用和调动情况记录,需增加新设备的建议。

4)监理试验室与承包商试验室所作同一试验,其结果有无重大差异,原因如何。

(7)工程照片和录像

工程照片和录像能直观、真实地反映包括试验、质量、隐蔽工程、引起索赔的事件、工程事故现场等信息。

5. 工程建设竣工阶段信息的收集

在工程建设竣工验收阶段,需要大量与竣工验收有关的各种信息资料。这些信息资料,一部分是在整个施工过程中长期积累形成的,一部分是在竣工验收期间根据积累的资料整理分析得到的。完整的竣工资料应由承包商收集整理,经监理工程师及有关方面审查后,移交业主。

二、建设工程监理信息的加工整理和存储

1. 监理信息的加工整理

监理信息的加工整理是把建设各方得到的数据和信息进行筛选、分类、排序、压缩、分析、比较、计算等过程。监理工程师为了有效地控制工程建设的投资、进度和质量目标,提高工程建设的投资效益,应在全面、系统收集监理信息的基础上,加工整理收集来的信息资料。

信息的加工整理作用很大。首先,通过加工,将信息分类,使之标准化、系统化。收集到的原始信息只有经过加工,使之成为标准的、系统的信息资料,才能进入使用、存储,以及提供检索和传递。其次,经过收集的资料,真实程度、准确程度都比较低,甚至还混有一些错误,经过对它们进行分析、比较、鉴别,乃至计算、校正,使获得的信息准确、真实。另外,原始状态的信息,一般不便于使用和存储、检索、传递,经加工后,可以使信息浓缩,以便于进行以上操作。还有,信息在加工过程中,通过对信息的综合、分解、整理、增补,可以得到更多有价值的新信息。

监理人员对数据的加工要从鉴别开始,一种数据是自己收集的,可靠度较高。而对由施工单位提供的数据就要从数据采样系统是否规范、采样手段是否可靠、提供数据的人员素质如何、数据的精度是否达到所要求的精度入手等方面对数据加以选择、核对,提高数据的可靠性。

总之,本着标准化、系统化、准确性、时间性和适用性等原则,通过对信息资料的加工整理,一方面可以掌握工程建设实施过程中各方面的进展情况,另一方面可直接或借助于数学模型来预测工程建设未来的进展状况,从而为监理工程师做出正确的决策提供可靠的依据。

在建设项目的施工过程中,监理工程师加工整理的监理信息主要有以下几个方面。

(1)现场监理日报表,是现场监理人员根据每天的现场记录加工整理而成的报告。主要包括如下内容:当天的施工内容;当天参加施工的人员(工种、数量、施工单位等);当天施工用的机械的名称和数量等;当天发现的施工质量问题;当天的施工进度和计划进度的比较,若发生进度拖延,应说明原因;当天天气综合评语;其他说明及应注意的事项等。

(2)现场监理工程师周报,是现场监理工程师根据监理日报加工整理而成的报告,每周向项目总监理工程师汇报一周内发生的所有重大事件。

(3)监理工程师月报,是集中反映工程实况和监理工作的重要文件。一般由项目总监理工程师组织编写,每月一次上报业主。大型项目的监理月报,往往由各合同段或子项目的总监理工程师代表组织编写,上报总监理工程师审阅后报业主。监理月报一般包括以下内容。

1)工程进度。描述工程进度情况、工程形象进度和累计完成的比例。若拖延了计划,应分析其原因,以及这种原因是否已经消除,就此问题承包商、监理人员所采取的补救措施等。

2)工程质量。用具体的测试数据评价工程质量,如实反映工程质量的好坏,并分析原因。承包商和监理人员对质量较差工作的改进意见,如有责令承包商返工的项目,应说明其规模、原因及返工后的质量情况。

3)计量支付。给出本期支付、累计支付以及必要的分项工程的支付情况,形象地表达支付比例,实际支付与工程进度对照情况等;承包商是否因流动资金短缺而影响了工程进度,并分析造成资金短缺的原因(如是否未及时办理支付等);有无延迟支付、价格调整等问题,说明其原因及由此而产生的增加费用。

4)质量事故。质量事故发生的时间、地点、原因、损失估计(经济损失、时间损失、人员伤亡情况)等。事故发生后采取了哪些补救措施,在今后工作中避免类似事故发生的有效措施。由于事故的发生,影响了单项或整体工程进度情况。

5)工程变更。对每项工程变更应说明引起变更设计的原因,批准机关,变更项目的规模,工程量增减数量、投资增减的估计等;变更是否影响了工程进展,承包商是否就此已提出或准备提出索赔(工期、费用)。

6)民事纠纷。说明民事纠纷产生的原因,哪些项目因此被迫停工,停工的时间,造成窝工的机械、人力情况等。承包商是否就此已提出或准备提出延期和索赔。

7)合同纠纷。合同纠纷情况及产生的原因,监理人员进行调解的措施;监理人员在解决纠纷中的体会;业主或承包商有无要求进一步处理的意向。

8)监理工作动态。描述本月的主要监理活动,如工地会议、现场重大监理活动、索赔的处理、上级布置的有关工作的进展情况、监理工作中的困难等。

2. 监理信息的存储

经收集和整理后的大量信息资料,应当存档以备将来使用。为了便于管理和使用监理信息,必须在监理组织内部建立完善的信息资料存储制度。

信息的储存,可汇集信息,建立信息库,有利于进行检索,可以实现监理信息资源的共享,促进监理信息的重复利用,便于信息的更新和剔除。

监理信息储存的主要载体是文件、报告报表、图纸、音像材料等。监理信息的储存,主要就是将这些材料按不同的类别,进行详细的登录、存放,建立资料归档系统。该系统应简单和易于保存,但内容应足够详细,以便很快查出任何已归档的资料。因此,资料的文档管理工作(具体而微小,且烦琐)就显得非常重要。监理资料归档,一般按以下几类进行。

(1)一般函件:与业主、承包商和其他有关部门来往的函件按日期归档,监理工程师主持或出席的所有会议记录按日期归档。

（2）监理报告：各种监理报告按次序归档。

（3）计量与支付资料：每月计量与支付证书，连同其所附资料每月按编号归档；监理人员每月提供的计量与支付有关的资料应按月份归档；物价指数的来源等资料按编号归档。

（4）合同管理资料：承包商对延期、索赔和分包的申请，批准的延期、索赔和分包文件按编号归档；变更的有关资料按编号归档；现场监理人员为应急发出的书面指令及最终指令应按项目归档。

（5）图纸：按分类编号存放归档。

（6）技术资料：现场监理人员每月汇总上报的现场记录及检验报表按月归档，承包商提供的竣工资料分项归档。

（7）试验资料：监理人员所完成的试验资料分类归档，承包商所报试验资料分类归档。

（8）工程照片：各类工程照片，诸如反映工程实际进度的，反映现场监理工作的，反映工程质量事故及处理情况的以及其他照片，如工地会议和重要监理活动的都要按类别和日期归档。

以上资料在归档的同时，要进行登录，建立详细的目录表，以便随时调用、查询。

目前，信息存储的介质主要有各类纸张、胶卷、录音（像）带和计算机存储器等。用纸张存储信息的主要优点是便宜，永久保存性好，不易涂改，其缺点是占用大量的空间，不便于检索，传递速度慢。因此应掌握各种存储介质的特点，扬长避短，将纸和计算机及其他存储介质结合起来使用。随着技术的不断发展，计算机的存储量越来越大，且成本越来越低。因此，监理信息的存储应尽量采用电子计算机及其他微缩系统，以提高检索、传递和使用的效率。

三、建设工程监理信息的检索和传递

无论是存储在档案库还是存储在计算机中的信息资料，为了查找方便，在建库时都要拟定一套科学的查找方法和手段，做好分类编目工作。完善的检索系统可以使报表、文件、资料、人事和技术档案既保存完好，又查找方便。否则会使资料杂乱无章，无法利用。

监理信息的传递，是指监理信息借助于一定的载体（如纸张、软盘等）信息源传递到使用者的过程。

监理信息在传递过程中，形成各种信息流。信息流常有以下几种。

1. 自上而下的信息流：是指由上级管理机构向下级管理机构流动的信息，上级管理机构是信息源，下级管理机构是信息的接受者。它主要是有关政策法规、合同、各种批文、各种计划信息。

2. 自下而上的信息流：是指由下一级管理机构向上一级管理机构流动的信息，它主要是有关工程项目总目标完成情况的信息，也即投资、进度、质量、合同完成情况的信息。其中有原始信息，如实际投资、实际进度、实际质量信息，也有经过加工、处理后的信息，如投资、进度、质量对比信息等。

3. 内部横向信息流：是指在同一级管理机构之间流动的信息。由于建设监理是以三大控制为目标，以合同管理为核心的动态控制系统，在监理过程中，三大控制和合同管理分别由不同的组织进行，由此产生各自的信息，并且相互之间又要为监理的目标进行协作、传递信息。

4. 外部环境信息流：是指在工程项目内部与外部环境之间流动的信息。外部环境指的是气象部门、环保部门等。

为了有效地传递信息，必须使上述各信息流畅通无阻，只有这样才能保证监理工程师及时得到完整、准确的信息，从而为监理工程师的科学决策提供可靠支持。电子计算机技术及通信技术的迅速发展，为建设工程监理信息的快速传递提供了良好的条件，人们可以通过建立计算机网络来传递各类信息。

四、建设工程监理信息的使用

工程建设信息管理的最终目的，就是为了更好地使用信息，为监理决策服务。经过加工处理的信息，要按照监理工作的实际要求，以各种形式提供给各类监理人员，如报表、文字、图形、图像、声音等。信息的使用效率和使用质量随着电子计算机的普及而提高。存储于电子计算机中的信息，是一种为各个部门所共享的资源。因此，利用电子计算机进行信息管理，已成为更好地使用建设工程监理信息的前提条件。

第三节　建设工程监理信息系统

计算机技术的飞速发展，使得监理工作信息的大量存储、快递处理和传递成为可能。监理信息系统就是管理信息系统（MIS）原理和方法在建设监理工作中的具体应用。

按照建设工程监理工作的主要内容，即对建设项目的工期、质量、投资等三大目标实施动态控制，确保三大目标得到最合理的实现，相应地，建设工程监理信息系统应由4个子系统组成，即进度控制子系统、质量控制子系统、投资控制子系统和合同管理子系统。各子系统之间既相互独立，各有其自身目标控制的内容和方法，又相互联系，互为其他子系统提供信息。

一、工程建设进度控制子系统

工程建设进度控制子系统不仅要辅助监理工程师编制和优化工程建设进度计

划,更要对建设项目的实际进展情况进行跟踪检查,并采取有效措施调整进度计划以纠正偏差,从而实现工程建设进度的动态控制。为此,本系统应具有以下功能。

1. 输入原始数据,为工程建设进度计划的编制及优化提供依据。
2. 根据原始数据编制进度计划,包括横道计划、网络计划及多级网络计划系统。
3. 进行进度计划的优化,包括工期优化、费用优化和资源优化。
4. 工程实际进度的统计分析。即随着工程的实际进展,对输入系统的实际进度数据进行必要的统计分析,形成与计划进度数据有可比性的数据。同时,可对工程进度作出预测分析,检查项目按目前进展能否实现工期目标,从而为进度计划的调整提供依据。
5. 实际进度与计划进度的动态比较。即定期将实际进度数据同计划进度数据进行比较,形成进度比较报告,从中发现偏差,以便于及时采取有效措施加以纠正。
6. 进度计划的调整。当实际进度出现偏差时,为了实现预定的工期目标,就必须在分析偏差产生原因的基础上,采取有效措施对进度计划加以调整。
7. 各种图形及报表的输出。图形包括网络图、横道图、实际进度与计划进度比较图等。报表包括各类计划进度报表、进度预测报表及各种进度比较报表等。

根据上述功能要求,工程建设进度控制子系统的功能结构如图8-1所示。

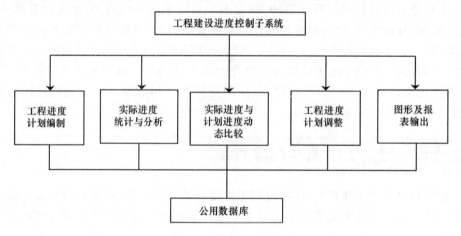

图8-1 工程建设进度控制子系统功能结构图

二、工程建设质量控制子系统

监理工程师为了实施对工程建设质量的动态控制,需要工程建设质量控制子系统提供必要的信息支持。为此,本系统应具有以下功能。

1. 存储有关设计文件及设计修改、变更文件,进行设计文件的档案管理,并能进行设计质量的评定。

2. 存储有关工程质量标准,为监理工程师实施质量控制提供依据。

3. 运用数理统计方法对重点工序进行统计分析,并绘制直方图、控制图等管理图表。

4. 处理分项工程、分部工程、隐蔽工程及单位工程的质量检查评定数据,为最终进行工程建设质量评定提供可靠依据。

5. 建立计算机台账,对主要建筑材料、设备、成品、半成品及构件进行跟踪管理。

6. 对工程质量事故和工程安全事故进行统计分析,并能提供多种工程事故统计分析报告。根据上述功能,工程建设质量控制子系统的结构如图 8-2 所示。

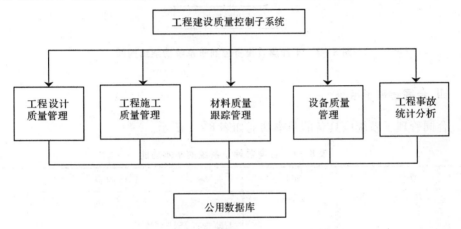

图 8-2 工程建设质量控制子系统功能结构图

三、工程建设投资控制子系统

工程建设投资控制子系统用于收集、存储和分析工程建设投资信息,在项目实施的各个阶段制定投资计划,收集实际投资信息,并进行计划投资与实际投资的比较分析,从而实现工程建设投资的动态控制。为此,本系统应具有以下功能:

1. 输入计划投资数据,从而明确投资控制的目标;

2. 根据实际情况,调整有关价格和费用,以反映投资控制目标的变动情况;

3. 输入实际投资数据,并进行投资数据的动态比较;

4. 进行投资偏差分析;

5. 未完工程投资预测;

6. 输出相关报表。

根据上述功能,工程建设投资控制子系统的功能如图 8-3 所示。

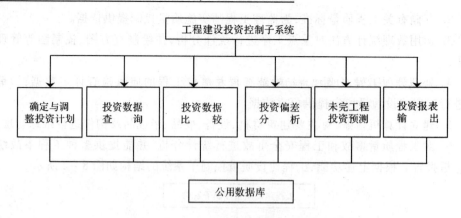

图 8-3 工程建设投资控制子系统功能结构图

四、合同管理子系统

合同管理子系统应具备的基本功能如表 8-1 所示。

表 8-1 合同管理子系统的基本功能

功能	属性	具体内容
合同的分类登录与检索	主动控制 （静态控制）	①监理经济法规库 ②合同结构模型的提供和选用 ③合同文件、资料的登录、修改删除等 ④合同文件的分类、查询和统计 ⑤合同文件的检索
合同的跟踪与控制	动态控制	①合同执行情况跟踪和处理过程的记录 ②合同执行情况的打印表等 ③涉外合同的外汇折算

可见，一个完整、完善、成熟的监理信息系统具有非常强大的功能，能够极其有力地辅助进行项目管理。但是，监理信息系统作为一个人机交互系统，信息处理的过程是由人和计算机共同进行的。建立充分发挥计算机作用的信息系统，问题往往并不在于计算机，而在于工程项目管理的基础工作完成的好坏，在于将什么数据、信息输入计算机，把什么样的信息处理交给计算机更合适。

思 考 题

1. 信息在工程建设监理中的重要作用有哪些?
2. 建设工程监理应收集哪些信息?
3. 建设工程监理信息系统包含哪些基本功能?

第九章 建设工程监理组织

组织理论分为两个相互联系的分支学科,即组织结构学和组织行为学。组织结构学侧重于组织的静态研究,以建立精干、合理、高效的组织结构为目的。组织行为学侧重组织的动态研究,一般包括两个方面:一是对个体、群体和领导的心理与行为及其相互之间关系进行研究,以及通过了解人的需求、研究人的感情和动机与行为的关系,掌握其心理与行为规律,调动人的积极性;二是在对人和人力资源管理与开发研究的基础上,如何在外部环境和内部条件不断变化中,通过组织变革,减少内耗,提高效益。本章重点介绍组织结构学部分的内容,主要包括建设工程组织管理模式、监理的模式及监理机构的组织形式、监理组织协调等。

第一节 建设工程组织管理模式与监理程序

组织是管理中的一项重要职能。高效率的组织体系和组织机构的建立,是项目成功的组织保证。为了有效地开展建设工程监理工作,控制工程项目总目标的实现,合理设置建设工程监理的组织机构及其管理职能的分工,是一个至关重要的问题。监理组织是监理目标能否实现的决定性因素。

一、组织和组织结构

(一)组织

所谓组织,就是为了使系统达到某种特定的目标,使全体参加者经分工与协作以及设置不同层次的权力和责任制度而构成的一种人的组合体。

组织包括层含义:

1. 目标是组织存在的前提;
2. 没有分工与协作就不是组织;
3. 没有不同层次的权力和责任制度就不能实现组织活动和组织目标。

组织作为生产要素之一,与其他要素相比有如下特点:其他要素可以互相替代,如增加机器设备等劳动手段可以替代劳动力,而组织不能替代其它要素,也不能被其他要素所替代。它只是使其他要素合理配合而得以增值的要素,也就是说,组织可以提高其他要素的使用效率和效益。随着现代化社会大生产的发展,随着其他生产要素的增加和复杂程度的提高,组织在经济活动中的作用也日益重要。

(二)组织结构

组织内部构成部分和各部分间所确立的较为稳定的相互关系和联系方式,称为组织结构。组织结构的基本内涵表现在以下方面:

1. 组织结构与职权的关系

组织结构与职权形态之间存在着一种直接的相互关系。因为组织结构与职位以及职位间关系的确立密切相关,它为职权关系规定了一定的格局。职权指的是组织中成员间的关系,而不是某一个人的属性。职权是以下级服从上级的命令为基础的。

2. 组织结构与职责的关系

组织结构与组织中各部门的职责分配直接有关。有了职位也就有了职权,有了职权也就有了职责。管理是以机构和人员职责的确定和分配为基础的,组织结构为职责的分配奠定了基础。

3. 组织结构与协调的关系

在组织结构内部,由于各个部门或个人的利益角度不同,因此,处理问题的观点和方式可能有较大差别,经常影响到其他部门或个人的利益,甚至影响到组织的整体利益。组织结构规定了组织中各个部门或个人的权力、地位和等级关系,这种关系一定程度上讲是下级服从上级、局部服从整体的关系。因此,组织结构为协调关系、解决矛盾、调动各方的积极性及维护组织整体利益提供了保证。

二、建设工程组织管理模式

由于建设工程的组织管理模式,直接关系到项目的目标控制,因此,监理单位为了实现项目的目标控制,它的组织结构必须与工程项目的发包及承包组织模式相适应。如果工程项目发包与承包的组织模式或合同结构不同,则监理单位的组织结构也应该相应不同。在工程项目建设实践中,针对工程项目的实际情况,应选择一种对项目组织、投资控制、进度控制、质量控制和合同管理最有利的模式。下面介绍几种目前我国工程项目建设任务发包与承包常用的组织模式。

(一)平行承发包模式

1. 平行承发包模式特点

平行承发包,即分标发包,是指发包方将建设工程的设计、施工以及材料设备采购的任务经过分解分别发包给若干个设计单位、施工单位和材料设备供应单位,并分别与各方签订合同。各设计单位之间的关系是平行的,各施工单位之间的关系、各材料设备供应单位之间的关系也是平行的,具体如图9-1所示。

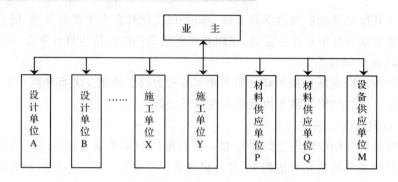

图9-1 建设工程平行承发包模式

采用这种模式首先应合理地进行建设工程任务的分解,然后进行分类综合,确定每个合同的发包内容,以便选择适当的承包单位。

进行任务分解与确定合同数量、内容时应考虑以下因素:

(1)工程情况。建设工程的性质、规模、结构等是决定合同数量和内容的重要因素。规模大、范围广、专业多的建设工程往往比规模小、范围窄、专业单一的建设工程合同数量要多。建设工程实施时间的长短、计划的安排也对合同数量有影响。例如,对分期建设的两个单项工程,就可以考虑分成两个合同分别发包。

(2)市场情况。首先,由于各类承包单位的专业性质、规模大小在不同市场的分布状况不同,建设工程的分解发包应力求使其与市场结构相适应;其次,合同任务和内容要对市场具有吸引力,中小合同对中小型承包单位有吸引力,又不妨碍大型承包单位参与竞争;另外,还应按市场惯例做法、市场范围和有关规定来决定合同内容和大小。

(3)贷款协议要求。对两个以上贷款人的情况,可能贷款人对贷款使用范围、承包人资格等有不同要求,因此,需要在确定合同结构时予以考虑。

2. 平行承发包模式的优缺点

(1)平行承发包模式的优点

1)有利于缩短工期。由于设计和施工任务经过分解分别发包,设计阶段与施工阶段有可能形成搭接关系,从而缩短整个建设工程工期。

2)有利于质量控制。整个工程经过分解分别发包给各承包单位,合同约束与相互制约使每一部分能够较好地实现质量要求。

例如主体工程与装修工程分别由两个施工单位承包,当主体工程不合格时,装修单位是不会同意在不合格的主体工程上进行装修的,这相当于有了他人控制,比自己控制更有约束力。

3)有利于业主选择承包单位。在大多数国家的建筑市场中,专业性强、规模小的承包单位一般占较大的比例。这种模式的合同,其内容比较单一、合同价值小、风险小,使它们有可能参与竞争。因此,无论大型承包单位还是中小型承包单位都有机会竞争。业主可以在很大范围内选择承包单位,为提高择优性创造了条件。

(2)平行承发包模式的缺点

1)合同数量多,会造成合同管理困难。合同关系复杂,使建设工程系统内结合部位数量增加,组织协调工作量大。因此,应加强合同管理的力度,加强各承包单位之间的横向协调工作,沟通各种渠道,使工程有条不紊地进行。

2)投资控制难度大。这主要表现在:一是总合同价不易确定,影响投资控制实施;二是工程招标任务量大,需控制多项合同价格,增加了投资控制难度;三是在施工过程中设计变更和修改较多,容易导致投资增加。

(二)设计或施工总分包模式

1. 设计或施工总分包模式特点

设计或施工总分包,即设计和施工分别总承包,是指业主将全部设计或施工任务发包给一个设计单位或一个施工单位作为总承包单位,总承包单位可以将其部分任务再分包给其他承包单位,形成一个设计总承包合同或一个施工总承包合同以及若干个分包合同的结构模式,具体如图9-2所示。

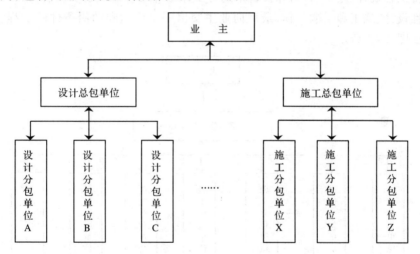

图9-2 建设工程设计或施工总分包模式

2. 设计或施工总分包模式的优缺点

(1)设计或施工总分包模式的优点

1)有利于建设工程的组织管理。由于业主只与一个设计总承包单位或一个施工总承包单位签订合同,工程合同数量比平行承发包模式要少很多,有利于业主的合同管理,也使业主协调工作量减少,可发挥监理单位与总承包单位多层次协调的积极性。

2)有利于投资控制。总承包合同价格可以较早确定,并且监理单位也易于控制。

3)有利于质量控制。在质量方面,既有分包单位的自控,又有总承包单位的监督,还有工程监理单位的检查认可,对质量控制有利。

4)有利于工期控制。总承包单位具有控制的积极性,分包单位之间也有相互制约的作用,有利于总体进度的协调控制,也有利于监理工程师控制进度。

(2)设计或施工总分包模式的缺点

1)建设周期较长。由于设计图纸全部完成后才能进行施工总承包的招标,不仅不能将设计阶段与施工阶段搭接,而且施工招标需要的时间也较长。

2)总承包报价可能较高。对于规模较大的建设工程来说,通常只有大型承包单位才具有总承包的资格和能力,竞争相对不甚激烈;另一方面,对于分包出去的工程内容,总承包单位都要在分包报价的基础上加收管理费向业主报价。

(三)项目总承包模式

1. 项目总承包模式的特点

项目总承包,即建设全过程承包,也常称为"交钥匙承包"、"一揽子承包",是指业主将工程设计、施工、材料和设备采购等工作全部发包给一家承包公司,由其进行实质性设计、施工和采购工作,最后向业主交出一个已达到动用条件的工程。这种模式如图9-3所示。

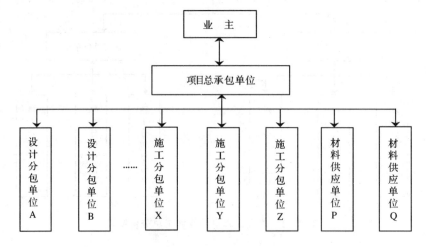

图9-3 建设工程总承包模式

2. 项目总承包模式的优缺点

(1)项目总承包模式的优点

1)合同关系简单,组织协调工作量小。业主只与项目总承包单位签订一个合同,合同关系大大简化。监理工程师主要与项目总承包单位进行协调,许多协调工作量转移到项目总承包单位内部及其与分包单位之间,这就使建设工程监理的协调量大为减少。

2)缩短建设周期。由于设计与施工由一个单位统筹安排,使两个阶段能够有机地融合,一般都能做到设计阶段与施工阶段相互搭接,因此对进度目标控制有利。

3)有利于投资控制。通过设计与施工的统筹考虑可以提高项目的经济性,从价值工程或全寿命费用的角度可以取得明显的经济效果,但这并不意味着项目总承包的价格低。

(2)项目总承包模式的缺点

1)招标发包工作难度大。合同条款不易准确确定,容易造成较多的合同争议。因此,虽然合同量最少,但是合同管理的难度一般较大。

2)业主择优选择承包方范围小。由于承包范围大、介入项目时间早、工程信息未知数多,因此承包方要承担较大的风险,而有此能力的承包单位数量相对较少,这往往导致合同价格较高。

3)质量控制难度大。其原因,一是质量标准和功能要求不易做到全面、具体、准确,质量控制标准制约性受到影响;二是"他人控制"机制薄弱。

(四)项目总承包管理模式

1. 项目总承包管理模式的特点

项目总承包管理,亦称"工程托管",是指业主将建设工程任务发包给专门从事项目组织管理的单位,再由它分包给若干设计、施工和材料设备供应单位,并在实施中进行项目管理。

项目总承包管理与项目总承包的不同之处在于:项目总承包管理单位不直接进行设计与施工,没有自己的设计和施工力量,而是将承接的设计与施工任务全部分包出去,他们专心致力于建设工程管理。而项目总承包单位有自己的设计、施工实体,是设计、施工、材料和设备采购的主要力量。项目总承包管理模式如图9-4所示。

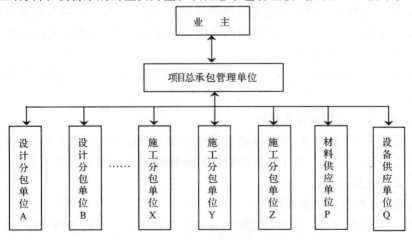

图9-4 项目总承包管理模式

2. 项目总承包管理模式的优缺点

(1) 项目总承包管理模式的优点

合同关系简单、组织协调比较有利,进度控制也有利。

(2) 项目总承包管理模式的缺点

1) 由于项目总承包管理单位与设计、施工单位是总承包与分包的关系,后者才是项目实施的基本力量,所以监理工程师对分包的确认工作就成了十分关键的问题。

2) 项目总承包管理单位自身经济实力一般比较弱,而承担的风险相对较大,因此建设工程采用这种承发包模式应持慎重态度。

三、建设工程监理的实施程序与实施原则

(一) 建设工程监理的实施程序

监理单位接受业主委托对建设工程实施监理时,应按照以下程序进行:

1. 确定项目总监理工程师,成立项目监理机构

监理单位应根据建设工程的规模、性质、业主对监理的要求,委派称职的人员担任项目的总监理工程师,代表监理单位全面负责该工程的监理工作。

一般情况下,监理单位在承接工程监理任务时,在参与工程监理的投标、拟定监理方案(监理大纲)以及与业主商签委托监理合同时,即应选派称职的人员主持该项工作。在监理任务确定并签订委托监理合同后,该主持人即可作为项目总监理工程师。这样,项目的总监理工程师在承接任务阶段即早已介入,从而更能了解业主的建设意图和对监理工作的要求,并与后续工作能更好地衔接。总监理工程师是一项建设工程监理工作的总负责人,他对内向监理单位负责,对外向业主负责。

监理机构的人员构成是监理单位投标书中的重要内容,是业主已经在评标过程中认可的,总监理工程师在组建项目监理机构时,应根据监理大纲内容和签订的委托监理合同内容组建,并在监理规划和具体实施计划执行中进行及时的调整。

2. 编制建设工程监理规划

建设工程监理规划是开展建设工程监理活动的纲领性文件,其内容详见第十章第三节。

3. 制定各专业监理实施细则

在监理规划的指导下,为具体指导投资控制、质量控制、进度控制的进行,还需结合建设工程实际情况,制定相应的监理实施细则,有关内容详见第十章。

4. 规范化地开展监理工作

监理工作的规范化体现在:

(1) 工作的时序性。这是指监理的各项工作都应按一定的逻辑顺序先后展开,从而使监理工作能有效地达到目标而不致造成工作状态的无序和混乱。

(2)职责分工的严密性。建设工程监理工作是由不同专业、不同层次的专家群体共同来完成的,他们之间严密的职责分工是协调进行监理工作的前提和实现监理目标的重要保证。

(3)工作目标的确定性。在职责分工的基础上,每一项监理工作的具体目标都应是确定的,完成的时间也应有时限规定,从而能通过报表资料对监理工作及其效果进行检查和考核。

5. 参与验收,签署建设工程监理意见

建设工程施工完成以后,监理单位应在正式验收前组织竣工预验收,在预验收中发现的问题,应及时与施工单位沟通,提出整改要求。监理单位应参加业主组织的工程竣工验收,签署监理单位意见。

6. 向业主提交建设工程监理档案资料

建设工程监理工作完成后,监理单位向业主提交的监理档案资料应在委托监理合同文件中约定。如果在合同中没有作出明确规定,监理单位一般应提交:设计变更、工程变更资料,监理指令性文件,各种签证资料等档案资料。

7. 监理工作总结

监理工作完成后,项目监理机构应及时从以下两方面进行监理工作总结:

(1)向业主提交的监理工作总结,其主要内容包括:

1)委托监理合同履行情况概述;

2)监理任务或监理目标完成情况的评价;

3)由业主提供的供监理活动使用的办公用房、车辆、试验设施等的清单,表明监理工作终结的说明等。

(2)向监理单位提交的监理工作总结,其主要内容包括:

1)监理工作的经验,可以是采用某种监理技术、方法的经验,也可以是采用某种经济措施、组织措施的经验,以及委托监理合同执行方面的经验或如何处理好与业主、承包单位关系的经验等;

2)监理工作中存在的问题及改进的建议等。

(二)建设工程监理的实施原则

监理单位受业主委托对建设工程实施监理时,应遵守以下基本原则:

1. 公正、独立、自主的原则

监理工程师在建设工程监理中必须尊重科学、尊重事实,组织各方协同配合,维护有关各方的合法权益。为此,必须坚持公正、独立、自主的原则。业主与承包单位虽然都是独立运行的经济主体,但他们追求的经济目标有差异,监理工程师应在按合同约定的权、责、利关系的基础上,协调双方的一致性。只有按合同的约定建成工程,业主才能实现投资的目的,承包单位也才能实现自己生产的产品的价值,取得工程款和实现盈利。

2. 权责一致的原则

监理工程师承担的职责应与业主授予的权限相一致。监理工程师的监理职权,依赖于业主的授权。这种权力的授予,除体现在业主与监理单位之间签订的委托监理合同之中,而且还应作为业主与承包单位之间建设工程合同的合同条件。因此,监理工程师在明确业主提出的监理目标和监理工作内容要求后,应与业主协商,明确相应的授权,达成共识后明确反映在委托监理合同中及建设工程合同中。据此,监理工程师才能有效地开展监理活动。总监理工程师代表监理单位全面履行建设工程委托监理合同,承担合同中确定的监理方向业主方所承担的义务和责任。因此,在委托监理合同实施中,监理单位应给总监理工程师充分授权,体现权责一致的原则。

3. 总监理工程师负责制的原则

总监理工程师是项目监理全部工作的负责人。要建立和健全总监理工程师负责制,就要明确权、责、利关系,健全项目监理机构,具有科学的运行制度、现代化的管理手段,形成以总监理工程师为首的高效能的决策指挥体系。

总监理工程师负责制的内涵包括:

(1) 总监理工程师是工程监理的责任主体。责任是总监理工程师负责制的核心,它构成了对总监理工程师的工作压力与动力,也是确定总监理工程师权力和利益的依据。所以总监理工程师应该是向业主和监理单位所负责任的承担者。

(2) 总监理工程师是工程监理的权力主体。根据总监理工程师承担责任的要求,总监理工程师全面领导建设工程的监理工作,包括组建项目监理机构,主持编写建设工程监理规划,组织实施监理活动,对监理工作总结、监督、评价。

4. 严格监理、热情服务的原则

严格监理,就是各级监理人员严格按照国家政策、法规、规范、标准和合同控制建设工程的目标,依照既定的程序和制度,认真履行职责,对承包单位进行严格监理。

监理工程师还应为业主提供热情的服务,"应运用合理的技能,谨慎而勤奋地工作"。由于业主一般不熟悉建设工程管理与技术业务,监理工程师应按照委托监理合同的要求多方位、多层次地为业主提供良好的服务,维护业主的正当权益。但是,不能因此而一味向各承包单位转嫁风险,从而损害承包单位的正当经济利益。

5. 综合效益的原则

建设工程监理活动既要考虑业主的经济效益,也必须考虑与社会效益和环境效益的有机统一。建设工程监理活动虽经业主的委托和授权才得以进行,但监理工程师应首先严格遵守国家的建设管理法律、法规、标准等,以高度负责的态度和责任感,既对业主负责,谋求最大的经济效益,又要对国家和社会负责,取得最佳的综合效益。只有在符合宏观经济效益、社会效益和环境效益的条件下,业主投资项目的微观经济效益才能得以实现。

【案例 9-1】 某石化总厂投资建设一项乙烯工程。项目立项批准后,业主委托一监理公司对工程的实施阶段进行监理。双方拟订设计方案竞赛、设计招标和设计过程各阶段的监理任务时,业主方提出了初步的委托意见,内容如下:

1. 编制设计方案竞赛文件;
2. 发布设计竞赛公告;
3. 对参赛单位进行资格审查;
4. 组织对参赛设计方案的评审;
5. 决定工程设计方案;
6. 编制设计招标文件;
7. 对投标单位进行资格审查;
8. 协助业主选择设计单位;
9. 签订工程设计合同,协助起草合同;
10. 工程设计合同实施过程中的管理;……

问题:从监理工作的性质和监理工程师的责权角度出发,监理单位在与业主进行合同委托内容磋商时,对以上内容应提出哪些修改建议?

解答:

按照工程监理实施原则中"权责一致的原则",监理工程师承担的职责应与业主授予的权限一致。监理单位在与业主进行合同委托内容磋商时,应向业主讲明有些内容关系到投资方的切身利益,即对工程有重大影响,必须由业主决策确定,监理工程师可以提出参考意见,但不能代替业主决策。

第 5 条"决定工程设计方案"不妥。因为工程项目的方案关系到项目的功能、投资和最终效益,故设计方案的最终确定应由业主决定,监理工程师可以通过组织专家进行综合评审,提出推荐意见,说明优缺点,由业主决策。

第 9 条"签订工程设计合同"不妥。工程设计合同应由业主与设计单位签订,监理工程师可以通过设计招标,协助业主择优选择设计单位,提出推荐意见,协助业主起草设计委托合同,但不能替代业主签订设计合同,设计合同的甲方——业主作为当事人一方承担合同中甲方的则、权、利,监理工程师代替不了。

第二节 建设工程监理的模式及监理机构的建立

不同的承发包模式,对投资、进度、质量目标的控制和对合同管理、组织协调的难易程度是不同的,其结果也不同。发包方应该根据实际情况选择合适的承发包模式,监理单位也应相应地调整自己的组织机构和工作职能。

一、建设工程监理的模式

建设工程监理模式的选择与建设工程组织管理模式密切相关,监理模式对建设工程的规划、控制、协调起着重要作用。

(一)平行承发包模式条件下的监理模式

与建设工程平行承发包模式相适应的监理模式有以下两种主要形式:

1. 业主委托一家监理单位监理

这种监理模式是指业主只委托一家监理单位为其进行监理服务。这种模式要求被委托的监理单位应该具有较强的合同管理与组织协调能力,并能做好全面规划工作。监理单位的项目监理机构可以组建多个监理分支机构对各承包单位分别实施监理。在具体的监理过程中,项目总监理工程师应重点做好总体协调工作,加强横向联系,保证建设工程监理工作的有效运行。这种模式如图9-5所示。

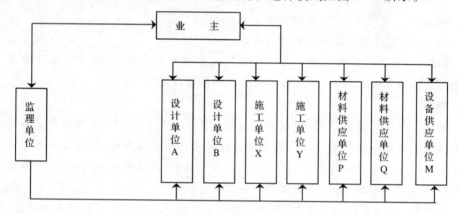

图9-5 业主委托一家监理单位的模式

2. 业主委托多家监理单位监理

这种监理委托模式是指业主委托多家监理单位为其进行监理服务。采用这种模式,业主分别委托几家监理单位针对不同的承包单位实施监理。由于业主分别与多个监理单位签订委托监理合同,所以各监理单位之间的相互协作与配合需要业主进行协调。采用这种模式,监理单位对象相对单一,便于管理。但建设工程监理工作被肢解,各监理单位各负其责,缺少一个对建设工程进行总体规划与协调控制的监理单位。这种模式如图9-6所示。

(二)设计或施工总分包模式条件下的监理模式

对设计或施工总分包模式,可以有两种监理模式:一是业主委托一家监理单位进行实施阶段全过程的监理,二是分别按照设计阶段和施工阶段委托监理单位。前者的优点是监理单位可以对设计阶段和施工阶段的工程投资、进度、质量控制统筹考虑,合理进行总体规划协调,更可使监理工程师掌握设计思路与设计意图,有利于

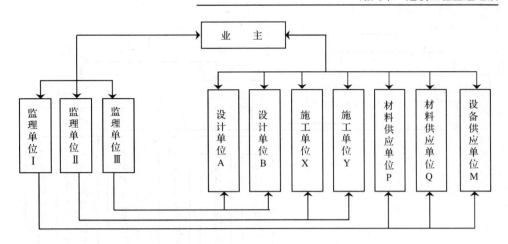

图9-6 业主委托多家监理单位的模式

施工阶段的监理工作。

虽然总承包单位对承包合同承担承包方的最终责任,但分包单位的资质、能力直接影响着工程质量、进度等目标的实现。所以,监理工程师必须做好对分包单位资质的审查、确认工作。这两种监理模式分别如图9-7、图9-8所示。

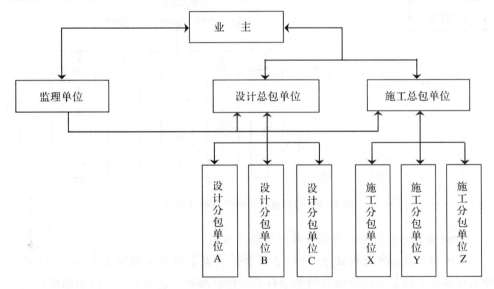

图9-7 业主委托一家监理单位的模式

(三)项目总承包模式条件下的监理模式

在项目总承包模式下,一般宜委托一家监理单位进行监理。在这种模式下,监理工程师需具备较全面的知识,做好合同管理工作。如图9-9所示。

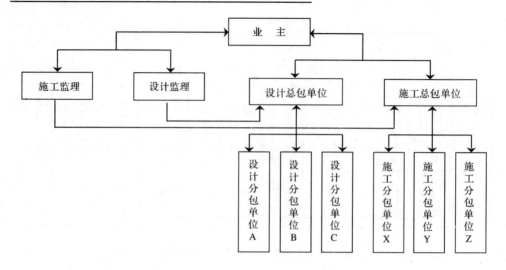

图 9-8 按设计阶段和施工阶段委托监理的模式

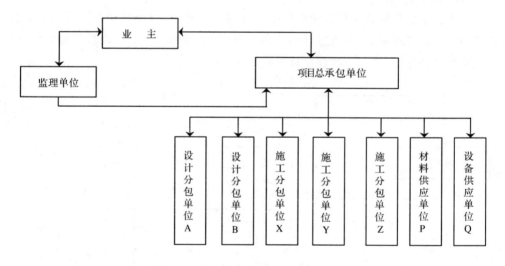

图 9-9 项目总承包模式下的监理模式

(四)项目总承包管理模式条件下的监理模式

在项目总承包管理模式下,一般适宜委托一家监理单位进行监理,这样便于监理工程师对项目总承包管理合同和项目总承包管理单位进行分包等活动的监理。

二、项目监理机构的组织形式

项目监理机构的组织形式是指项目监理机构具体采用的管理组织结构。监理机构的组织形式,应根据工程项目的特点、工程项目承发包模式、项目法人委托的任务以及监理单位自身情况而确定。常用的项目监理机构组织形式有以下几种:

（一）直线制监理组织形式

直线制监理组织形式是一种最简单、古老的组织形式，它的特点是组织中各种职位是按垂直系统直线排列的。这种组织形式的特点是命令系统自上而下进行，责任系统自下而上承担，上层管理下层若干个子项目管理部门，下层只接受唯一的上层指令。

这种组织形式适用于能划分为若干个相对独立的子项目的大、中型建设项目，如图9-10所示。总监理工程师负责整个工程的规划、组织和指导，并负责整个工程范围内各方面的指挥、协调工作；子项目监理组分别负责各子项目的目标值控制，具体领导现场专业或专项监理组的工作。

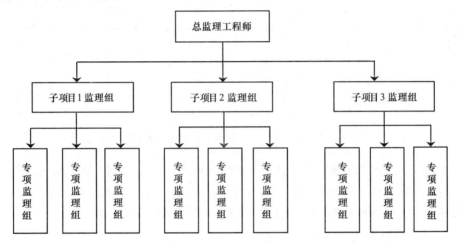

图9-10 按子项目分解的直线制监理组织形式

如果业主委托监理单位对建设工程实施全过程监理，项目监理机构的部门还可按不同的建设阶段分解设立直线制监理组织形式，具体如图9-11所示。

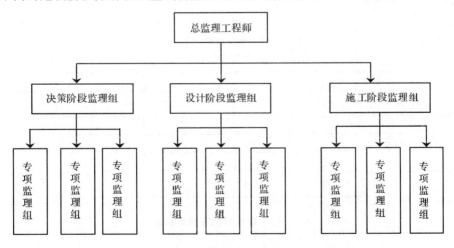

图9-11 按建设阶段分解的直线制监理组织形式

对于小型建设工程,监理单位也可以采用按专业内容分解的直线制监理组织形式,如图9-12所示。

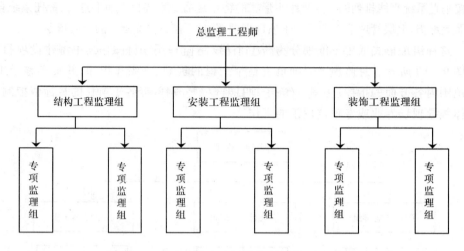

图9-12 按专业内容分解的直线制监理组织形式

直线制监理组织形式的主要优点是组织机构简单,权力集中,命令统一,职责分明,决策迅速,隶属关系明确。缺点是实行没有职能部门的"个人管理",这就要求总监理工程师博晓各种业务,通晓多种知识技能,成为"全能"式人物。

(二)职能制监理组织形式

职能制监理组织形式,是总监理工程师下设若干职能机构,分别从职能角度对基层监理组进行业务管理。这些职能机构可以在总监理工程师授权的范围内,就其主管的业务范围,向下下达命令和指示,具体如图9-13所示。此种组织形式一般适用于大、中型建设工程。

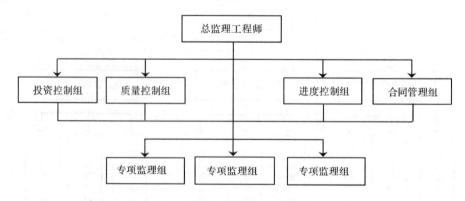

图9-13 职能制监理组织形式

这种组织形式的主要优点是加强了项目监理目标控制的职能化分工，能够发挥职能机构的专业管理作用，提高管理效率，减轻总监理工程师负担。但由于下级人员受多头领导，如果上级指令相互矛盾，将使下级在工作中无所适从。

（三）直线职能制监理组织形式

直线职能制监理组织形式是吸收了直线制监理组织形式和职能制监理组织形式的优点而形成的一种组织形式。指挥部门拥有对下级实行指挥和发布命令的权力，并对该部门的工作全面负责；职能部门是直线指挥人员的参谋，他们只能对指挥部门进行业务指导，而不能对指挥部门直接进行指挥和发布命令。如图9-14所示。

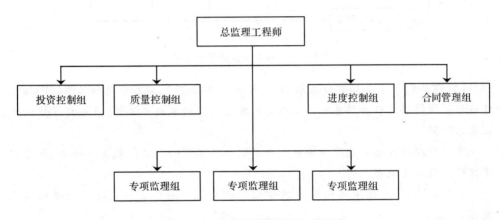

图9-14 直线职能制监理组织形式

这种监理组织形式保持了直线制监理组织实行直线领导、统一指挥、职责清楚的优点，另一方面又保持了职能制监理组织目标管理专业化的优点。其缺点是职能部门与指挥部门易产生矛盾，信息传递路线长，不利于互通情报。在直线职能制监理组织形式中，职能部门是直线机构的参谋机构，故这种形式也叫"直线参谋形式"或"直线顾问形式"。

（四）矩阵制监理组织形式

矩阵制监理组织形式是由纵横两套管理系统组成的矩阵式组织结构，一套是纵向的职能系统，另一套是横向的子项目系统，如图9-15所示。

这种监理组织形式的优点是加强了各职能部门的横向联系，具有较大的机动性和适应性，把上下左右集权与分权实行最优的结合，有利于解决复杂难题，有利于监理人员业务能力的培养。缺点是纵横向协调工作量大，处理不当会造成扯皮现象，产生矛盾。

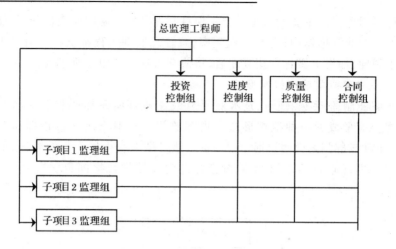

图 9-15 矩阵制监理组织形式

【案例 9-1】 某公路建设工程,其中包括桥梁(2 座)、路基和路面工程(80 km)。建设单位将桥梁工程和路基路面工程分别发包给了两家施工单位,并签订了建设工程施工合同。

某一监理单位受建设单位委托承担了该公路工程的施工阶段监理任务,并签订了建设工程委托监理合同。

问题:该项目适宜采用何种监理组织结构形式?为什么?并绘出组织结构示意图。

解答:宜采用直线制的监理组织结构形式。因为该公路建设工程项目由两家施工单位分别承包,而直线制的组织结构适用于监理项目能划分为若干个相对独立子项的大、中型建设工程。直线制的监理组织结构示意图如图 9-16 所示。

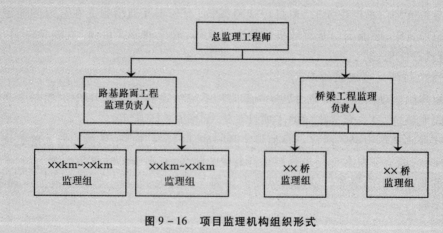

图 9-16 项目监理机构组织形式

三、项目监理机构的建立

监理单位与业主签订委托监理合同后,在实施建设工程监理之前,应建立项目监理机构。项目监理机构的组织形式和规模,应根据委托监理合同规定的服务内容、服务期限、工程类别、规模、技术复杂程度、工程环境等因素确定。

监理单位在组建项目监理机构时,一般按以下步骤进行:

1. 确定项目监理机构目标

建设工程监理目标是项目监理机构建立的前提。项目监理机构的建立应根据委托监理合同中确定的监理目标,制定总目标并明确划分监理机构的分解目标。

2. 确定监理工作内容

根据监理目标和委托监理合同中规定的监理任务,明确列出监理工作内容,并进行分类归并及组合。监理工作的归并及组合应便于监理目标控制,并综合考虑监理工程的组织管理模式、工程结构特点、合同工期要求、工程复杂程度、工程管理及技术特点,还应考虑监理单位自身组织管理水平、监理人员数量、技术业务特点等。

如果建设工程进行实施阶段全过程监理,监理工作划分可按设计阶段和施工阶段分别归并和组合,如图9-17所示。

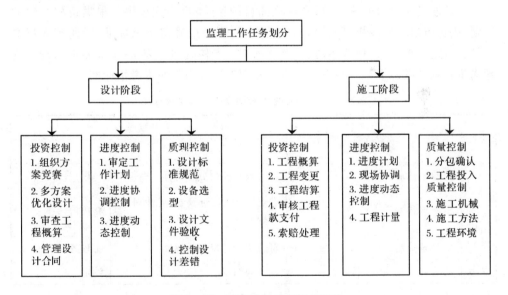

图9-17 实施阶段监理工作划分

3. 项目监理机构的组织结构设计

(1)选择组织结构形式

由于建设工程规模、性质、建设阶段等的不同,设计项目监理机构的组织结构时应选择适宜的组织结构形式以适应监理工作的需要。组织结构形式选择的基本原则是:有利于工程合同管理,有利于监理目标控制,有利于决策指挥,有利于信息沟通。

(2)确定管理层次和管理跨度

项目监理机构中一般应有三个层次:(1)决策层。由总监理工程师及其助手组成,主要根据建设工程委托监理合同的要求和监理活动内容进行科学化、程序化决策与管理。(2)中间控制层(协调层和执行层)。由各专业监理工程师组成,具体负责监理规划的落实、监理目标控制及合同实施的管理。(3)作业层(操作层)。主要由监理员、检查员等组成,具体负责监理活动的操作实施。项目监理机构中管理跨度的确定应考虑监理人员的素质、管理活动的复杂性和相似性、监理业务的标准化程度、各项规章制度的建立健全情况、建设工程的集中或分散情况等,按监理工作实际需要确定。

(3)划分项目监理机构部门

项目监理机构中合理划分各职能部门,应依据监理机构目标、监理机构可利用的人力和物力资源以及合同结构情况,将投资控制、进度控制、质量控制、合同管理、组织协调等监理工作内容按不同的职能活动或按子项分解形成相应的管理部门。

(4)制定岗位职责和考核标准

岗位职务及职责的确定,要有明确的目的性,不可因人设事。根据责权一致的原则,应进行适当的授权,以承担相应的职责;同时应确定考核标准,对监理人员的工作进行定期考核,包括考核内容、考核标准及考核时间。表9-1为专业监理工程师岗位职责考核标准,表9-2为项目总监理工程师岗位职责考核标准。

表9-1 专业监理工程师岗位职责考核标准

项目	职责内容	考核要求	
		标准	时间
工作目标	1. 投资控制	符合投资控制分解目标	每周/月末
	2. 进度控制	符合合同工期及控制性进度计划	每周/月末
	3. 质量控制	符合质量评定验收标准	工程各阶段末
	4. 合同管理	按合同约定	约定

续上表

项目	职责内容	考核要求	
		标准	时间
基本职责	1. 熟悉工程情况,制定本专业监理工作计划和监理实施细则	反映专业特点,具有可操作性	实施前1个月
	2. 具体负责本专业的监理工作	监理工作有序,工程处于受控状态	每周/月末
	3. 做好监理机构内各部门之间的监理任务的衔接、配合工作	保证监理工作及工程顺利进行	每周/月末
	4. 处理与本专业有关的问题;对投资、进度、质量有重大影响的监理问题应及时报告总监	工程处于受控状态,及时、真实	每周/月末
	5. 负责与本专业有关的签证、通知、备忘录,及时向总监理工程师提交报告、报表资料等	及时、真实、准确	每周/月末
	6. 管理本专业建设工程的监理资料	及时、准确、完整	每周/月末
	7. 负责整理与本专业有关的竣工验收资料	完整、准确、真实	依合同约定

表9-2 总监理工程师岗位职责考核标准

项目	职责内容	考核要求	
		标准	时间
工作目标	1. 投资控制	符合投资控制计划目标	每周/季末
	2. 进度控制	符合合同工期及进度控制计划目标	每周/季末
	3. 质量控制	符合质量控制计划目标	工程各阶段末
	4. 合同管理	按合同约定	约定
基本职责	1. 根据监理合同,建立和有效管理项目监理机构	1. 监理组织机构科学合理 2. 监理机构有效运行	每月/季末
	2. 主持编写与组织实施监理规划,审批监理实施细则	1. 对工程监理工作系统策划 2. 监理实施细则符合监理规划要求,具有可操作性	编写和审核完成后
	3. 审查分包单位资质	符合合同要求	一周内

续上表

项目	职责内容	考核要求	
		标准	时间
基本职责	4. 监督和指导专业监理工程师对投资、进度、质量进行监理,审核、签发有关文件资料,处理有关事项	1. 监理工作处于正常工作状态 2. 工程处于受控状态	每月/季末
	5. 做好监理过程中有关各方的协调工作	工程处于受控状态	每月/季末
	6. 签署监理机构对外发出的文件、报表及报告	及时、真实、准确	依合同约定
	7. 审核、签署项目的监理档案资料	完整、准确、真实	依合同约定

(5) 选派监理人员

根据监理工作的任务,选择适当的监理人员,包括总监理工程师、专业监理工程师和监理员,必要时可配备总监理工程师代表。监理人员的选择除应考虑个人素质外,还应考虑人员总体构成的合理性与协调性。

我国《建设工程监理规范》规定,项目总监理工程师应由具有3年以上同类工程监理工作经验的人员担任;总监理工程师代表应由具有2年以上同类工程监理工作经验的人员担任;专业监理工程师应由具有1年以上同类工程监理工作经验的人员担任。并且项目监理机构的监理人员应专业配套、数量满足建设工程监理工作的需要。

4. 制定工作流程和信息流程

为使监理工作科学、有序进行,应按监理工作的客观规律制定工作流程和信息流程,规范化地开展监理工作,图9-18所示为施工阶段监理工作流程。

四、项目监理机构的人员配备及职责分工

(一)项目监理机构的人员配备

监理组织的人员配备要根据工程特点、监理任务及合理的监理深度与密度,进行优化组合与分派。

项目监理组织要有合理的人员结构才能适应监理工作的要求。合理的人员结构包括以下两方面的内容。

第九章 建设工程监理组织

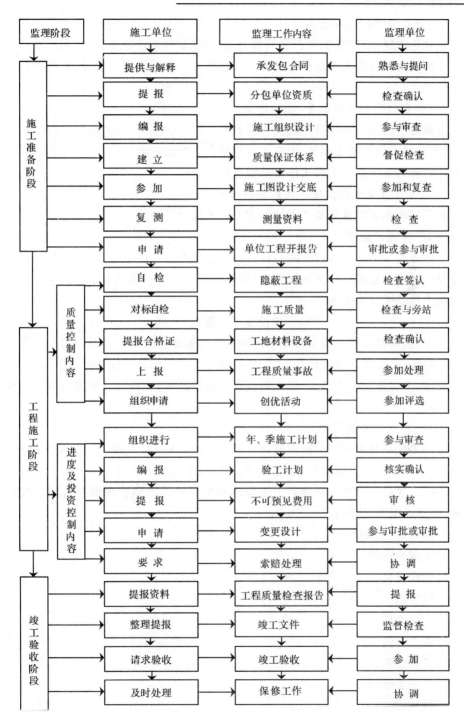

图9-18 施工阶段监理工作流程图

277

(1) 要有合理的专业结构

这就是监理项目部(如监理合同部、监理技术部和监理现场部)应由与监理项目的专业特点及项目法人对项目监理的要求相称职的各专业人员组成,监理项目部专业人员要配套。

(2) 要有合理的技术职务、职称结构

监理工作虽是一种高智能的技术性服务工作,但绝非不论监理项目的要求和需要,追求监理人员的技术职务、职称越高越好。合理的技术职称结构应是高级职称、中级职称和初级职称与监理工作要求相称的比例。

(二)项目监理机构监理人员数量的确定

确定监理人员数量需要考虑的因素有以下几个方面。

(1) 工程建设强度

工程建设强度是指单位时间内投入的工程建设资金的数量,它是衡量一项工程建设紧张程度的标准。一般来说,工程建设的强度可以从现场安排的作业面和各作业面的劳动强度反映出来。

$$工程建设强度 = 投资/工期$$

其中,投资和工期是指由监理单位所承担的那部分工程的建设投资和工期。可按工程估算、概算或合同价计算,工期是根据进度总目标及其分目标计算。

显然,工程建设强度越大,投入的监理人力就越多,工程建设强度是确定人数的重要因素。

(2) 建设工程复杂程度

每项工程都具有不同的建设监理环境,如地点、位置、气候、性质、空间范围、工程地质、施工方法以及后勤供应等。不同的建设工程监理环境投入的监理人员数量也就不同。建设工程监理环境是由工程本身的复杂程度和监理委托合同的规定决定的,涉及的因素主要有:

1) 设计活动多少;

2) 工程地点位置;

3) 气候条件;

4) 地形条件;

5) 工程地质;

6) 施工方法;

7) 工程性质;

8) 工期要求;

9) 材料供应;

10) 工程分散程度等。

根据上述各项因素的具体情况,可将工程分为若干复杂程度等级,或者绘制工作分解结构图(WBS)和组织结构图,按监理工作需要配备监理人员。显然,简单工程需要的项目监理人员较少,而复杂工程需要的项目监理人员较多。

(3)监理机构和监理人员

监理机构不同,所需的监理人员数量、结构也不同。另外,监理人员的业务水平和素质、专业面、工程经验、管理水平等,都将影响监理人员数量的配置。

(三)项目监理机构各类人员的基本职责

根据国家质量技术监督局、建设部联合发布的《建设工程监理规范》的规定,各类监理人员的职责如下:

1. 总监理工程师的职责

(1)确定项目监理机构人员的分工和岗位职责;

(2)主持编写项目监理规划、审批项目监理实施细则,并负责管理项目监理机构的日常工作;

(3)审查分包单位的资质,并提出审查意见;

(4)检查和监督监理人员的工作,根据工程项目的进展情况可进行人员调配,对不称职的人员应调换其工作;

(5)主持监理工作会议,签发项目监理机构的文件和指令;

(6)审定承包单位提交的开工报告、施工组织设计、技术方案、进度计划;

(7)审核签署承包单位的支付申请、支付证书和竣工结算;

(8)审查和处理工程变更;

(9)主持或参与工程质量事故的调查;

(10)调解建设单位与承包单位的合同争议、处理索赔、审批工程延期;

(11)组织编写并签发监理月报、监理工作阶段报告、专题报告和项目监理工作总结;

(12)审核签认分部工程和单位工程的质量检验评定资料,审查承包单位的竣工申请,组织监理人员对待验收的工程项目进行质量检查,参与工程项目的竣工验收;

(13)主持整理工程项目的监理资料。

2. 总监理工程师代表的职责

(1)负责总监理工程师指定或交办的监理工作;

(2)按总监理工程师的授权,行使总监理工程师的部分职责和权力。

总监理工程师不得将下列工作委托总监理工程师代表:

1)主持编写项目监理规划、审批项目监理实施细则;

2)签发工程开工/复工报审表、工程暂停令、工程款支付证书、工程竣工报验单;

3)审核签认竣工结算;

4)调解建设单位与承包单位的合同争议、处理索赔、审批工程延期;

5)根据工程项目的进展情况进行监理人员的调配,调换不称职的监理人员。

3. 专业监理工程师的职责

(1)负责编制本专业的监理实施细则；

(2)负责本专业监理工作的具体实施；

(3)组织、指导、检查和监督本专业监理员的工作,当人员需要调整时向总监理工程师提出建议；

(4)审查承包单位提交的涉及本专业的计划、方案、申请、变更,并向总监理工程师提出报告；

(5)负责本专业分项工程验收及隐蔽工程验收；

(6)定期向总监理工程师提交本专业监理工作实施情况报告,对重大问题及时向总监理工程师汇报和请示；

(7)根据本专业监理工作实施情况做好监理日记；

(8)负责本专业监理资料的收集、汇总及整理,参与编写监理月报；

(9)核查进场材料、设备、构配件的原始凭证、检测报告等质量证明文件及其质量情况,根据实际情况认为有必要时对进场材料、设备、构配件进行平行检验,合格时予以签认；

(10)负责本专业的工程计量工作,审核工程计量的数据和原始凭证。

4. 监职员的职责

(1)在专业监理工程师的指导下开展现场监理工作；

(2)检查承包单位投入工程项目的人力、材料、主要设备及其使用、运行状况,并作好检查记录；

(3)复核或从施工现场直接获取工程计量的有关数据并签署原始凭证；

(4)按设计图及有关标准,对承包单位的工艺过程或施工工序进行检查和记录,对加工制作及工序施工质量检查结果进行记录；

(5)担任旁站工作,发现问题及时指出并向专业监理工程师报告；

(6)作好监理日记和有关的监理记录。

【案例9-2】 某工程项目分为三个相对独立的标段,业主组织了招标并分别和三家施工单位签订了施工承包合同。承包合同价分别为3 652万元、3 225万元和2 733万元。合同工期分别为30个月、20个月和24个月。根据第三标段的施工合同约定,合同内的打桩工程由施工单位分包给专业基础工程公司施工。工程项目施工前,业主委托一家监理公司承担施工监理任务。总监理工程师根据本项目合同结构特点,组建了监理组织机构,绘制了业主、监理、被监理单位三方关系示意图(如图9-19所示),并且列出了各类人员的基本职责如下：

1. 确定项目监理机构人员的分工和岗位职责；

2. 主持编写项目监理规划、审批项目监理实施细则；

3. 负责主持监理机构日常工作；

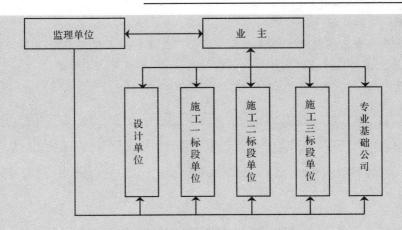

注：↔表示合同关系；→表示监理关系。
图9-19 业主、监理、被监理单位三方关系示意图

4. 审查承包单位提交的有关专业的计划、方案、申请、变更,并向总监理工程师提出报告；

5. 主持监理工作会议,签发监理机构的文件指令；

6. 检查承包单位投入工程项目的人力、材料、主要设备及其使用、运行状况,并作好检查记录；

7. 负责有关专业分项工程验收及隐蔽工程验收；

8. 按设计图及有关标准,对承包单位的工艺过程或施工工序进行检查和记录,对加工制作及工序施工质量检查结果进行记录；

9. 主持或参与工程质量事故的调查；

10. 核查进场材料、设备、构配件等的有关质量证明文件及其质量情况,合格时予以签认；

11. 组织编写并签发监理月报、监理工作阶段报告、专题报告和项目监理工作总结；

12. 负责本专业的工程计量工作,审核工程计量的数据和原始凭证；

13. 作好监理日记和有关的监理记录。

问题：

1. 如果要求每个监理工程师的工作职责范围只能分别限定在某一个合同标段范围内,则总监理工程师应建立什么样的监理组织形式？请绘出组织结构示意图。

2. 图9-19表达的业主、监理和被监理单位三方关系是否正确？为什么？请用文字加以说明。

3. 以上所列监理职责中哪些属于总监理工程师的职责？哪些属于专业监理工程师的职责？哪些属于监理员的职责？

解答：

1. 如果要求每个监理工程师的工作职责范围只能分别限定在某一个合同标段范围内，总监理工程师应建立直线制监理组织机构，如图9-20所示：

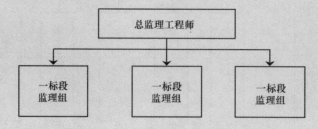

图9-20　直线制监理组织机构图

说明：此图第一层应为总监理工程师并可有平行的"总监办公室"；第二层应按合同标段设立三个监理分支部分。

2. 图9-19表达的三方关系不正确（正确关系如图9-21所示）。

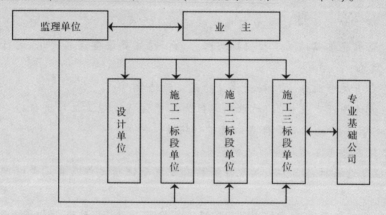

注：↔表示合同关系；→表示监理关系。

图9-21　业主、监理、被监理单位三方关系示意图

(1) 业主与分包单位之间不是合同关系。
(2) 因是施工阶段监理，故监理单位与设计单位之间无监理与被监理关系。
(3) 因业主与分包单位之间无直接合同关系，故监理单位与分包单位之间不是直接的监理与被监理关系。

3. 各类人员职责归属为：

属于总监理工程师的职责：1，2，3，5，9，11；

属于专业监理工程师的职责：4，7，10，12；

属于监理员的职责：6，8，13。

第三节 建设工程监理的组织协调

建设工程监理目标的实现,需要监理工程师扎实的专业知识和对监理程序的有效执行,此外,还要求监理工程师有较强的组织协调能力。合同的洽商和修订合同的洽商,实质上就是组织协调,是实现目标控制所不可缺少的。通过组织协调,使影响监理目标实现的各方主体有机配合,使监理工作实施和运行过程顺利。

一、建设工程监理组织协调概述

(一)组织协调的概念

协调就是联结、联合、调和所有的活动及力量,使各方配合得适当,其目的是促使各方协同一致,以实现预定目标。协调工作应贯穿于整个建设工程实施及其管理过程中。

建设工程系统就是一个由人员、物质、信息等构成的人为组织系统。用系统方法分析,建设工程的协调一般有三大类:一是"人员/人员界面";二是"系统/系统界面";三是"系统/环境界面"。

1. 人员/人员界面

建设工程组织是由各类人员组成的工作班子,由于每个人的性格、习惯、能力、岗位、任务、作用的不同,即使只有两个人在一起工作,也有潜在的人员矛盾或危机。这种人和人之间的间隔,就是所谓的"人员/人员界面"。

2. 系统/系统界面

建设工程系统是由若干个子项目组成的完整体系,子项目即子系统。由于子系统的功能、目标不同,容易产生各自为政的趋势和相互推诿的现象。这种子系统和子系统之间的间隔,就是所谓的"系统/系统界面"。

3. 系统/环境界面

建设工程系统是一个典型的开放系统。它具有环境适应性,能主动从外部世界取得必要的能量、物质和信息。在取得的过程中,不可能没有障碍和阻力。这种系统与环境之间的间隔,就是所谓的"系统/环境界面"。

项目监理机构的协调管理就是在"人员/人员界面"、"系统/系统界面"、"系统/环境界面"之间,对所有的活动及力量进行联结、联合、调和的工作。系统方法强调,要把系统作为一个整体来研究和处理,因为总体的作用规模要比各子系统的作用规模之和大。为了顺利实现建设工程系统目标,必须重视协调管理,发挥系统整体功能。在建设工程监理中,要保证项目的参与各方围绕建设工程开展工作,使项目目标顺利实现。组织协调工作最为重要,也最为困难,是监理工作能否成功的关键,只有通过积极的组织协调才能实现整个系统全面协调控制的目的。

(二)组织协调的目的、范围和层次

协调的目的仍然是为了实现质量高、投资省、工期短的三大目标。协调工作做得好的合同,固然为三大目标的实现创造了很好的条件,但光有这方面条件是不够的,还需要通过更大范围的协调,创造良好的内部人际、组织关系以及与政府和社会组织的良好关系等多方面的内外条件。

从系统方法的角度看,项目监理机构协调的范围分为系统内部的协调和系统外部的协调,系统外部协调又分为近外层协调和远外层协调。近外层和远外层的主要区别是,建设工程与近外层关联单位一般有合同关系,与远外层关联单位一般没有合同关系。

二、项目监理机构组织协调的工作内容

(一)项目监理机构内部的协调

监理工程师首先要搞好内部关系的协调,因为一方面作为一个项目的建设监理,不是由一两个人就可以完成的,通常要有由几十个人组成的、按一定专业比例并按责任范围进行科学分工的群体;另一方面除主体项目外,还有若干个配套项目。为此,内部关系的协调实际上是监理本身的协调工作,这里包括内部组织关系的协调、人际关系的协调等。

1. 项目监理机构内部人际关系的协调

(1)在人员安排上要量才录用。对项目监理机构各种人员,要根据每个人的专长进行安排,做到人尽其才。人员的搭配应注意能力互补和性格互补,人员配置应尽可能少而精,防止力不胜任和忙闲不均现象。

(2)在工作委任上要职责分明。对项目监理机构内的每一个岗位,都应订立明确的目标岗位责任制,应通过职能整理,使管理职能不重不漏,做到事事有人管,人人有专责,同时明确岗位职权。

(3)在成绩评价上要实事求是。谁都希望自己的工作做出成绩,并得到肯定。但工作成绩的取得,不仅需要主观努力,而且需要一定的工作条件和相互配合。要发扬民主作风,实事求是评价,以免人员无功自傲或有功受屈,使每个人热爱自己的工作,并对工作充满信心和希望。

(4)在矛盾调解上要恰到好处。人员之间的矛盾总是存在的,一旦出现矛盾就应进行调解,要多听取项目监理机构成员的意见和建议,及时沟通,使人员始终处于团结、和谐、热情高涨的工作气氛之中。

2. 项目监理机构内部组织关系的协调

项目监理机构是由若干部门(专业组)组成的工作体系。每个专业组都有自己的目标和任务。如果每个子系统都从建设工程的整体利益出发,理解和履行自己的职责,则整个系统就会处于有序的良性状态,否则,整个系统便处于无序的紊乱状

态,导致功能失调,效率下降。

项目监理机构内部组织关系的协调可从以下几方面进行:

(1)在职能划分的基础上设置组织机构,根据工程对象及委托监理合同所规定的工作内容,确定职能划分,并相应设置配套的组织机构。

(2)明确规定每个部门的目标、职责和权限,最好以规章制度的形式作出明文规定。

(3)要事先约定各个机构在工作中的相互关系。在工程项目建设中许多工作不是一个项目组(机构)可以完成的,其中有主办、牵头和协作、配合之分。事先约定,才不致于出现误事、脱节等贻误工作的现象。

(4)要建立信息沟通制度,如采用工作例会、业务碰头会、发会议纪要,采用工作流程图或信息传递卡等方式来沟通信息,这样可使局部了解全局,服从并适应全局需要。

(5)及时消除工作中的矛盾或冲突。总监理工程师应采取民主的作风,注意从心理学、行为科学的角度激励各个成员的工作积极性;采用公开的信息政策,让大家了解建设工程实施情况、遇到的问题或危机;经常性地指导工作,和成员一起商讨遇到的问题,多倾听他们的意见、建议,鼓励大家同舟共济。

3. 项目监理机构内部需求关系的协调

建设工程监理实施中有人员需求、试验设备需求、材料需求等,而资源是有限的,因此,内部需求平衡至关重要。需求关系的协调可从以下方面进行:

(1)对监理设备、材料的平衡

建设工程监理开始时,要做好监理规划和监理实施细则的编写工作,提出合理的监理资源配置,要注意抓住期限上的及时性、规格上的明确性、数量上的准确性、质量上的规定性。

(2)对监理人员的平衡

要抓住调度环节,注意各专业监理工程师的配合。一个工程包括多个分部分项工程,复杂性和技术要求各不相同,这就存在监理人员配备、衔接和调度问题。

如:土建工程的主体阶段,主要是钢筋混凝土工程或预应力钢筋混凝土工程;设备安装阶段,材料、工艺和测试手段就不同;还有配套、辅助工程等。监理力量的安排必须考虑到工程进展情况,作出合理的安排,以保证工程监理目标的实现。

(二)与业主的协调

建设工程监理是受业主的委托而独立、公正进行的工程项目监理工作。监理实践证明,监理目标的顺利实现和与业主协调的好坏有很大的关系。

我国实行建设监理制度时间不长,工程建设各方对监理制度的认识还不够,还存在不少问题,尤其是一些业主的行为不规范。我国长期的计划经济体制使得业主合同意识较差,随意性大。主要体现在:一是沿袭计划经济时期的基建管理模式,搞

"大业主,小监理",在一个建设工程上,业主的管理人员和管理层次要比监理方多,对监理人员的干涉也较多;二是不把合同中规定的权力交给监理单位,致使总监理工程师有职无权,发挥不了作用;三是不讲究科学,项目科学管理意识差,在项目目标确定上压工期、压造价,在项目进行过程中变更多或进度不按要求,给监理工作的质量、进度、投资控制造成困难。因此,与业主的协调是监理工作的重点和难点,监理工程师应从以下几方面加强与业主的协调:

(1)监理工程师首先要理解项目总目标和业主的意图。对于未能参加项目决策过程的监理工程师,必须了解项目构思的基础、起因、出发点,了解决策背景,否则可能对监理目标及完成任务有不完整的理解,会给他的工作造成很大的困难,所以,必须花大力气来研究业主、研究项目目标。

(2)利用工作之便做好监理宣传工作,增进业主对监理工作的理解,特别是对项目管理各方职责及监理程序的理解;主动帮助业主处理项目中的事务性工作,以自己规范化、标准化、制度化的工作去影响和促进双方工作的协调一致。

(3)尊重业主,尊重业主代表,让业主一起投入项目全过程。尽管有预定的目标,但项目实施必须执行业主的指令,使业主满意,对业主提出的某些不适当的要求,只要不属于原则问题,都可先执行,然后利用适当时机,采取适当方式加以说明或解释;对于原则性问题,可采取书面报告等方式说明原委,尽量避免发生误解,以使项目顺利实施。

(三)与承包商的协调

监理目标的实现与承包商的工作密切相关,监理工程师对质量、进度和投资的控制都是通过承包商的工作来实现的,做好与承包商的协调工作是监理工程师组织协调工作的重要内容。

1. 坚持原则,实事求是,严格按规范、规程办事,讲究科学态度

监理工程师在观念上应该认为自己是提供监理服务,尽量少地对承包商行使处罚权,应强调各方面利益的一致性和项目总目标;监理工程师应鼓励承包商将项目实施状况、实施结果及遇到的困难和意见向他汇报,以寻找对目标控制可能的干扰,双方了解得越多越深刻,监理中的对抗和争执就越少。

2. 协调不仅是方法、技术问题,更多的是语言艺术、感情交流和用权适度问题

有时尽管协调意见是正确的,但由于方式或表达欠妥,反而会激化矛盾。作为一名监理工程师,应善于肯定承包商的工作成绩,并在此基础上提出不足的问题,使得承包商更容易接受监理工程师的意见。监理工程师高超的协调能力往往能起到事半功倍的效果,令各方面都满意。

3. 施工阶段的协调工作内容

施工阶段的监理单位与承包单位协调工作的主要内容包括以下几方面:

(1)与承包商项目经理关系的协调

从承包商项目经理及其工地工程师的角度来说,他们最希望监理工程师是公正、通情达理并容易理解别人的;希望从监理工程师处得到明确而不是含糊的指示,并且能够对他们所询问的问题给予及时的答复;希望监理工程师的指示能够在他们工作之前发出。作为监理工程师来说,应该既懂得坚持原则,又善于理解承包商项目经理的意见,工作方法灵活,随时可能提出或愿意接受变通办法的监理工程师肯定是受欢迎的。

(2)进度问题的协调

如承包方没能按合同规定完成月进度指标或网络图的计划工期,这方面协调起来有时十分复杂,主要是因为造成进度失控的因素错综复杂,有建设单位、设计单位的制约因素,也有施工单位的主观因素,为此要首先分析进度失控的诸多因素,找出主要矛盾,再认真分析责任,加以协调解决。比如由于资金不到位,施工单位已经垫付了3个月的资金,并已向银行超规定借贷;资金不足影响了正常进度,就不宜单方要求施工单位按合同工期完成任务,不能将风险转嫁给施工方,主要应由建设单位负责。实践证明,有两项协调是很有效的:

1)业主和施工单位双方共同商定一级网络计划,并由双方主要负责人在一级施工网络计划上签字,作为工程承包合同的附件。

2)设立提前竣工奖,商请业主或由监理工程师按一级网络计划节点考核,分期预付,调动施工方职工的生产积极性。如果整个工程最终不能保证工期,由业主从工程款中将预付工期奖扣回并按合同规定予以罚款。

(3)质量问题的协调

监理工程师对质量问题协调主要应掌握以下原则:大的原则性质量问题和事故决不妥协放过,小的不影响使用功能和寿命的,采用积极弥补的措施加以解决。即使在质量与进度发生矛盾时,也应当本着质量第一的精神加以协调处理,决不可以牺牲质量而保进度。更重要的是质量问题万不可"死后验尸",而应当"防患于未然",作好质量问题的预控制。实行监理工程师质量签字认可制,对没有出厂证明、不符合使用要求的原材料、设备和构件,不准使用,对不合格的工程部位不予验收,也不予计量工程量,不予支付工程进度款。

(4)签证的协调

设计变更或工程项目的增减是不可避免的,而且是合同签定时无法预料的和未明确规定的。对于这种变更,监理工程师要仔细认真研究,合理计算价格,与有关各方充分协商,达成一致意见,并实行监理工程师签证制度。

(5)合同争议的协调

我国建设部的有关监理规定中指出:"建设单位与承包单位在执行承包合同过程中发生争议,应当提交社会监理单位进行调解。社会监理单位接到调解要求后,应在30日内将调解意见书面通知双方。如果双方或其中任何一方不同意调解意见,可以在接到调解书面意见之日起15日内,报请受监理工程所在地的县级以上人民政府建设行政主管部门调解。经调解仍有不同意见时,可以申请当地经济合同仲裁机关仲裁。"

对建设单位和承包商双方的纠纷,首先应分清责任,协商解决,对双方均负有一定责任的,则应分清孰轻孰重,然后再公正地进行协调。一般情况下,监理工程师应当首选协商解决,不赞成采用伤害感情、贻误工作的"诉诸法律"审判。

(6) 对分包单位的管理

主要是对分包单位明确合同管理范围,分层次管理。将总承包合同作为一个独立的合同单元进行投资、进度、质量控制和合同管理,不直接和分包合同发生关系。对分包合同中的工程质量、进度进行直接跟踪监控,通过总承包商进行调控、纠偏。分包商在施工中发生的问题,由总承包商负责协调处理,必要时,监理工程师帮助协调。当分包合同条款与总承包合同发生抵触,以总承包合同条款为准。此外,分包合同不能解除总承包商对总承包合同所承担的任何责任和义务。分包合同发生的索赔问题,一般由总承包商负责,涉及到总承包合同中业主义务和责任时,由总承包商通过监理工程师向业主提出索赔,由监理工程师进行协调。

(7) 处理好人际关系

在监理过程中,监理工程师处于一种十分特殊的位置。业主希望得到独立、专业的高质量服务,而承包商则希望监理单位能对合同条件有一个公正的解释。因此,监理工程师必须善于处理各种人际关系,既要严格遵守职业道德,礼貌而坚决地拒收任何礼物,以保证行为的公正性,也要利用各种机会增进与各方面人员的友谊与合作,以利于工程的进展。否则,便有可能引起业主或承包商对其可信赖程度的怀疑。

(四) 与设计单位的协调

设计单位是工程项目主要相关单位之一。监理单位必须协调设计单位的工作,以加快工程进度,确保质量,降低消耗。协调设计单位的关系可从以下几方面入手:

1. 配合设计进度,组织设计与有关部门,如消防、环保、土地、人防、防汛、园林,以及供水、供电、供气、供热、电信等部门的协调工作。

2. 组织各设计单位之间的协调工作。

对于高科技含量的工程项目,如智能大厦,若实行设计总承包制,即与综合性设计院签定设计总承包合同,而其他专业设计院都作为设计分包方,在业主和监理的见证下与设计总承包方签定设计分包合同,设计总承包方全面协调管理各设计分包方的工作,并对其负责。在设计过程中,定期召开各专业设计协调会,及时接受设计总承包方的协调管理,及时解决问题,避免各专业设计之间的矛盾。最后由设计总承包方完成统一的施工图设计。这种做法,既能使专业设计分包人发挥设计特长,又能使各专业设计与结构、通用设备设计相互衔接,避免设计的冲突。

3. 真诚尊重设计单位的意见,例如组织设计单位向施工单位介绍工程概况、设计意图、技术要求、施工难点等;又如图纸会审时,请设计单位交底,明确技术要求,把标准过高、设计遗漏、图纸差错等解决在施工之前;施工阶段,严格按图施工;结构工程验收、专业工程验收、竣工验收等,邀请设计代表参加。若发生质量事故,认真听取设计单位的处理意见。

4. 主动向设计单位介绍工程进展情况,以便促使他们按合同规定或提前出图。若监理单位掌握比原设计更先进的新技术、新工艺、新材料、新结构、新设备时,可主动向设计单位推荐;支持设计单位技术革新等。为使设计单位有修改设计的余地而不影响施工进度,可与设计单位达成协议,限定一个"关门"期限,争取设计单位、承包商的理解和配合,如果逾期,设计单位要负责由此而造成的经济损失。

5. 施工中发现设计问题,应及时报告建设单位,由建设单位向设计单位提出,以免造成大的直接损失。

6. 注意信息传递的及时性和程序性。监理工作联系单、工程变更单要按规定的程序进行。

这里要注意的是,在施工监理的条件下,监理单位与设计单位都是受业主委托进行工作的,两者之间并没有合同关系,所以监理单位主要是和设计单位做好交流工作,协调要靠业主的支持。设计单位应就其设计质量对建设单位负责,因此《建筑法》指出:工程监理人员发现工程设计不符合建筑工程质量标准或者合同约定的质量要求的,应当报告建设单位要求设计单位改正。

(五)与政府部门的协调

一个建设工程的开展还存在政府相关部门的影响,如质检部门、环境部门、消防部门等。他们对建设工程起着一定的控制、监督、支持、帮助作用,这些关系若协调不好,建设工程实施也可能严重受阻。

1. 工程质量监督站是由政府授权的工程质量监督的实施机构,对于已经委托监理的工程,质量监督站主要是核查勘察设计单位、施工单位和监理单位的资质,监督这些单位的质量行为和工程质量。监理单位在进行工程质量控制和质量问题处理时,要作好与工程质量监督站的交流和协调。

2. 重大质量事故,在承包商采取急救、补救措施的同时,监理工程师应敦促承包商立即向政府有关部门报告情况,接受检查和处理。

3. 建设工程合同应送公证机关公证,并报政府建设管理部门备案;征地、拆迁、移民要争取政府有关部门支持和协作;现场消防设施的配置,宜请消防部门检查认可;要敦促承包商在施工中注意防止环境污染,坚持作到文明施工和环境保护。

(六)与社会团体的协调

某些社会团体,如金融组织、服务部门、建筑业联合会、新闻媒介等,对建设工程也起着一定的作用。

1. 监理组织与金融组织关系的协调

监理组织与金融组织关系最密切的是开户建设银行。建设银行既是金融机构，又代行部分政府职能。建筑安装工程价款，甲乙双方都要通过开户建设银行进行结算。工程承包合同副本应报送开户银行审查，对于不符合有关规定的条款，甲乙双方应协商修改，否则银行可不予拨款。若遇在其他专业银行开户的建设单位拖欠工程款，监理组织可商请开户建设银行协助解决拨款问题。

2. 监理组织与服务部门关系的协调

工程建设离不开社会服务部门的服务，监理组织应主动联系，求得他们对工程项目建设的支持和帮助。例如，为解决施工运输和当地交通部门争道路、争时间问题，应主动上门协商，作出双方都能接受的统筹安排。为解决施工高峰期机具设备和周围作业用料不足，可提前与当地租赁服务单位取得联系，预约租赁，求得满意的租赁服务。为解决地方采购材料的货源问题，可和当地的建材生产、供应单位取得联系，请他们帮助落实货源，组织材料供应服务到现场。

3. 监理组织与其他单位关系的协调

一个大中型工程项目建成后，不仅会给建设单位带来好处，而且会给一个地区的经济发展带来好处，同时会给当地人民生活的方便带来好处。因此建设期间会引起社会各界的关注。监理组织应把握环境，求得社会各界对工程项目建设的关心和支持。最好能选用报纸、广播、电视等大众传播媒介，宣传本项目的计划与组织、实施与进展、成绩与问题，以及项目攻关及先进人物事迹等。可组织人员向新闻单位提供与项目有关的宣传稿件和资料，也可主动邀请报社、电台、电视台的领导、记者到现场参观，向社会宣传本项目的有关情况。这样可以扩大项目的影响，得到社会的关注和支持。

此外，监理工程师除了要处理好本单位内部及本单位和其他单位间的关系，还应作好参与项目各方之间关系的协调，如业主与设计单位、业主与承包商、承包商与设计单位等。比如在施工阶段，监理工程师对业主与承包商的关系的协调工作就包括解决进度、质量、中间计量与支付的签证、合同纠纷等一系列问题。

三、建设工程监理组织协调的方法

为了开展好建设工程监理工作，要求建设工程监理组织内的所有建设工程监理人员都能主动地在自己负责的范围内采用科学有效的方法进行协调。为了搞好组织协调工作，需要对经常性事项的协调加以程序化，事先确定协调内容、协调方式和具体的协调流程；需要经常通过建设工程监理组织系统和建设工程组织系统，利用权责系统，采用指令性等方式进行协调；需要设置专门机构和专人进行协调；需要召开各种会议进行协调。只有这样，建设工程系统内各子系统、各专业、各工种、各项资源，以及时间、空间等方面才能事先有机地配合，使建设工程成为一体化运行的整体。

组织协调工作涉及面广,受主观和客观因素影响较大,所以监理工程师知识面要宽,要有较强的工作能力,能够因地制宜、因时制宜处理问题,这样才能保证监理工作顺利进行。监理工程师进行组织协调可采用如下几种方法。

(一)会议协调法

会议协调法是建设工程监理中最常用的一种协调方法。实践中常用的会议协调法包括第一次工地会议、监理例会、专业性监理会议等。

1. 第一次工地会议

第一次工地会议是建设工程尚未全面展开前,履约各方相互认识、确定联络方式的会议,也是检查开工前各项准备工作是否就绪并明确监理程序的会议。第一次工地会议应在项目总监理工程师下达开工令之前举行,会议由建设单位主持召开,监理单位、总承包单位的授权代表参加,也可邀请分包单位参加,必要时邀请有关设计单位人员参加。

工地例会举行次数较多,要防止流于形式。监理工程师可根据工程进展情况确定分阶段的例会协调要点,保证监理目标控制的需要。例如:对于高层建筑工程,基础施工阶段主要是交流支护结构、桩基础工程、地下室施工及防水等工作质量监控情况;主体阶段主要是交流质量、进度、文明生产情况;装饰阶段主要是考虑土建、设备、装饰等多种工种协作问题及围绕质量目标进行工程预验收、竣工验收等内容。对工地例会要点进行预先筹划,使会议内容丰富,针对性强,可以真正发挥协调的作用。

2. 监理例会

(1)监理例会是由总监理工程师主持,按一定程序召开的进度、质量及工程款支付等问题的工地会议。

(2)监理例会应当定期召开,宜每周召开一次。

(3)参加人包括:项目总监理工程师或总监理工程师代表、其他有关监理人员、承包商项目经理、承包单位其他有关人员。需要时,还可邀请其他有关单位代表参加。

(4)会议的主要议题有:

1)对上次会议存在问题的解决和纪要的执行情况进行检查;

2)工程进展情况;

3)对下月或下周的进度预测及其落实措施;

4)施工质量、加工订货、材料的质量与供应情况;

5)质量改进措施;

6)有关技术问题;

7)索赔及工程款支付情况;

8)需要协调的有关事宜。

(5)会议纪要

会议纪要由项目监理机构起草,经与会各方代表会签,然后分发给有关单位。会议纪要内容如下:

1)会议地点及时间;

2)出席者姓名、职务及他们代表的单位;

3)会议中发言者的姓名及所发表的主要内容;

4)决定事项;

5)事项分别由何人何时执行。

3. 专业性监理会议

除定期召开工地监理例会以外,还应根据需要组织召开一些专业性协调会议,例如加工订货会、业主直接分包的工程承包单位与总承包单位之间的协调会、专业性较强的分包单位进场协调会、复杂技术问题的研讨、重大工程质量事故的分析和处理、工程延期、费用索赔等,均应由监理工程师主持会议,提出解决办法,并要求各方及时落实。

(二)交谈协调法

在实践中,并不是所有问题都需要开会来解决,有时可以采用"交谈"这种轻松的方式,往往能取得更为理想的协调效果。交谈包括面对面的交谈和电话交谈两种形式。无论是内部协调还是外部协调,这种方法使用频率都是相当高的。其原因在于:

1. 它是一条保持信息畅通的最好渠道

由于交谈本身没有合同效力及其方便性和及时性,所以建设工程各参与方之间以及监理机构内部都愿意采用这一方式。

2. 它是寻求协作和帮助的最好方法

在寻求他人帮助和协作时,往往要及时了解对方的反应和意见,以便采取相应的对策。同时,相对于书面寻求协作,人们更难于拒绝面对面的请求。因此,采用交谈方式请求帮助和协作比采用书面方式实现的可能性更大。

3. 它是及时正确地发布工程指令的有效方法

在实践中,监理工程师一般都采用交谈方式先发布口头指令,这样,一方面可以使对方及时地执行指令,另一方面可以和对方进行交流,了解对方是否正确理解了指令,随后,再以书面形式加以确认。图9-2为工程协调事项办理单。

表 9-2　工程协调事项办理单

提出协调事项单位	
要求协调解决的时间	
需具体协调的事项及原因	提出协调事项单位： 年　　月　　日
监理协调意见	监理工程师/总监理工程师： 年　　月　　日
协调落实情况	承办单位（盖章）： 负责人： 年　　月　　日

（三）书面协调法

当会议或者交谈不方便或不需要时，或者需要精确地表达自己的意见时，就会用到书面协调的方法。书面协调方法的特点是具有合同效力，一般常用于以下几方面：

1. 不需双方直接交流的书面报告、报表、指令和通知等；
2. 需要以书面形式向各方提供详细信息和情况通报的报告；
3. 事后对会议记录、交谈内容或口头指令的书面确认。

（四）访问协调法

访问协调法主要用于外部协调中，有走访和邀访两种形式。走访是指监理工程师在建设工程施工前或施工过程中，对与工程施工有关的各政府部门、公共事业机构、新闻媒介或工程毗邻单位等进行访问，向他们解释工程的情况，了解他们的意见。邀访是指监理工程师邀请上述各单位（包括业主）代表到施工现场对工程进行指导性巡视，了解现场工作。因为在多数情况下，这些有关方面并不了解工程，不清楚现场的实际情况，如果进行不恰当的干预，会对工程产生不利影响。这个时候，采用访问法可能是一个相当有效的协调方法。

（五）情况介绍法

情况介绍法通常是与其他协调方法紧密结合在一起的，它可能是在一次会议前，或是一次交谈前，或是一次走访或邀访前向对方进行的情况介绍。形式上主要是口头的，有时也伴有书面的。介绍往往作为其他协调的引导，目的是使别人首先了解情况。因此，监理工程师应重视任何场合下的每一次介绍，要使别人能够理解自己所介绍的内容、问题、困难以及想要得到的协助等。

总之,组织协调是一种管理艺术和技巧,监理工程师尤其是总监理工程师需要掌握领导科学、心理学、行为科学方面的知识和技能,如激励、交际、表扬和批评的艺术、开会的艺术、谈话的艺术、谈判的技巧等等。只有这样,监理工程师才能进行有效的协调。

【案例9-4】 某工程下部为钢筋混凝土基础,上面安装设备。业主分别与土建、安装单位签订了基础、设备安装工程施工合同。两个承包商都编制了相互协调的进度计划。进度计划已经得到批准。基础施工完毕,设备安装单位按计划将材料及设备运进现场准备施工。经检测发现有近1/6的设备预埋螺栓位置偏移过大,无法安装设备,须返工处理。安装工作因基础返工而受到影响,安装单位在等待土建单位返工的过程中,与土建承包商发生冲突,致使工程一度停工,安装单位就此提出了索赔要求。

问题:
1. 如果你是该工程的总监理工程师,应如何协调两家承包商的关系?
2. 安装单位的损失应由谁负责?为什么?

解答:
1. 总监理工程师首先应解决好两家承包商的矛盾,使工程能够顺利开工,必要时可以单独与两家施工单位的项目经理面谈,以寻求化解双方矛盾的最佳途径。
2. 安装单位的损失应由业主负责,因安装单位和业主有合同关系,业主没能按合同规定提供安装单位施工工作条件,使安装工作不能按计划进行。业主应承担由此引起的损失。因为安装单位与土建施工单位没有合同关系,虽然安装工作受阻是由于土建施工单位施工质量问题引起的,但不能直接向土建施工单位索赔。业主可根据合同规定,向土建施工单位提出赔偿要求或给予其处罚。

思 考 题

1. 建设工程的组织管理模式有哪些?对应的监理模式有哪些?
2. 建设工程监理实施的程序是什么?
3. 建设工程监理实施的基本原则有哪些?
4. 简述建立项目监理机构的步骤。
5. 项目监理机构中各类人员的基本职责是什么?
6. 项目监理机构协调的工作内容有哪些?
7. 建设工程监理组织协调的常用方法有哪些?

第十章 监理规划

建设工程监理规划是建设工程监理单位在接受建设工程业主委托后编制的指导建设工程监理,组织全面开展建设工程监理工作的纲领性文件。编制建设工程监理规划是建设工程实施监理的重要步骤,对做好建设工程监理工作有着极为重要的作用。本章重点介绍监理规划所包含的内容及其编写的依据,并对建设工程监理工作系列文件进行必要的阐述。

第一节 建设工程监理文件

一、制定建设工程监理规划的意义

监理规划是在项目总监理工程师主持下,根据业主对项目监理的要求,在拥有详细的监理项目有关资料的基础上,结合监理的具体条件编制的开展项目监理工作的指导性文件。

建设工程监理单位在确定了项目总监理工程师后,紧接着要进行的工作就是由总监主持制定项目的监理规划。其目的是将监理委托合同规定的监理组织承担的责任即监理任务具体化,并在此基础上制定出实现监理任务的措施。编写完成的监理规划,就是项目监理组织有序地开展监理工作的依据和基础。

建设工程监理是一项受业主委托进行项目监理的系统工程。既然是一项"工程",就要进行事前的系统策划和设计。监理规划可以比作进行此项工程的"初步设计",此项工程的"施工图设计"就是各项专业监理的实施细则,后者也是建设工程监理的工作文件之一。

二、建设工程监理工作文件的构成

建设工程监理工作文件是指监理单位投标时编制的监理大纲、监理合同签订以后编制的监理规划和专业监理工程师编制的监理实施细则。

（一）监理大纲

监理大纲又称监理方案,它是监理单位在业主开始委托监理的过程中,特别是

在业主进行监理招标过程中,为承揽到监理业务而编写的监理方案性文件。应该包括如下主要内容:

1. 拟派往项目监理机构的监理人员情况介绍

在监理大纲中,监理单位需要介绍拟派往所承揽或投标工程的项目监理机构的主要监理人员,并对他们的资格情况进行说明。其中,应该重点介绍拟派往投标工程的项目总监理工程师的情况,这往往决定承揽监理业务的成败。

2. 拟采用的监理方案

监理单位应当根据业主所提供的工程信息,并结合自己为投标初步掌握的工程资料,制定出拟采用的监理方案。其内容应包括:项目监理机构的方案、建设工程三大目标的具体控制方案、工程建设各种合同的管理方案、项目监理机构在监理过程中进行组织协调的方案等。

3. 将会提供给业主的阶段性监理文件

在监理大纲中,监理单位还应该明确未来工程监理工作中向业主提供的阶段性的监理文件,这将有助于满足业主掌握工程建设过程的需要,有利于监理单位顺利承揽该建设工程的监理业务。

(二) 监理规划

监理规划是监理单位接受业主委托并签订委托监理合同之后,在项目总监理工程师的主持下,根据委托监理合同,在监理大纲的基础上,结合工程的具体情况,广泛收集工程信息和资料的情况下制定,经监理单位技术负责人批准,用来指导项目监理机构全面开展监理工作的指导性文件。

(三) 监理实施细则

监理实施细则又简称监理细则,是在监理规划的基础上,由项目监理机构的专业监理工程师针对建设工程中某一专业或某一方面的监理工作编写,并经总监理工程师批准实施的操作性文件。

(四) 三者之间的关系

监理大纲、监理规划、监理实施细则是相互关联的,都是建设工程监理工作文件的组成部分,它们之间存在着明显的依据性关系:在编写监理规划时,一定要严格根据监理大纲的有关内容来编写;在制定监理实施细则时,一定要在监理规划的指导下进行。

一般来说,监理单位开展监理活动应当编制以上三种工作文件。但这也不是一成不变的,就像工程设计一样。对于简单的监理活动只编写监理实施细则就可以了,而有些建设工程也可以制定较详细的监理规划,而不再编写监理实施细则。

监理大纲、监理规划、监理实施细则三者间的比较和区别,见表10-1。

表 10-1 监理大纲、监理规划、监理实施细则的比较

文件名称	编制对象	编制人	编制时间和作用	编制主要内容		
				为什么做	做什么	如何做
监理大纲	项目整体	技术部门	在监理招标阶段编制;使业主信服,进而获得监理业务	★	☆	
监理规划	项目整体	项目总监理工程师	在监理委托合同签订后制定;指导项目监理工作,起"初步设计"作用	☆	★	★
监理实施细则	某专业监理工作	各专业监理工程师	在完善项目监理组织、落实监理责任后制定;具体指导实施各项监理工作,起"施工图"的作用		☆	★

注:★表示编制的重点内容。
☆表示编制的非重点内容。

第二节 建设工程监理规划编写的依据及要求

监理规划是在项目总监理工程师和项目监理机构充分分析和研究建设工程的目标、技术、管理、环境以及参与工程建设的各方的情况等方面的因素之后制定的。若使监理规划真正能起到指导项目监理机构进行监理工作的作用,就应当有明确具体的、符合该工程要求的工作内容、工作方法、监理措施、工作程序和工作制度,并应具有可操作性。

一、建设工程监理规划的编写依据

(一)建设工程外部环境调查研究资料

1. 自然条件方面的资料

建设工程外部环境调查研究资料中的自然条件包括:建设工程所在地的地质条件资料、水文条件资料、气象条件资料、地形条件资料,还有建设工程所在地自然灾害发生情况的资料等。

2. 社会和经济条件方面的资料

建设工程外部环境调查研究资料中的社会和经济条件包括:建设工程所在地政治局势资料、社会治安资料、建筑市场状况资料、相关单位(材料和设备供应厂家、勘察和设计单位、施工单位、工程咨询和建设工程监理单位)资料、基础设施(交通设

施、通信设施、公用设施、能源设施)资料、工程建设项目后勤供应资料、工程项目所在地的金融市场情况资料等。

(二)工程建设方面的法律、法规

工程建设相关方面的法律、法规具体包括3个层次：

1. 国家颁布的政策、法律、法规

这是工程建设相关法律、法规的最高层次，不论在任何地区或部门进行工程项目建设，都必须遵守。

2. 工程所在地或所属部门颁布的法律、法规、规定及有关政策

这是工程建设相关法律、法规的第二个层次，一项建设工程必然是在某一地区实施的，这就要求工程项目的建设必然也要遵守工程项目所在地颁布的工程建设相关方面的法律、法规、规定及有关政策，而且一项建设工程也必然是归属于某一部门管理下的建设工程，这就要求工程项目的建设必然也要遵守工程所属部门颁布的工程建设相关方面的法律、法规、规定及有关政策。

3. 工程建设的各种规范和标准

这是工程建设相关法律、法规的第三个层次，工程建设的各种规范、标准也是具有法律地位的，工程项目的建设也必须要遵守这些规范和标准。

(三)政府批准的工程建设文件

政府批准的工程建设文件主要包括两个方面：

1. 政府工程建设主管部门批准的可行性研究报告、立项批文；

2. 政府规划部门确定的规划条件、土地使用条件、环境保护要求及市政管理规定等。

(四)建设工程监理合同

在编写监理规划时，必须依据建设工程监理合同的下列三方面的内容：

1. 建设工程监理单位和监理工程师的权利和义务；

2. 建设工程监理工作的范围和内容；

3. 有关建设工程监理规划的要求。

(五)其他建设工程合同

在编写监理规划时，也要考虑其他建设工程合同的相关内容，主要包括两个方面：

1. 项目业主的权利和义务；

2. 工程承包商的权利和义务。

(六)项目业主的正当要求

根据建设工程监理单位应竭诚为客户服务的宗旨，在不超出合同职责范围的前提下，建设工程监理单位应最大限度地满足项目业主的正当要求。

(七)监理大纲

监理大纲中承诺的以下内容都是监理规划编写的依据：

1. 建设工程监理组织计划;
2. 拟投入主要建设工程监理成员;
3. 投资、进度、质量三大目标的控制方案;
4. 信息管理方案;
5. 合同管理方案;
6. 定期提交给项目业主的建设工程监理工作阶段性成果。

(八)工程实施过程输出的有关工程信息

工程实施过程中输出的以下信息可以作为监理规划的编写依据:

1. 方案设计、初步设计、施工图设计;
2. 工程实施状况;
3. 工程招标投标情况;
4. 重大工程变更;
5. 外部环境变化。

此外,在编写监理规划时,还应考虑项目建设规模、特点和建设条件,监理工作及生活条件等,以便编写出切实可行的监理规划。

【案例 10-1】 某监理单位承接了一项工程项目施工阶段监理工作。该项目法人要求监理单位必须在监理合同书生效后的一个月内提交监理规划。监理单位因此立即组织人员开始编制工作。总监理工程师组织人员收集了编制监理规划的以下依据资料:

1. 施工承包合同资料;
2. 建设规范、标准;
3. 反映项目法人对项目监理要求的资料;
4. 反映监理项目特征的有关资料;
5. 关于项目承包单位、设计单位的资料。

问题:在所收集的制定监理规划的资料中哪些是必要的?你认为还应补充哪些方面的资料?

解答:第1、2、3、4条是必要的。还应补充的资料是:反映项目建设条件的有关资料;反映当地工程建设政策、法规方面的资料以及监理合同、监理大纲等资料。

二、建设工程监理规划的编写要求

(一)基本构成内容应当力求统一

监理规划在总体内容组成上应力求作到统一。这是监理工作规范化、制度化、科学化的要求。

监理规划基本构成内容的确定,首先应考虑整个建设监理制度对建设工程监理的内容要求。建设工程监理的主要内容是控制建设工程的投资、工期和质量，进行建设工程合同管理和信息管理，协调有关单位间的工作关系，这些内容无疑是构成监理规划的基本内容。如前所述，监理规划的基本作用是指导项目监理机构全面开展监理工作。因此，对整个监理工作的组织、控制、方法、措施等将成为监理规划必不可少的内容。这样，监理规划构成的基本内容就可以确定下来。至于某一个具体建设工程的监理规划，则要根据监理单位与业主签订的监理合同所确定的监理实际范围和深度来加以取舍。

（二）监理规划的内容应具有针对性、指导性

每个监理项目各有其特点，监理单位只有根据监理项目的特点和自身的具体情况编制监理规划，而不是照搬以往的或其他项目的内容，这样才能保证监理规划对将要开展的监理工作具有指导意义和实用价值。

（三）监理规划应当遵循建设工程的运行规律

监理规划是针对一个具体建设工程编写的，而不同的建设工程具有不同的工程特点、工程条件和运行方式。这也决定了建设工程监理规划必然与工程运行客观规律具有一致性，必须把握、遵循建设工程运行的规律。只有把握建设工程运行的客观规律，监理规划的运行才是有效的，才能实施对这项工程的有效监理。

监理规划要把握建设工程运行的客观规律，就需要不断收集大量的编写信息。如果掌握的工程信息很少，就不可能对监理工作进行详尽的规划。例如，随着设计的不断进展、工程招标方案的出台和实施，工程信息量越来越多，监理规划的内容也就越来越趋于完整。就一项建设工程的全过程监理规划来说，想一气呵成的做法是不实际的，也是不科学的，即使编写出来也是一纸空文，没有任何实施的价值。

（四）项目总监理工程师是监理规划编写的主持人

监理规划应当在项目总监理工程师主持下编写制定，这是建设工程监理实施项目总监理工程师负责制的必然要求。当然，编制好建设工程监理规划，还要充分调动整个项目监理机构中专业监理工程师的积极性，要广泛征求各专业监理工程师的意见和建议，并吸收其中水平比较高的专业监理工程师共同参与编写。

在监理规划编写的过程中，应当充分听取业主的意见，同时考虑本单位的要求，最大限度地满足业主的合理要求，为进一步搞好监理服务奠定基础。

（五）监理规划应实事求是

坚持实事求是，是监理单位开展监理工作和市场业务经营中的原则。只有实事求是地编制监理规划并在监理工作中认真落实，才能保证监理规划在监理机构内部管理中的严肃性和约束力，才能保证监理单位在项目监理中和监理市场中的良好信誉。

（六）监理规划的表达方式应当格式化、标准化

现代科学管理应当讲究效率、效能和效益，其表现之一就是使控制活动的表达

方式格式化、标准化,从而使控制的规划显得更明确、更简洁、更直观。因此,需要选择最有效的方式和方法来表示监理规划的各项内容。比较而言,图、表和简单的文字说明应当是采用的基本方法。所以,编写建设工程监理规划各项内容时应当采用什么表格、图示以及哪些内容需要采用简单的文字说明应当作出统一规定。

(七) 监理规划应当经过审核

监理规划在编写完成后需进行审核并经批准。监理单位的技术主管部门是内部审核单位,其负责人应当签认。监理规划是否要经过业主的认可,由委托监理合同或双方协商确定。

从监理规划编写的上述要求来看,它的编写既需要由主要负责者(项目总监理工程师)主持,又需要形成编写班子。同时,项目监理机构的各部门负责人也有相关的任务和责任。监理规划涉及到建设工程监理工作的各方面,所以,有关部门和人员都应当关注它,使监理规划编制得科学、完备,真正发挥全面指导监理工作的作用。

【案例10-2】 某钢结构公路桥建设工程,业主将桥梁下部结构工程发包给甲施工单位,将钢梁的制作、安装工程发包给乙施工单位。业主还通过招标选择了某监理单位承担该建设工程施工阶段的监理任务。监理合同签订后,总监理工程师提出了项目监理规划编写的几点要求:

1. 为使该项目监理规划有针对性,要分别编写两份监理规划;
2. 项目监理规划要把握项目运行的内在规律;
3. 项目监理规划的表达方式应标准化、格式化;
4. 根据大桥架设进展,监理规划可分阶段编写。但编写完成后,由监理单位审核批准并报业主认可,一经实施,就不得再修改。

问题:请逐条回答总监理工程师提出的上述监理规划编写要求是否妥当,为什么?

解答:在总监理工程师提出的项目监理规划编写要求中,第1条要求不妥。因为一份委托监理合同,应编写一份监理规划。

第2条要求妥当。因为监理规划的作用是指导项目监理机构全面开展监理工作,只有把握项目运行的内在规律才能实施对该项目的有效的监理。

第3条要求妥当。因为,监理规划的内容采用标准化、格式化的方式、方法来表达才能使监理规划表达得更明确、简洁、直观(或可使监理规划的内容、深度统一)。

第4条要求不妥。因为监理规划可以修改,但应按审批程序报监理单位审批和经业主认可。

第三节 建设工程监理规划的内容

建设工程监理规划应将委托监理合同中规定的监理单位承担的责任及监理任务具体化,并在此基础上制定实施监理的具体措施。监理规划的基本构成内容应当包括工程具体情况、目标规划、监理组织、目标控制、合同管理和信息管理等。由于监理大纲与监理规划的内容格式基本一致,因此,这里只给出监理规划的内容要点。在编写监理大纲时,也可以参考监理规划所包括的内容要点。总的来说,监理规划应该包括下列内容:

一、建设工程概况

建设工程的概况部分主要包括以下内容:
1. 建设工程名称;
2. 建设工程地点;
3. 建设工程组成及建设规模。

建设工程组成及建设规模最好列表表示,例如表10-2为某工程组成表。

表10-2 建设工程组成表

序号	工程名称	建筑面积(m^2)	层数	结构	序号	工程名称	建筑面积(m^2)	层数	结构
1	联合厂房	21400	3	现框	5	污水处理站	208	1	钢筋混凝土
2	水池水泵房	470	1	现框	6	汽车修理间	286	1	现框
3	发电机房	50	1	砖混	7	围墙、道路			
4	锅炉房	737	1	现框	8	总体水电气			

4. 主要建筑结构类型

主要建筑结构类型最好列表表示,见表10-3。

表10-3 主要建筑结构类型

工程名称	地基基础	主体结构/设备	装饰装修	屋面工程
结构类型				

5. 预计工程投资总额。预计工程投资总额可以按以下两种费用编列:
(1)建设工程投资总额;
(2)建设工程投资组成简表(见表10-4)。

表10-4　建设工程投资组成简表

序号	工程名称	投资额(万元)	费用编号
1			
…			

6. 建设工程计划工期。可以以建设工程的计划持续时间或以建设工程开、竣工的具体日历时间表示：

(1) 以建设工程的计划持续时间表示：建设工程计划工期为"××个月"或"×××天"；

(2) 以建设工程的具体日历时间表示：建设工程计划工期由＿＿＿年＿＿＿月＿＿＿日至＿＿＿年＿＿＿月＿＿＿日。

7. 工程质量要求。应具体提出建设工程的质量目标要求：优良或合格。

8. 建设工程设计单位及施工单位或施工总承包单位的名称(见表10-5)。

表10-5　设计(施工承包)单位名称

序号	设计(施工承包)单位设计	(承包工程)内容	负责人
1			
…			

9. 建设工程项目结构图与编码系统(见图10-1)。

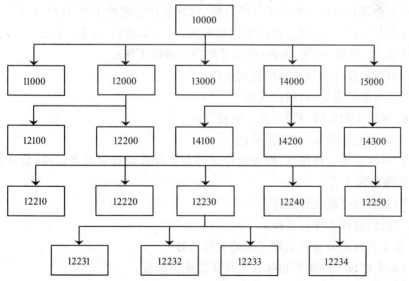

图10-1　建设工程结构图与编码系统

二、监理工作范围

监理工作范围是指监理单位所承担的监理任务的工程范围。如果监理单位承担全部建设工程的监理任务,监理范围为全部建设工程,否则应按监理单位所承担的建设工程的建设标段或子项目划分确定建设工程监理范围。

三、监理工作内容

根据监理单位所承揽的监理业务的具体建设阶段来编写监理工作内容,具体如下:

1. 建设工程决策阶段建设监理工作的主要内容

(1)协助业主准备工程报建手续;

(2)可行性研究咨询/监理;

(3)技术经济论证;

(4)编制建设工程投资估算。

2. 设计阶段建设监理工作的主要内容

(1)结合建设工程特点,收集设计所需的技术经济资料;

(2)编写设计要求文件;

(3)组织建设工程设计方案竞赛或设计招标;

(4)拟定和商谈设计委托合同内容;

(5)向设计单位提供设计所需的基础资料;

(6)配合设计单位开展技术经济分析,搞好设计方案的比选,优化设计;

(7)配合设计进度,组织设计单位与有关部门,如消防、环保、土地、人防、防汛、园林以及供水、供电、供气、供热、电信等部门的协调工作;

(8)组织各设计单位之间的协调工作;

(9)参与主要设备、材料的选型;

(10)审核工程估算、概算、施工图预算;

(11)审核主要设备、材料清单;

(12)审核工程设计图纸,检查设计文件是否符合设计规范及标准,检查施工图纸是否能满足施工需要;

(13)检查和控制设计进度;

(14)组织设计文件的报批。

3. 施工招标阶段建设监理工作的主要内容

(1)拟定建设工程施工招标方案并征得业主同意;

(2)准备建设工程施工招标条件;

(3)办理施工招标申请;

(4)协助业主编写施工招标文件;

(5)标底经业主认可后,报送所在地方建设主管部门审核;

(6)协助业主组织建设工程施工招标工作;

(7)组织现场勘察与答疑会,回答投标人提出的问题;

(8)协助业主组织开标、评标及定标工作;

(9)协助业主与中标单位商签施工合同。

4. 材料、设备采购供应的建设监理工作主要内容

对于由业主负责采购供应的材料、设备等物资,监理工程师应负责制定计划,监督合同的执行和供应工作。具体内容包括:

(1)制定材料、设备供应计划和相应的资金需求计划;

(2)通过质量、价格、供货期、售后服务等条件的分析和比选,确定材料、设备等物资的供应单位,重要设备应访问现有使用用户,并考察生产单位的质量保证体系;

(3)拟定并商签材料、设备的订货合同;

(4)监督合同的实施,确保材料、设备的及时供应。

5. 施工准备阶段建设监理工作的主要内容

(1)审查施工单位选择的分包单位的资质;

(2)监督检查施工单位质量保证体系及安全技术措施,完善质量管理程序与制度;

(3)参加设计单位向施工单位的技术交底;

(4)审查施工单位上报的实施性施工组织设计,重点对施工方案、劳动力、材料、机械设备的组织及保证工程质量、安全、工期和控制造价等方面的措施进行监督,并向业主提出监理意见;

(5)在单位工程开工前检查施工单位的复测资料,特别是两个相邻施工单位之间的测量资料、控制桩橛是否交接清楚,手续是否完善,质量有无问题,并对贯通测量、中线及水准桩的设置、固桩情况进行审查;

(6)对重点工程部位的中线、水平控制进行复查;

(7)监督落实各项施工条件,审批一般单项工程、单位工程的开工报告,并报业主备查。

6. 施工阶段建设监理工作的主要内容

(1)施工阶段的质量控制

从控制过程来看,是以对投入原材料的质量控制开始,直到完成工程的质量检验为全过程的系统控制。

从控制因素来看,它包括影响工程质量的五个主要方面,即对参与施工人员(Man)素质的质量控制;对工程原材料(Material)的质量控制;对所用的施工机械(Machine)的质量控制;对采用的施工方法(Method)的质量控制;对生产技术、劳动

和管理环境(Environment)的质量控制。在编写监理规划时,对施工阶段的质量控制应包括以下内容:

1)对所有的隐蔽工程在进行隐蔽以前进行检查和办理签证,对重点工程要派监理人员驻点跟踪监理,签署重要的分项工程、分部工程和单位工程质量评定表;

2)对施工测量、放样等进行检查,对发现的质量问题应及时通知施工单位纠正,并作好监理记录;

3)检查确认运到现场的工程材料、构件和设备质量,并应查验试验、化验报告单、出厂合格证是否齐全、合格,监理工程师有权禁止不符合质量要求的材料、设备进入工地和投入使用;

4)监督施工单位严格按照施工规范、设计图纸要求进行施工,严格执行施工合同;

5)对工程主要部位、主要环节及技术复杂工程加强检查;

6)检查施工单位的工程自检工作数据是否齐全,填写是否正确,并对施工单位质量评定自检工作作出综合评价;

7)对施工单位的检验测试仪器、设备、度量衡进行定期检验和不定期地进行抽验,保证度量资料的准确;

8)监督施工单位对各类土木和混凝土试件按规定进行检查和抽查;

9)监督施工单位处理施工中发生的一般质量事故,并认真作好监理记录;

10)对大、重大质量事故以及其他紧急情况,应及时报告业主。

【案例10-3】 某建设工程项目业主将拟建工程项目的实施阶段的监理任务委托给一家监理公司。项目总监理工程师根据监理合同的约定主持编写了项目的监理规划,其施工阶段质量控制的部分内容如下:

①掌握和熟悉质量控制的技术依据;
②审查施工总承包单位的资质;
③审查施工分包单位的资质;
④行使质量监督权,下达停工指令;……

问题:监理规划中规定了对施工队伍的资质进行审查,请问总承包单位和分包单位的资质应安排在什么时候审查?

解答:对总承包单位的资质审查应安排在施工招标阶段对投标单位的资格预审时,并在评标时也对其综合能力进行一定的评审。对分包单位的资质审查应安排在分包合同签订前,由总承包单位将分包工程和拟选择的分包单位资质材料提交总监理工程师,经总监理工程师审核确认后,总承包单位与之签订工程分包合同。

(2)施工阶段的进度控制

确保工程项目在达到所需要的质量标准和质量等级的条件下,按期完成工程所

进行的控制工作。具体包括以下内容:

1)监督施工单位严格按施工合同规定的工期组织施工;

2)对控制工期的重点工程,审查施工单位提出的保证进度的具体措施,如发生延误,应及时分析原因,采取对策;

3)建立工程进度台账,核对工程形象进度,按月、季向业主报告施工计划执行情况、工程进度及存在的问题。

(3)施工阶段的投资控制

1)审查施工单位申报的月、季度计量报表,认真核对其工程数量,不超计、不漏计,严格按合同规定进行计量支付签证;

2)保证支付签证的各项工程质量合格、数量准确;

3)建立计量支付签证台账,定期与施工单位核对清算;

4)按业主授权和施工合同的规定审核变更设计。

7. 施工验收阶段建设监理工作的主要内容

(1)督促、检查施工单位及时整理竣工文件和验收资料报告,提出监理意见;

(2)根据施工单位的竣工报告,提出工程质量检验报告;

(3)组织工程预验收,参加业主组织的竣工验收。

8. 建设工程监理合同管理工作的主要内容

(1)拟定本建设工程合同体系及合同管理制度,包括合同草案的拟定、会签、协商、修改、审批、签署、保管等工作制度及流程;

(2)协助业主拟定工程的各类合同条款,并参与各类合同的商谈;

(3)合同执行情况的分析和跟踪管理;

(4)协助业主处理与工程有关的索赔事宜及合同争议事宜。

9. 委托的其他服务

监理单位及其监理工程师受业主委托,还可承担以下几方面的服务:

(1)协助业主准备工程所需条件,办理供水、供电、供气、电信线路等申请或签订协议;

(2)协助业主制定产品营销方案;

(3)为业主培训技术人员。

四、监理工作目标

建设工程监理目标是指监理单位所承担的建设工程监理控制预期达到的目标。以建设工程的投资、进度、质量三大目标的控制值来表示。

1. 投资控制目标:以××年预算为基价,静态投资为_____万元(或合同价为万元);

2. 工期控制目标:_____个月或自_____年_____月_____日至_____年

_____月_____日;

3. 质量控制目标:建设工程质量合格及业主的其他要求。

五、监理工作依据

1. 工程建设方面的法律、法规;
2. 政府批准的工程建设文件;
3. 建设工程监理合同;
4. 其他建设工程合同。

六、项目监理机构的组织形式

项目监理机构的组织形式应根据建设工程监理要求选择。
项目监理机构可用组织结构图表示。

七、项目监理机构的人员配备计划

项目监理机构的人员配备应根据建设工程监理的进程合理安排,如表 10–6 所示。

表 10–6 项目监理机构的人员配备计划

人员＼时间	3月	4月	5月	……	11月
监理工程师	6	7	8		4
监理员	20	22	26		16
文秘人员	2	3	3		3

八、项目监理机构的人员岗位职责

详见第九章第二节。

九、监理工作程序

监理工作程序比较简单明了的表达方式是监理工作流程图。一般可对不同的监理工作内容分别制定监理工作程序,例如:

1. 分包单位资质审查基本程序,如图 10–2 所示。

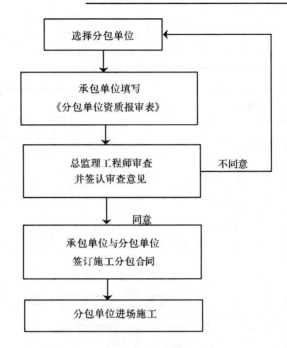

图 10-2 分包单位资质审查基本程序

2. 工程延期管理基本程序,如图 10-3 所示。
3. 工程暂停及复工管理的基本程序,如图 10-4 所示。

十、监理工作方法及措施

建设工程监理控制目标的方法与措施应重点围绕投资控制、进度控制、质量控制这三大控制任务展开。

1. 投资目标控制方法与措施
(1)投资目标分解
1)按建设工程的投资费用组成分解;
2)按年度、季度分解;
3)按建设工程实施阶段分解;
4)按建设工程组成分解。
(2)投资使用计划
投资使用计划可列表编制,如表 10-7 所示。

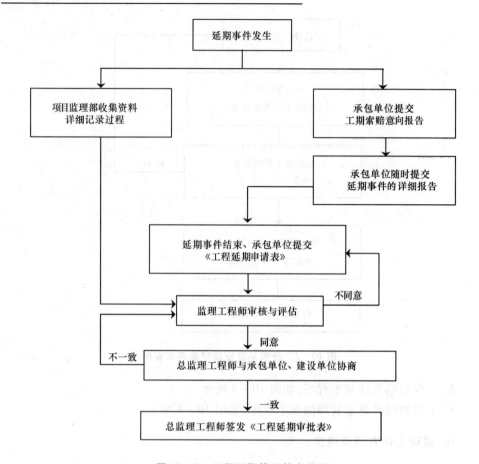

图 10-3 工程延期管理基本程序

表 10-7 投资使用计划表

工程名称	××年度				××年度				××年度				总额
	一	二	三	四	一	二	三	四	一	二	三	四	

(3)投资目标实现的风险分析

(4)投资控制的工作流程与措施

1)工作流程图;

2)投资控制的具体措施:

①投资控制的组织措施(C—o)。建立健全项目监理机构,完善职责分工及有关制度,落实投资控制的责任。

②投资控制的技术措施(C—t)。在设计阶段,推行限额设计和优化设计;在招

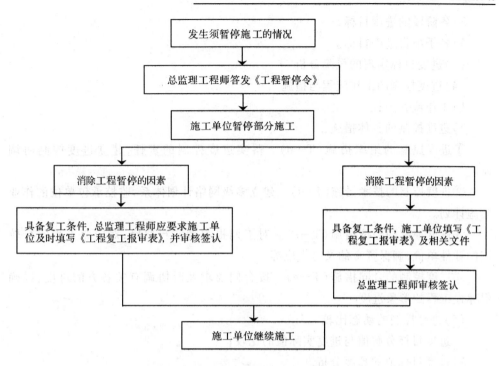

图 10-4 工程暂停及复工管理的基本程序

标投标阶段,合理确定标底及合同价,对材料、设备采购,通过质量价格比选,合理确定生产供应单位;在施工阶段,通过审核施工组织设计和施工方案,使组织施工合理化。

③投资控制的经济措施(C—e)。及时进行计划费用与实际费用的分析比较,对原设计或施工方案提出合理化建议并被采用,由此产生的投资节约按合同规定予以奖励。

④投资控制的合同措施(C—c)。按合同条款支付工程款,防止过早、过量的支付;减少施工单位的索赔,正确处理索赔事宜等。

(5)投资控制的动态比较

1)投资目标分解值与概算值的比较;

2)概算值与施工图预算值的比较;

3)合同价与实际投资的比较。

(6)投资控制表格

2. 进度目标控制方法与措施

(1)工程总进度计划

(2)总进度目标的分解

1)年度、季度进度目标;

2）各阶段的进度目标；

3）各子项目进度目标。

(3) 进度目标实现的风险分析

(4) 进度控制的工作流程与措施

1）工作流程图；

2）进度控制的具体措施：

①进度控制的组织措施(T—o)。落实进度控制的责任,建立进度控制协调制度。

②进度控制的技术措施(T—t)。建立多级网络计划体系,监控承包单位的作业实施计划。

③进度控制的经济措施(T—e)。对工期提前者实行奖励,对应急工程实行较高的计件单价,确保资金的及时供应等。

④进度控制的合同措施(T—c)。按合同要求及时协调有关各方的进度,以确保建设工程的形象进度。

(5) 进度控制的动态比较

1）进度目标分解值与进度实际值的比较；

2）进度目标值的预测分析。

(6) 进度控制表格

3. 质量目标控制方法与措施

(1) 质量控制目标的描述

1）设计质量控制目标；

2）材料质量控制目标；

3）设备质量控制目标；

4）土建施工质量控制目标；

5）设备安装质量控制目标；

6）其他说明。

(2) 质量目标实现的风险分析

(3) 质量控制的工作流程与措施

1）工作流程图；

2）质量控制的具体措施：

①质量控制的组织措施(Q—o)。建立健全项目监理机构,完善职责分工,制定有关质量监督制度,落实质量控制责任。

②质量控制的技术措施(Q—t)。协助完善质量保证体系,严格事前、事中和事后的质量检查监督。

③质量控制的经济措施及合同措施(Q—e,Q—c)。严格质检和验收,不符合合

同规定质量要求的拒付工程款;达到业主特定质量目标要求的,按合同支付质量补偿金或奖金。

(4)质量目标状况的动态分析

(5)质量控制表格

4. 合同管理的方法与措施

(1)合同结构

可以以合同结构图的形式表示。

(2)合同目录一览表(见表10-8)

表10-8 合同目录一览表

序号	合同编号	合同名称	承包商	合同价	合同工期	质量要求
1						
2						
...						

(3)合同管理的工作流程与措施

1)工作流程图;

2)合同管理的具体措施。

(4)合同执行状况的动态分析

(5)合同争议调解与索赔处理程序

(6)合同管理表格

5. 信息管理的方法与措施

(1)信息分类表(见表10-9)

表10-9 信息分类表

序号	信息类别	信息名称	信息管理要求	责任人
1				
2				
...				

(2)机构内部信息流程图

(3)信息管理的工作流程与措施

1)工作流程图;

2)信息管理的具体措施。

(4)信息管理表格

6. 组织协调的方法与措施

(1) 与建设工程有关的单位

1) 建设工程系统内的单位：主要有业主、设计单位、施工单位、材料和设备供应单位、资金提供单位等。

2) 建设工程系统外的单位：主要有政府建设行政主管机构、政府其他有关部门、工程毗邻单位、社会团体等。

(2) 协调分析

1) 建设工程系统内的单位协调重点分析；

2) 建设工程系统外的单位协调重点分析。

(3) 协调工作程序

1) 投资控制协调程序；

2) 进度控制协调程序；

3) 质量控制协调程序；

4) 其他方面工作协调程序。

(4) 协调工作表格

十一、监理工作制度

1. 施工招标阶段

(1) 招标准备工作有关制度；

(2) 编制招标文件有关制度；

(3) 标底编制及审核制度；

(4) 合同条件拟定及审核制度；

(5) 组织招标实务有关制度等。

2. 施工阶段

(1) 设计文件、图纸审查制度；

(2) 施工图纸会审及设计交底制度；

(3) 施工组织设计审核制度；

(4) 工程开工申请审批制度；

(5) 工程材料、半成品质量检验制度；

(6) 隐蔽工程、分项(部)工程质量验收制度；

(7) 单位工程、单项工程总监验收制度；

(8) 设计变更处理制度；

(9) 工程质量事故处理制度；

(10) 施工进度监督及报告制度；

(11) 监理报告制度；

(12) 工程竣工验收制度；

(13)监理日志和会议制度。

3. 项目监理机构内部工作制度

(1)监理组织工作会议制度;

(2)对外行文审批制度;

(3)监理工作日志制度;

(4)监理周报、月报制度;

(5)技术、经济资料及档案管理制度;

(6)监理费用预算制度。

十二、监理设施

业主提供满足监理工作需要的如下设施:

1. 办公设施;
2. 交通设施;
3. 通讯设施;
4. 生活设施。

根据建设工程类别、规模、技术复杂程度、建设工程所在地的环境条件,按委托监理合同的约定,配备满足监理工作需要的常规检测设备和工具(见表10-10)。

表10-10 常规检测设备和工具

序号	仪器设备名称	型号	数量	使用时间	备注
1					
2					
…					

【案例10-4】 某工程项目法人与承包人及监理单位分别签订了施工阶段工程施工合同及监理合同。由于承包人不具备防水施工技术,故合同约定其防水工程可以分包。在承包人尚未确定防水分包人的情况下,为保证质量和工期,项目法人自行选择了一家专门承包防水施工业务的施工单位,承担防水工程施工任务(尚未签订正式合同),并书面通知总监理工程师和总承包商,已确定分包人进场时间,要求配合施工。监理单位为了满足项目法人的要求,由专业监理工程师直接组织编制并向项目法人报送了监理规划。监理规划的部分内容如下:

(1)工程概况;

(2)监理工作范围和目标;

(3)监理组织;

(4)设计方案评选方法及组织协调工作的监理措施;

(5)因设计图纸不全,拟按进度分阶段编写施工监理措施;

(6) 对施工合同进行监督与管理；
(7) 施工阶段监理工作制度；
……

问题：
1. 你认为上述哪些做法不妥？
2. 总监理工程师接到项目法人通知后应如何处理？
3. 你认为向项目法人报送的监理规划是否有不妥之处？为什么？

解答：
1. 在工程背景材料中有三处不妥：一是项目法人违背了承包合同的约定，在未事先征得监理工程师同意的情况下，自行确定了分包单位；事先也未与承包人进行充分协商，而是确定了分包人后才通知承包人。二是在没有正式签订分包合同的情况下，即确定了分包人的进场作业时间。三是该项目的监理规划由专业监理工程师直接组织编制并报送给项目法人不妥，而应由项目总监理工程师主持编写、签发。

2. 总监理工程师首先应及时与项目法人沟通，签发该分包意向无效的书面监理通知，尽可能采取措施阻止分包人进场，以避免问题进一步复杂化。同时，总监理工程师应对项目法人意向的分包人进行资质审查，若资质审查合格，可与承包人协商，建议承包人与该防水分包单位签订防水工程施工分包合同；若资质审查不合格，总监理工程师应与项目法人协商，建议由承包人另选合格的防水工程施工分包人。总监理工程师应及时将处理结果报项目法人备案。

监理规划部分内容中的第4条不妥。因为设计方案评选方法及组织协调工作的监理措施是设计阶段监理应编制的内容，而本工程项目是施工阶段监理，第4条内容不应该编写在施工阶段监理规划中。

监理规划部分内容中的第5条亦不妥。因为施工图不全不应影响监理规划的完整编写。

思 考 题

1. 简述建设工程监理大纲、监理规划、监理实施细则三者之间的关系。
2. 建设工程监理规划编写的依据是什么？
3. 建设工程监理规划一般包括哪些主要内容？